国家出版基金项目
NATIONAL PUBLICATION FOUNDATION

气候变化科学丛书

全球气候变化模拟与预估

董文杰　周天军　主编

科学出版社
龍門書局
北京

内 容 简 介

本书全面介绍全球气候变化模拟与预估这一研究领域的发展历程、研究方法、研究现状和未来发展趋势。首先，从气候变化模拟与预估的主要研究工具——气候系统模式入手，系统介绍气候系统模式和地球系统模式的发展历史与发展趋势，着重介绍国际耦合模式比较计划（CMIP）及其在政府间气候变化专门委员会（IPCC）评估报告中的应用，并依据 IPCC 第六次评估报告（AR6）第一工作组报告相关章节的内容，对基于第六次国际耦合模式比较计划（CMIP6）的未来全球气候预估结果进行解读。之后，介绍不同温升情景下近期和长期全球气候变化预估的主要结论及存在的不确定性，并探讨未来 1.5℃和 2℃温升情景下气候变化对大气、海洋、冰冻圈、生物圈等产生的影响。最后，介绍气候经济模型和综合评估模型与地球系统模式耦合的内容，针对当前地球系统的临界点与安全公正的边界，以及气候变化对人类、经济和社会的影响等热点和前沿问题进行了探讨。

本书内容丰富新颖、资料翔实、图文并茂、科学严谨、实用性强，可作为高等院校大气科学等相关专业的参考书，也可作为我国从事大气科学、海洋科学、遥感、地理等相关研究的科研人员和专业技术人员的参考用书。

审图号：GS京（2025）0118号

图书在版编目（CIP）数据

全球气候变化模拟与预估 / 董文杰，周天军主编. -- 北京 : 科学出版社，2025. 8. -- （气候变化科学丛书）（中国科学院大学研究生教学辅导书系列）. -- ISBN 978-7-03-081763-1

Ⅰ. P467

中国国家版本馆 CIP 数据核字第 2025L6X123 号

责任编辑：董 墨 赵晶雪 / 责任校对：王 瑞
责任印制：吴兆东 / 封面设计：无极书装

科学出版社
龍門書局 出版

北京东黄城根北街 16 号
邮政编码：100717
http://www.sciencep.com

北京中科印刷有限公司印刷
科学出版社发行 各地新华书店经销

*

2025 年 8 月第 一 版 开本：720×1000 1/16
2025 年10月第二次印刷 印张：17 1/2
字数：343 000

定价：150.00 元

（如有印装质量问题，我社负责调换）

“气候变化科学丛书”
编辑委员会

丛书序一

气候是人类赖以生存发展的基本条件之一，在人类历史进程中发挥着至关重要的作用。然而，自工业革命以来，全球气候因人类排放温室气体增多而不断升温，并演变为以加速变暖为主要特征的系统性变化。政府间气候变化专门委员会（IPCC）第六次评估报告显示，气候变化范围之广、速度之快、强度之大，是过去几个世纪甚至几千年前所未有的，至少到21世纪中期，气候系统的变暖仍将持续。快速变化的全球气候已经对自然系统和经济社会多领域造成不可忽视的影响，成为当今人类社会面临的最为重大的非传统安全问题之一。进入21世纪，大量珊瑚礁死亡、亚马孙雨林干旱、大范围多年冻土融化、格陵兰冰盖和南极冰盖加速退缩等非同寻常的事件接连发生。随着气候系统的变化愈演愈烈，一些要素跨越其恢复力阈值，发生不可逆变化可能性越来越大，这威胁人类福祉和可持续发展。

气候变化科学已逐渐由最初的气候科学问题转变为环境、科技、经济、政治和外交等多学科领域交叉的综合性重大战略课题。习近平总书记和党中央一直高度重视应对气候变化工作，党的二十届三中全会通过了《中共中央关于进一步全面深化改革　推进中国式现代化的决定》，明确提出积极应对气候变化，完善适应气候变化工作体系。中国气象局正组织深化落实《中共中央　国务院关于加快经济社会发展全面绿色转型的意见》，加快构建气候变化研究型业务体系，强化应对气候变化科技支撑。我很高兴地看到，继《气候变化科学概论》于2018年出版以来，IPCC第四次和第五次评估报告第一工作组联合主席、中国气象局前局长秦大河院士带领IPCC中国作者团队，融合自然科学、社会科学等领域的最新知识，历时五年精心打造了受众广泛的“气候变化科学丛书”。相信这套丛书的出版一定可以为提高读者气候变化科学认知、加强社会应对气候变化能力、促进国际合作与交流带来积极影响。

气候变化带给人类的挑战是现实的、严峻的、长远的，极端天气气候事件已经给全球经济社会发展造成前所未有的影响，应对气候变化已成为全球各国密切关注的共同议题。早期预警是防范极端天气气候事件风险、减缓气候变化影响的第一道防线，可以极大减少经济损失和人员伤亡，是适应气候变化的标志行动。

中国气象局与世界气象组织和生态环境部签署了关于支持联合国全民早期预警倡议的三方合作协议，共同开发实施应对气候变化南南合作早期预警项目，搭建了推动全球早期预警和气候变化适应能力提升的交流合作平台；同时签署了《共建“一带一路”全民早期预警北京宣言》，呼吁各方支持联合国全民早期预警倡议、全球发展倡议和全球安全倡议。在《联合国气候变化框架公约》第二十九次缔约方大会上，中国发布《早期预警促进气候变化适应中国行动方案（2025—2027）》，将助力提升发展中国家早期预警和适应气候变化能力，推动构建更加安全、更具气候韧性的未来。

“地球是个大家庭，人类是个共同体，气候变化是全人类面临的共同挑战，人类要合作应对。”习近平总书记在党的二十大报告中提出“绿色发展与促进人与自然和谐共生”，强调“积极稳妥推进碳达峰碳中和”和“积极参与应对气候变化全球治理”。“气候变化科学丛书”的出版，是完善气候变化工作体系的重要一环，为全面落实《气象高质量发展纲要（2022—2035 年）》奠定了重要科学基础。让我们共同为应对气候变化、践行生态文明、实现人类可持续发展作出积极努力。

中国气象局党组书记、局长

2025 年 1 月

丛书序二

近百年以来，全球正经历着以全球变暖为显著特征的气候变化，这深刻影响着人类的生存与发展，是当今国际社会面临的共同重大挑战。在习近平新时代中国特色社会主义思想特别是习近平生态文明思想指导下，中国持续实施积极应对气候变化国家战略，努力推动构建公平合理、合作共赢的全球气候治理体系。2020年9月22日，习近平主席在第75届联合国大会一般性辩论上做出我国二氧化碳排放力争于2030年前达到峰值、努力争取2060年前实现碳中和的重大宣示，这是基于科学论证的国家战略需求，对促进我国经济社会高质量发展、构建人类命运共同体具有非常重要的现实意义。

科学认识气候变化，是应对气候变化的基础。我国是受气候变化影响最大的国家之一。实现中华民族永续发展，要求我们深入认识把握气候规律，科学应对气候变化。中国科学院高度重视气候变化科学研究，围绕气候变化科学与应对开展了系列科技攻关，并与中国气象局联合组织了四次中国气候变化科学评估工作，由秦大河院士牵头完成《中国气候与生态环境演变：2021》等评估报告，系统地评估了中国过去及未来气候与生态变化过程、其带来的各种影响、应采取的适应和减缓对策，为促进气候变化应对和服务国家战略决策提供了重要科技支撑。

自2015年以来，秦大河院士领衔来自中国科学院、中国气象局、国家发展和改革委员会等部门相关单位以及北京大学、清华大学、北京师范大学、中山大学等高校的顶尖科学家团队参与政府间气候变化专门委员会（IPCC）评估报告撰写及国际谈判，率先在中国科学院大学开设了“气候变化科学概论”课程，并编写配套教材《气候变化科学概论》，我也为该教材作了序。作为国内率先开设的全面、系统讲授气候变化科学最新研究进展的课程，“气候变化科学概论”在全国范围内产生了广泛影响，授课团队还受邀在北京大学、清华大学、南京大学、北京师范大学、中山大学、兰州大学、云南大学、南京信息工程大学、重庆工商大学等高校同步开课。该课程获得2020年中国科学院教育教学成果奖一等奖，为气候变化科学的发展和中国科学院大学“双一流”学科建设做出了重要贡献。

气候变化科学涉及的内容非常丰富，一本《气候变化科学概论》远不足以涵盖各个方面。在秦大河院士的带领下，授课团队经过近五年的充分准备，组织编写了“气候变化科学丛书”。该丛书是国内第一套系统、全面讲述气候变化科学及碳中和的丛书，内容从基础理论到气候变化应对、适应与减缓政策，再到国际谈判、碳中和，科学系统地普及了气候变化科学最新认知和研究进展。在当前中国提出碳中和国家承诺背景下，丛书的出版不仅对于认识气候变化具有重要的科学意义，也对各行各业制定应对碳中和政策具有重要的参考价值。在此，我对丛书的出版表示热烈祝贺！希望秦大河院士团队与各界同仁一起，继续深入认识气候变化的科学事实，在此基础上进一步提升应对气候变化科技支撑水平和服务国家战略决策的能力，为实现碳达峰碳中和和人类命运共同体建设作出更大贡献！

中国科学院院士

2025 年 1 月

丛书序三

人类世以来，人类活动对地球的作用已经远超自然变化和历史范畴，创造了一个人类活动与环境相互作用新模式的新地质时期。气候变化是人类世最显著的特征之一，反映了人类活动对气候系统的深远影响。20 世纪 50 年代，随着科学家对大气、冰芯和海洋二氧化碳含量的测量取得关键突破，气候变化科学研究进入“快车道”。20 世纪末，科学家们逐渐认同气候变化会对人类的生存和发展构成挑战，政府间气候变化专门委员会（IPCC）发布第一次评估报告。这份报告的主要结论也为推动《联合国气候变化框架公约》的制定与通过提供了重要科学依据，其最终目标设定为“将大气中温室气体的浓度稳定在防止气候系统受到危险的人为干扰的水平上，从而使生态系统能够自然地适应气候变化，确保粮食生产免受威胁，并使经济发展能够可持续地进行”。

IPCC 第六次评估报告显示，人类活动毋庸置疑已引起大气、海洋和陆地的变暖，全球变暖对整个气候系统的影响是过去几个世纪甚至几千年来前所未有的。近期全球温室气体排放仍在攀升，与气候变化相关的极端灾害事件频发，气候变暖已对全球和区域水资源、生态系统、粮食生产和人类健康等自然系统和经济社会产生广泛而深刻的影响。气候变化关乎全球环境和经济社会的平稳运行，需要全球共同努力，及时采取应对行动。

纵观人类世历史，我们既可以看到人类活动造成气候变化所引起的挑战，也不应忽视人类在应对生存和发展问题时所展现出的智慧与创造力，以及推动文明进步的能力。中国提出了生态文明建设、人类命运共同体等中国方案，重视生态平衡、自然恢复力、减污降碳协同，并将这些绿色要素纳入到新质生产力的内涵，将积极应对气候变化作为实现自身可持续发展的内在要求。加强国际合作是全球气候治理不变的主旋律。通过携手推动绿色低碳转型，在降低发展的资源环境代价的同时，能够为可持续发展注入动力并增强潜力。

气候变化科学进步是推动全球气候治理和实现可持续发展的关键力量，当前全球对于气候变化的认识和基于科学的解决方案有着迫切需求。“气候变化科学丛书”应运而生。丛书共包含十六册，每册聚焦气候变化科学的不同维度，涵盖从古气候到当前观测再到未来预估，从大气圈到水圈再到生物圈，从全球到区域再到国家，从气候变化影响到检测归因再到科学应对，共同构成了一个全面性、系统性的气候变化科学框架。

本丛书的编纂汇聚了一批学术成就卓越、教学经验丰富的专家学者亲自执笔，针对各册不同主题方向贡献权威科学认知和最新科学发现，促进跨学科对话，并以深入浅出的方式帮助读者理解气候变化这一全球性挑战。相信本丛书的出版将有助于提升气候变化科学知识的普及，促进气候变化科学的发展，助力“双碳”人才的培养。同时也希望这些知识能够激发气候行动，形成全社会发出合力共同应对气候变化挑战的良好氛围！

秦大河

中国科学院院士

“气候变化科学丛书”总主编

2024年12月

前　　言

全球气候变化是当今世界面临的最严重且紧迫的挑战之一。随着工业化、城市化和人口增加的持续加速，地球气候系统正经历着前所未有的变革。气温升高、海平面上升、极端天气事件频发等现象愈演愈烈，给全球生态环境、社会经济及人类健康带来了严重影响。为了更好地理解和应对全球气候变化带来的挑战，科学家们采用各种气候模拟和预估技术研究大气、海洋、陆地、冰冻圈、生物圈等要素之间的相互作用，试图还原并预测气候系统的演变规律。本书将深入探讨全球气候变化模拟与预估的最新研究成果，旨在提供关于未来气候发展趋势、可能影响和应对策略的相关参考。

自 2000 年至今，随着高性能计算与多模型集成的不断发展、计算能力的不断提升，气候模拟进入了高分辨率和多模型集成时代。多个国际组织和科研机构合作，共同开发全球气候模拟计划，并通过比较不同模式结果来提高对未来气候变化的预估精度。许多新方法、新观点和新理论层出不穷，极大丰富了全球气候变化模拟与预估研究。应对气候变化不仅需要从自然科学层面考虑，还需从气候变化科学与社会经济科学交叉研究入手，气候经济模型与地球系统模式的耦合因此成为一个重要的发展方向。此外，随着地球系统的快速变化，学者们提出了地球系统临界点和安全公正边界的概念，旨在确保所有生物的安全和公正，这涉及国际合作、科学技术、治理机制、环境意识等多个领域的创新，以及人类命运共同体的建设。

本书从气候系统模式和地球系统模式的发展历程展开介绍，讲述国际耦合模式比较计划（Coupled Model Intercomparison Project，CMIP）及其结果在政府间气候变化专门委员会（IPCC）评估报告中的应用，并依据 IPCC 第六次评估报告

（AR6）第一工作组报告的相关章节内容，解读第六次国际耦合模式比较计划（CMIP6）结果的综合评估、近期和长期的气候变化预估，以及未来 1.5℃和 2℃温升情景下的气候变化及其影响，最后，详细介绍气候经济模型和综合评估模型与地球系统模式的耦合，以及地球系统临界点与安全公正的边界等内容。全书由中山大学董文杰教授和中国科学院大气物理研究所周天军研究员牵头编撰完成，共分为 10 章，各章节内容和主要撰写负责人（姓名后未专门标注单位的均是中山大学大气科学学院人员）如下。

第 1 章是绪论，从气候系统模式简介出发，详细介绍地球系统模式发展的历史、全球气候变化的模拟与预估回顾等内容，撰写负责人：董文杰、刘飞。

第 2 章是国际耦合模式比较计划及其在 IPCC 评估报告中的应用，介绍不同全球模式比较计划，以及 CMIP6 的具体实施方案、设计和试验内容，撰写负责人：刘飞、胡志远。

第 3 章是 CMIP6 地球系统模式结果的综合评估，介绍大气、海洋、冰冻圈、生物圈变率和极端事件等模拟的结论和不确定性，撰写负责人：郑菲、周天军（中国科学院大气物理研究所）。

第 4 章是近期气候变化预估，内容包括大气、地表、水循环的变化，大气环流的变化、极端事件的变化、冰冻圈的变化等，撰写负责人：孟宪红（中国科学院西北生态环境资源研究院）、周天军（中国科学院大气物理研究所）。

第 5 章是长期气候变化，内容包括大气和地表温湿度、水循环变化、冰冻圈变化、海平面变化、碳循环和其他生物地球化学循环的变化情况，以及对减排与百年气候变化的预估，撰写负责人：孟宪红（中国科学院西北生态环境资源研究院）、胡志远。

第 6 章是 1.5℃和 2℃温升情景下的气候变化，内容包括大气、地表、降水、径流、海平面、冰冻圈以及生态系统功能、生物量和碳储量的变化等，撰写负责人：高中明、杜亚星。

第 7 章是气候经济模型和综合评估模型，内容包括气候经济模型的建立，综合评估模型的发展、构建、分类、应用以及不足等，撰写负责人：董文杰、乔少博。

第 8 章是气候经济模型和综合评估模型与地球系统模式的耦合，从气候经济模型与地球系统模式的耦合发展开始，介绍耦合方法、综合评估模型与地球系统模式双向耦合的必要性，以及双向耦合模式的模拟评估与预估，撰写负责人：乔少博、朱献。

第 9 章是气候变化预估方法和结论中的主要不确定性，内容包括预估方法的主要不确定性和预估结论中的主要不确定性等问题，撰写负责人：周天军（中国科学院大气物理研究所）、郑菲。

第 10 章是地球系统：临界点与安全公正的边界，介绍气候临界点、地球系统边界，以及气候变化对人类、经济和社会的影响等问题，撰写负责人：袁乃明、杜亚星。

本书出版得到中国科学院大学教材出版中心和国家出版基金的支持，编者深表感谢。

本书在保证基础知识系统完整的前提下，尽可能反映最新的研究成果和发展方向。但由于编者学识水平有限，书中难免存在错误、疏漏和不足之处，殷切希望读者提出宝贵意见，使本书得到进一步完善。

编　者

2023 年 12 月

目　录

第1章
绪　论

1.1　气候系统模式简介

自20世纪后半叶以来，现代气候学研究取得了一个重要进展，即提出了气候系统的概念。该概念强调将大气圈、水圈、冰冻圈、岩石圈和生物圈五个圈层作为一个整体进行研究，从多圈层相互作用的角度理解过去和现代气候的变化规律与机理，并预测和预估其未来变化（叶笃正和吕建华，2003）。伴随气候学研究范畴的拓展，数值模拟技术和卫星遥感技术的重大技术进步推动了现代气候学的发展。如今数值模拟技术已与理论研究、观测研究共同成为支撑现代气候学研究的三大支柱之一。

1.1.1　气候系统模式原理

气候系统模式是一种集成了大量自然定律的计算机程序，通过数学方法描述气候系统中的物理、化学和生态过程，包含大气、海洋、陆面和海冰四个基础子系统。在气候系统模式的基础上，进一步考虑了气候系统中的碳、氮循环等生物地球化学循环过程，发展出了地球系统模式（Earth system model，ESM）。作为近年来地球科学领域发展最为迅速的前沿方向之一，地球系统模式已经成为理解气候变化机理的重要工具，同时也是预测、预估未来气候不可或缺的手段（秦大河，2018）。

具体而言，气候系统模式是将当前气候系统的理论和经验知识转化为计算机语言进行表述。它通过求解基于能量、动量和质量（包括空气、水、气溶胶等物质）的复杂大气运动方程组，实现对大气运动形式和物理过程多样性与复杂性的描述（图 1.1）。这些模式通常在代表气候系统各组成部分的特定区域格点上计算能量、动量和质量的交换，进而实现水汽或空气在格点间的传输。因此，需要在每个格点上计算预测变量（如温度、气压、湿度、风速或海洋中的盐度），其中计算速度的动量方程以牛顿运动定律为基础，并包含地球自转的影响，如科里奥利力，温度方程则遵守热力学定律。

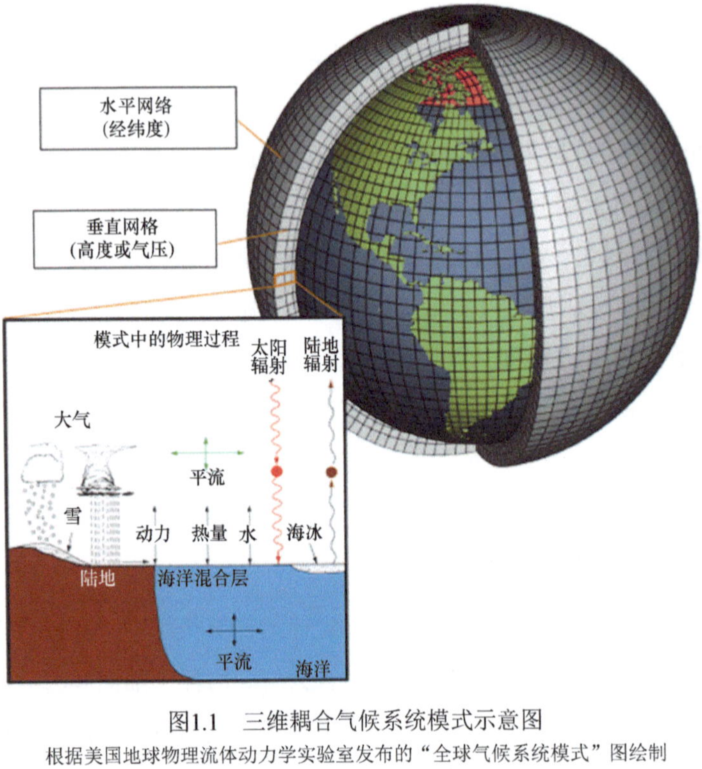

图1.1 三维耦合气候系统模式示意图
根据美国地球物理流体动力学实验室发布的“全球气候系统模式”图绘制
（https://www.gfdl.noaa.gov/climate-modeling/）

大气方程组的逐步求解过程，旨在计算模式格点上预测变量的演变。通过计算相邻格点之间对应的大气变量值，更新下一时间步长的预测变量，再使用这些更新的变量值继续计算下一时间步长的大气状态，如此循环往复。由于下一时间步长的所有气候系统模式变量都是由上一时间步长的模式变量和边界条件计算得出的，因此不依赖观测数据。模型计算输入的边界条件，通常分为辐射强迫和下边界条件，其中，辐射强迫包括大气层顶部的入射太阳辐射、温室气体（greenhouse gas，GHGs）浓度等；下边界条件则包括山脉地形、海洋水深等信息。此外，开展气候系统模式的模拟，还需要提供初始条件，这些初始条件可以从观测数据或理想化试验中获得。

气候系统模式从最简单的零维（0D）能量平衡模式（energy balance model，EBM），发展到最复杂的三维大气环流模式（general circulation model，GCM）。零维能量平衡模式（0D-EBM）将气候变量在经度、纬度和高度三个方向上进行平均，将地球简化为一个点，用一个平均值来表示全球气候。一维能量平衡模式（1D-EBM）通过在不同的纬度带分别求解能量平衡方程来模拟全球气候。该模式虽不考虑垂直方向的分布，但可以实现不同纬度带之间的能量交换。在 1D-EBM 中，经向能量传输通常被视为与温度梯度成正比的扩散过程，即热量从温暖地区流向寒冷地区。此外，1D-EBM 通常将海洋和大气视为单一的格点，因此无法区分海洋和大气中的热传输。

还有一种模拟大气中垂直能量传输的一维模型，即辐射-对流模式。该模式的复杂性在于需要计算大气辐射传输过程，这一计算从针对单个光谱波长的辐射传输，扩展到涵盖一系列频率范围的光谱辐射传输。由于其线性模式计算成本极高，且无法直接应用于三维 GCM，因此通常采用线性近似的参数化过程来节省计算量。

20 世纪 60 年代，科学家开发了首个粗分辨率的大气和海洋 1D-EBM 以及简单的三维 GCM。最初，海洋和大气模式是分别发展的，后来才将它们耦合起来，用于模拟地球表面热量、水汽和动量的通量交换。如今，耦合的三维 GCM 已经包含海冰和陆面过程，如积雪融化和土壤湿度饱和后产生的径流，这些水通过河流和流域汇入海洋。许多模式还加入了动态植被，考虑了不同植物功能类型（如树木和草类）的影响。

对于未来的预测，人们最关心的是未来的几十年或几百年。为了在这些时间尺度上获得最可靠且最详细的预测，全球气候系统模式主要采用高分辨率配置进行模拟。目前，水平方向上的典型分辨率为几度（约 200 km），在大气和海洋的垂直方向上划分为 20～30 层。全球各气候模拟中心正致力于研发更高分辨率的全球气候系统模式，但目前，针对十年及更长时间尺度的气候预测，大多数仍依赖较粗分辨率的模式。如图 1.2 所示，上图和下图的分辨率分别为 10 km 和 100 km。

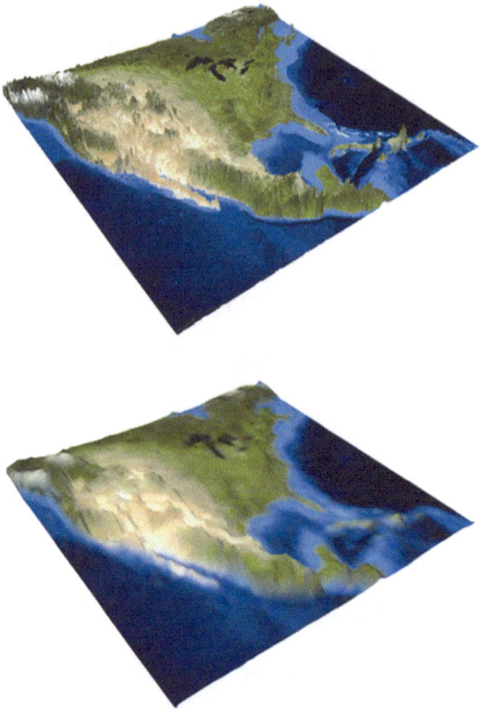

图 1.2 陆地表面（绿色和棕色）和海底（蓝色）

然而，目前用于未来预测的大多数耦合 GCM 仍未包含冰盖，这是因为冰盖达到平衡所需的响应时间长达数万年，其模拟所需要运行的时间比其他气候系统更长。冰盖模式具备更精细的空间分辨率（约 10 km），主要用于模拟狭窄和陡峭的冰原边缘。然而，其时间步长（1 年）远大于大气（以秒计）和海洋（以分钟到小时计）模式，这是由于冰的运动速度（10～100 m 每年）远慢于洋流（1～10 cm 每秒）或风（1～10 m 每秒）。模式中的时间步长取决于流体的速度和网格点的尺寸。速度越快，网格越小，时间步长就越小，以确保数值计算的稳定性。因此，更精细分辨率的模拟必须使用更小的时间步长，对计算资源的要求也更高。此外，向更高分辨率发展的另外一个障碍是数据存储能力的问题。目前，最高分辨率的海洋模式模拟需要达到 PB（Petabyte，1PB=2^{50} 字节）级的存储能力，存储和处理这些海量数据是一个巨大的挑战。

为避免在更高分辨率下计算资源增加，可采用区域气候系统模式，对特定敏感区域开展模拟。然而，区域气候系统模式的缺点在于必须明确模拟区域的初始和边界条件。模拟结果在很大程度上取决于这些边界条件，而这些条件通常源自全球气候系统模式或再分析数据。因此，全球气候系统模式在边界处的偏差会被区域气候系统模式传播至区域内部。区域气候系统模式的优点在于能解析高分辨率地形等细节，而全球气候系统模式无法做到这一点。因此，在模拟气候的空间细节方面，区域气候系统模式比全球气候系统模式更为有效。

通常，大气分量和海洋分量的分辨率与网格并不相同，因此在计算地表通量和相应的变量时，需要通过耦合器将数据从一个网格插值到另一个网格。耦合器是一种用于插值、外推和保守映射的工具，其计算过程中需要确保大气的能量和质量守恒。

由于地球系统模式的分辨率有限，无法直接模拟比该模式网格尺寸更小的次网格尺度过程。例如，大气中单个云或对流系统的上升和下沉气流区域的间隔通常只有几十米或几百米，而全球 GCM 格点之间的距离却有数十千米，无法捕获这些小尺度过程。同样，海洋中的湍流和涡旋对热量以及其他能量和物质的传输非常重要，但粗分辨率的全球海洋模式难以描述这些小尺度过程。因此，这些过程必须进行参数化处理。参数化是对物理过程的一种数学近似描述，可以基于详细观测或高分辨率模式结果的经验关系导出，即寻找能够表征大尺度环境变量与小尺度过程之间关系的参数。参数化过程是气候系统模式误差和不确定性的主要来源之一，如模式中云参数化的设置会影响云的反馈，从而影响模式的气候敏感性。

1.1.2 气候系统模式组成

气候系统模式是地球系统模式的雏形，也是其发展的基础阶段。该模式以地球流体为主体，对于固体部分仅考虑陆面过程。气候系统模式大致由五个子系统模式及其相互耦合或全耦合组成，包括大气环流模式、海洋环流模式、海冰模式、陆面过程模式、气溶胶和大气化学过程模式。这些子系统模式主要通过耦合器来实现相互或整体的耦合集成。

（1）大气环流模式是在给定的初始和边界条件下，模拟大气温度、风速、压力、降水、云量、水汽等基本的大气环流特征，其模拟结果可以为陆面过程模式、海冰模式、海洋环流模式等提供上边界条件，也可以为区域大气模式提供侧边界条件。依据动力框架中是否采用静力平衡假设，大气环流模式可分为静力模式和非静力模式。物理参数化方案主要包括云微物理方案、积云对流参数化方案、云辐射集合模拟方案，以及边界层过程参数化方案等。此外，高分辨率非静力模式的使用是模式发展的一个重要趋势，可提高模式对全球气候，尤其是区域气候的模拟性能。

（2）海洋环流模式是用于研究海洋自身特性和变化规律，以及海洋与气候系统相互作用的数值模拟工具，它能够实现对全球海洋环流及其特性的模拟。海洋环流模式需要给定大气强迫驱动才能合理运行。一般来说，海洋环流的运动尺度具有较小的罗斯贝（Rossby）变形半径，因此用于描述海洋运动的数值模式需要具有更高的空间分辨率，特别是当涉及与复杂的海陆分布和海底地形有关的环流时，数值模式更需具备足够的分辨率。同时，现阶段的趋势是发展能够分辨涡旋的海洋模式，即涡旋分辨率海洋环流模式，因此不断提高模式的空间分辨率一直是海洋环流模式发展的主要方向。

（3）海冰模式是气候系统模式中的重要组成部分。与大气、海洋和陆面模式相比，海冰模式的特殊性主要体现在海冰独特的物理特性上，如热力学规律和流体特性等，其模拟的准确性直接影响到气候系统模式的可靠性。海冰模式主要由三个部分组成：①动力学模式，根据表面风、海流和海冰的物质强度模型，预测冰盖的运动。②热力学模式，研究海冰的热力学过程，考虑降水过程以及大气和海洋的热通量对海冰的影响。海冰的热力学特性显著影响着海洋和大气之间的能量交换。③海冰厚度分布模式，研究海冰热力学增长、消融，以及动力作用引起的海冰厚度再分布。近年来，海冰模式在模拟大气–海冰–海洋复杂的相互作用和表征冰内物理过程方面取得了重大进展，但对于某些关键的热力和动力过程的描述仍不够清晰，需进一步深入研究。

（4）陆面过程模式是将地球大气圈、水圈、岩石圈、生物圈视为一个相互作用的大系统，主要用于探索其中的物理、化学和生物过程及其变化规律。陆面过程模式通过定量描述不同类型下垫面地表的能量、水分、植被和陆表生物地球化学循环过程，以及人类活动对地表状态的影响等，计算出相应的地表物质和能量变化，为大气环流模式提供与下垫面有关的感热、潜热、动量和温室气体源汇等，是定量研究人类活动与地球系统相互作用的重要平台。在地球系统模式中，陆面过程模式通常采用与大气分量相同的水平网格。

（5）气溶胶和大气化学过程模式是研究大气化学成分生成、消亡、演变过程的数学工具，它通过详细描述大气中化学成分的排放、平流、扩散、化学转化和干湿清除等过程，获得化学成分的浓度和沉降时空分布。该模式可模拟、预测平流层和对流层中与气候和环境密切相关的臭氧、氮氧化物、一氧化碳、碳氢化合物等痕量气体，以及沙尘、海盐、硫酸盐、硝酸盐、铵盐、黑碳、有机碳等气溶胶成分的时空变化，其模拟结果可为大气环流模式的辐射、云、降水等模块提供动态的化学成分信息，也可作为陆地-海洋生物地球化学循环模式的上边界条件。

以上各个独立的子系统模式需要相互耦合，才能构建一个完整的气候系统模式。耦合器是连接这些子系统模式，将其组成完整耦合模式，并控制整个耦合系统积分的工具，是适应气候系统模式发展需求的重要举措。通过耦合器，可以将以上五个子系统模式进行完全耦合，实现了从仅利用数值模式开发单一的气候系统模式（如大气环流模式）模拟大气平均态，转变为开发海–陆–气–冰耦合的气候系统模式。这样的耦合模式有助于深入研究引起各种气候变化和变率的物理机制，并预测其未来发展趋势。

1.2 地球系统模式发展历史

地球系统模式是在气候系统模式的基础上，进一步包括了海洋生物地球化学模式和陆地生物地球化学模式。过去 50 余年，国际上的气候系统模式发展经历了以下几个阶段：①20 世纪 70 年代中期，大气环流模式得到迅速发展。②20 世纪 80 年代中期，开始实现大气环流模式与陆面过程模式的耦合，当时的海冰数据是预设的。③20 世纪 90 年代初期，实现了大气环流模式与海洋的相互耦合，并应用于政府间气候变化专门委员会（IPCC）第一次评估报告（*First Assessment Report*，FAR）的气候预估试验。④1995 年前后，大气环流模式将硫酸盐气溶胶和火山气溶胶纳入了完整的海洋环流模式；海–陆–气–冰耦合模式开始用于 IPCC 第二次评估报告（*Second Assessment Report*，SAR）的气候预估试验。⑤2001 年前后，陆面过程模式引入了径流过程，实现了完整的水循环闭合；大气环流模式中对气溶胶的处理日趋成熟；海洋环流模式能够描述经向翻转环流；许多模式开始考虑气候系统中的碳循环过程。与以往相比，支撑 IPCC 第三次评估报告（*Third Assessment Report*，TAR）的模式系统对物理过程的考虑更加全面。⑥2007 年前后，陆面过程模式开始引入动态植被；大气环流模式开始考虑大气化学过程，并支撑了 IPCC 第四次评估报告（*Fourth Assessment Report*，AR4）的气候预估试验。在这一阶段，海–气耦合技术取得了重要进展，大多数模式无须再使用“通量订正”技术。⑦2013 年前后，气候系统模式逐步进入地球系统模式阶段，具体体现在海洋环流模式的生态系统模块和陆面过程模式的全球植被动力学模块，对生物地球化学循环过程的模拟能力得到全面提升。

1.2.1 大气环流模式

1956 年，Phillips 完成了历史上第一个成功的大气环流数值试验，其主要被应用于气候研究领域。20 世纪 70 年代，大气环流模式的理论和数值技术已基本成型。从 20 世纪 80 年代开始，根据不同研究目的，在大气环流模式中研制出复杂程度各异的物理过程参数化方案，其显著的特点是大气环流模式已不是单纯比较模式对降水等变量的模拟能力，而是发展到进一步深入考察模式对物理过程的模拟能力。

在辐射物理过程参数化方面，大气环流模式考虑了辐射的日变化，在计算过程中，划分了更多的光谱带，并引入了气溶胶的辐射作用。对流参数化方案从早期 Kuo（1965）等提出的方案，不断发展到最新的参数化方案。对于重力波拖曳，大多数模式采用参数化方法来表示由地形影响引起的动量传输过程。在大气化学方面，早期模式主要考虑了臭氧、二氧化碳和水汽的气候平均分布。随着模式的进步，现有的大气环流模式陆续引入了包括氧气、甲烷、氧化亚氮（一氧化二氮）、一氧化碳、氮氧化物（一氧化氮）、氟化物、氯氟烃以及气溶胶等的大气化学过程。

为了更好地推动大气模式的发展，1989 年世界气候研究计划（World Climate Research Programme，WCRP）的数值试验工作组（Working Group on Numerical Experimentation，WGNE）提出设立大气模式比较计划（Atmospheric Model Intercomparison Project，AMIP），其研究目标是在统一的海表面温度、海冰分布、太阳常数、地球轨道参数和大气二氧化碳浓度条件下，比较不同大气环流模式的模拟能力。正式参加 AMIP Ⅰ 的大气环流模式有 30 个，AMIP Ⅱ 增加至 35 个，这些模式均来自世界上主要的气候模拟组以及业务天气预报中心的模式。研究结果表明，几乎所有模式都能够模拟出大尺度大气环流的平均季节特征及其季节变化，如热带低压带、南北半球的副热带高压带和副极地低压带等。然而，没有任何一个模式能够在所有方面均表现出色，对物理变量的模拟结果也存在类似的情况。这说明大气环流模式的发展还需要进一步深入研究物理过程的参数化方案，并提高模式的水平分辨率和垂直分辨率，这也是大气环流模式今后发展的主要方向。

1.2.2 海洋环流模式

Bryan（1969）提出并建立了海洋环流模式。20 世纪80 年代以后，世界上不同的研究团体研发了三维斜压原始方程数值海洋模式，并在此基础上实现了大气环流模式与海洋环流模式的相互耦合。目前，海洋环流模式不仅涵盖简单海洋模式的物理过程，还包括洋流、涌升以及次网格尺度的垂直和水平混合过程对海温与海冰分布的作用。绝大部分海洋环流模式已采用真实海岸线和海底地形分布以及自由表面，针对计算格式和参数的选取也进行了大量的研究，如沿着等密度面扩散格式的提出就较好地解决了早期海洋环流模式中存在的温跃层过厚的问题。

过去几十年中，海洋环流模式在海气耦合方面取得了显著进展。1998 年，美国国家大气研究中心（National Center for Atmospheric Research，NCAR）的气候系统模式（climate system model，CSM）率先实现了大气模式与海洋模式的直接耦合。为解决模式在耦合界面上由通量误差导致的耦合过程中不稳定增长问题，Sausen 等（1988）提出了通量订正技术。然而，目前参与国际耦合模式比较计划的模式中，近一半已不再采用通量订正技术。

CMIP 对海气耦合模式的发展起到了巨大的推动作用。其于 1995 年由 WCRP 的气候变率及可预测性研究计划（CLIVAR）发起。其第二数值试验组专注于研究耦合全球气候模式（coupled global climate model，CGCM），以模拟气候变率和可预测性，并利用观测数据对模拟结果进行检验，进而使用海气耦合模式预测未来的气候变化。

LICOM 模式（LASG/IAP climate system ocean model）是由中国科学院大气物理研究所（Institute of Atmospheric Physics，IAP）大气科学和地球流体力学数值模拟国家重点实验室（LASG）自主研发的海洋通用环流模式。自 20 世纪 90 年代以来，LICOM 一直作为中国海洋模式的核心，在全球和区域气候模拟与预测中发挥着关键作用。

1.2.3 海冰模式

海冰模式的发展始于 20 世纪 60 年代，包括动力学模式、热力学模式及海冰厚度分布模式三个主要组成部分。Campbell（1964）开发了早期引入流变学来计算海冰内力的海冰动力学模型，模拟海冰的小尺度形变和内部应力，为海冰动力学模型的构建奠定了基础。此外，黏-塑性流变模型被引入用于更精确地描述海冰的力学行为。近年来海冰模型逐步考虑了更多因素，包括冰上积雪、冰盐度效应、短波辐射穿透冰层所引起的能量变化，以及冰的密度、热导率、比热容和冰温的垂直分布等。这些改进促成了更为复杂的一维海冰热力学模型的建立。

此外，针对海冰厚度空间分布不均匀的问题，国际上提出了海冰厚度分布公式，以研究海冰厚度分布的演化过程。这些模型和公式的开发，使得对海冰动力学和热力学过程的模拟更加精确，为理解海冰在气候系统中的作用提供了重要工具。

过去几十年我国海冰模式也得到蓬勃的发展，基于改进的海冰流变学参数化、多层海冰结构的精细热力学过程和 Mellor-Kantha 生长模型，该模式能够很好地模拟海冰演变过程以及海冰与大气、海洋之间的相互作用。

1.2.4 陆面过程模式

陆面过程模式的发展大体分为三个阶段。最早，Manabe（1969）提出了一个非常简单的“水桶”（bucket）模式，并将其引入大气环流模式中。该模式对土壤水的蒸发和地表径流进行简单的参数化，但由于没有考虑土壤分层，不能较好地描述土壤内部水分扩散的物理过程，从而导致地表温度和土壤含水量计算存在偏差。从 20 世纪 80 年代开始，陆面过程模式的发展进入第二个阶段，在此过程中，陆面过程模式显式地引入植被生物物理过程，建立了融入植被覆盖表面上空的辐射、水分、热量和动量交换等复杂的过程的参数化方案，相对真实地考虑了植被在陆面过程中的作用，特别是细致地考虑了植被对陆面水分和能量收支所发挥的作用。20 世纪 90 年代以后，第三阶段的陆面过程模式开始发展，根据光合作用和植物水分之间的关系，考虑了植物的水汽吸收，引入植物吸收二氧化碳进行光合作用的生物化学模式，能较好再现地表碳通量和二氧化碳浓度的日循环与季节循环，可进一步用于模拟由大气中二氧化碳浓度增加而增强的温室效应。该阶段的陆面过程模式包括通用陆面过程模式（common land model，CoLM）和公用陆面过程模式（community land model，CLM）等。

1.2.5 气溶胶和大气化学过程模式

气溶胶和大气化学过程模式研究大约始于 20 世纪 70 年代。Crutzen（1970）开展了对大气中氮氧化物在平流层臭氧化学中作用的研究，提出了氮氧化物通过催化循环破坏臭氧的理论机制，揭示了人类活动（如高空飞行和氮肥使用）可能导致的氮氧化物排放对臭氧层的潜在危害，这是大气化学过程模式的重要基础。后续他计算了在不同条件下臭氧的生成速率和浓度变化，进一步完善了大气臭氧化学模型。

早期的气溶胶和大气化学过程模式在物理和化学过程方面非常简单，其后发展出许多或侧重于气溶胶微物理过程，或基于气–粒化学平衡理论的气溶胶和大气化学过程模式，并发展了气溶胶分档处理的方法研究气溶胶光谱变化特征。目前，全球和区域大气化学模式主要包括 GEOS-Chem（Goddard earth observing system-chemistry）、CMAQ（community multiscale air quality）、WRF-Chem（weather research and forecasting model with chemistry）等。

一般来说，气溶胶和大气化学过程模式按物理、化学过程，可区分为热力学平衡模式和动力学模式。热力学平衡模式考虑的是气体与粒子之间的热力学平衡，在已知物种总量（包括气相与气溶胶相）的情况下，通过求解平衡方程或使系统的自由能达到最小，来确定平衡后的化学组成及气溶胶状态；而动力学模式考虑气溶胶形成过程中的核化、凝结增长、聚并、溶解、蒸发、沉降等过程。

此外，按气溶胶大小是否进行分档处理可分为分档模式和不分档模式。根据不同研究目的，模式对气溶胶的处理都可以采用分档或不分档。当人们关注气溶胶的总体粒子浓度和化学成分等特征时，不分档模式可以满足要求；但如果需要了解与粒子尺度分布相关的性质，如气溶胶对辐射的影响时，就必须模拟气溶胶的粒子尺度分布。

1.2.6 海洋生物地球化学模式

Riley 等（1949）开创性地提出了海洋生物地球化学模式，但是此后其发展进程较慢。直到20世纪90年代以后，海洋生物地球化学模式才得以快速发展。经历了几十年的发展，海洋生物地球化学模式已经发展成从全球尺度到海盆尺度再到单一水柱以至针对近岸海湾、河口的区域性模式，时间尺度从季节变化到年际变动再到年代际变动，实现多种时空尺度集合，跨物理、生物、化学等多学科领域。它包括生态动力学模式，能够较好地模拟区域性的叶绿素含量、初级生产力和营养盐的季节变化，并逐渐考虑铁、硅等营养盐的限制因素，以及不同粒级浮游生物的营养需求和摄食情况，甚至可以模拟一些大尺度的海洋生物地球化学特征。

当前国际上活跃的海洋生物地球化学模式包括 PISCES（pelagic interaction scheme for carbon and ecosystem studies）和生物地球化学元素循环（biogeochemical elemental cycling，BEC）等模型，其引入了多功能群和多营养元素循环，提高了模型的生物复杂性。这些模型被广泛应用于气候变化、海洋酸化、铁限制等全球性问题的研究。

1.2.7 陆地生物地球化学模式

20世纪60年代，陆地生物地球化学模式通过建立光合模式、植物生长模式以及有机质分解模式等，对生态系统物质循环中的某一过程进行模拟。在20世纪70年代随着生物地球化学循环这一概念的广泛应用，围绕生物地球化学的实验观测研究在全球范围内逐渐展开，为陆地生物地球化学模式的进一步发展奠定了基础。Botkin 等（1972）提出 JABOWA 模型是首个成功应用于森林生态系统的个体基础模型，模拟了树木在不同环境条件下的生长、竞争和演替过程。该模型是国际上最早和最经典的陆地生物地球化学模型之一。它的出现标志着生态系统建模从概念化、定性描述向定量、过程导向模拟的转变。

20世纪80～90年代，各种综合性陆地生物地球化学模式不断出现并得以完善，且与大气环流模式、大气扩散模式等相互耦合，主要用于分析预测区域或全球尺度的碳、氮循环规律。目前，陆地生物地球化学模式具有相对比较一致的结构框架和内部过程，但是由于生态系统类型变化大、结构复杂、功能多样、时空异质性高等特点，很难通过建立一个简单的模式来研究所有生态系统问题。因此，需要将地理信息系统和遥感技术应用到模式中，研究大尺度陆地生态系统的生物地球化学循环，并将人类活动纳入生态系统的模拟，分析社会经济发展对生态系统的影响。

1.3 全球气候变化的模拟与预估回顾

1.3.1 地球系统模式模拟气候变化

气候变化的模拟和预估，是科学界、社会公众以及决策者所共同关心的焦点问题，其与社会经济发展息息相关。一个完整的气候系统模式，包括大气环流模式、海洋环流模式、陆面过程模式和海冰模式四个基础子系统分量，由于综合考虑了“海-陆-气-冰”等多圈层间的相互作用过程，因此通常被称为物理气候系统模式，或简称为气候系统模式。

气候变化涉及地球气候系统各圈层复杂的相互作用，气候系统模式已经成为理解过去气候变化机理和精准预测未来气候变化的重要工具。例如，自 20 世纪 90 年代初开始，IPCC 依托 WCRP 的耦合模拟工作组（Working Group on Coupled Modelling，WGCM），针对过去气候变化的成因、机理以及未来气候变化的不同情景等方面，在国际范围内组织相关气候模拟中心，利用气候系统模式进行全球气候变化模拟试验，每隔 5 年左右将 CMIP 试验结果纳入 IPCC 报告，截至 2024 年，CMIP 已经提交了 6 次试验。

但是无论多么复杂的数值模型，都不可能完美地模拟出现实世界。虽然气候系统模式模拟所得出的结果有力地推动了气候变化科学的发展，但需要考虑每个模型模拟的局限性。本节将介绍气候系统模式的模拟和评估。

当前，气候系统模式正朝着能够同时兼顾物理过程、生物地球化学过程、人类活动影响等复杂过程的地球系统模式的方向不断发展。研发气候系统模式的目的在于深入研究大气、海洋、陆地、冰雪、植被等多圈层之间的相互作用及人类活动的影响，以便预测和预估其未来变化。发展地球系统模式的目的，是了解地球系统中能量过程、生态过程和新陈代谢过程的运行规律，了解地表覆盖和土地利用变化所引起的气候响应。特别是了解碳、氮和铁循环的生物地球化学耦合过程在气候系统中所发挥的作用，以及人类活动是如何改变气候的。

1.3.2 气候变化模式模拟方法

CMIP 为模式评估提供了一致的边界条件以及排放或辐射情景。在评估气候系统模式的适用性时，关键在于该模式能否成功地解决特定的研究问题，尤其是在理解气候变化的成因和预测未来气候演变方面。可以判断模式的适用性，通过分析模式对相关物理过程的描述方式及其模拟性能指标。一个重要的方法是将多个模式的模拟结果进行相互比较，并与实际观测数据进行对比，以评估模式的可靠性和准确性。目前，主要的评估方法包括三种技术：多模式集合（multi-model ensemble，MME）技术、初始条件集合（initial condition ensemble，ICE）技术，以及参数扰动集合（perturbed-parameter ensemble，PPE）技术。

MME 技术的主要作用是通过集成多个不同的气候模式，提高气候模拟和预测的可靠性和准确性。具体而言，该技术可以减少因模式间物理过程描述、参数化方案和数值方法上存在差异而导致的误差；量化气候系统高度复杂性和不确定性所引起的预测不确定性范围；通过平滑随机误差和增强信号，提高对气候变化的预测精度；综合利用不同模式的优势，更全面地理解气候系统。

自 IPCC 第五次评估报告（AR5）发布以来，计算能力的提升使得 ICE 技术得以实现。ICE 技术利用相同的气候模式，从各种不同的初始状态开始实验。由于气候系统的混沌特性，初始条件的微小差异会导致系统整体演化的显著不同。在 IPCC 第六次评估报告（AR6）中，包含三组基于 ICE 技术的扰动大集合实验，分别是通用地球系统模式（community earth system model，CESM）、马克斯·普朗克气象研究所地球系统模式（Max Planck Institute earth system model，MPI-ESM）、第二代加拿大地球系统模式（the second generation Canadian earth system model，CanESM2）。目前，ICE 技术的应用已从仅对大气中单一因素（如火山喷发）进行模拟，扩展到区域建模以及对极端天气事件的归因研究。此外，如果模式初始化得当，ICE 技术还可用于评估气候模式的参数。

PPE 技术是一种用于评估基于单一气候模式不确定性的重要方法。该技术通过对模式中的单个参数进行系统性扰动，以全面反映其不确定性范围。具体而言，PPE 技术通过构建一系列参数扰动实验，形成一个包含多种参数组合的模拟集合，从而量化单个参数不确定性对模式输出的影响。随后，再运用统计学方法（如方差分析、敏感性分析等）识别对整个集合不确定性贡献最大的关键参数。

MME、ICE、PPE 三种集合方法均被广泛应用于研究气候模式不确定性，其影响因素包括内部变率、初始条件与边界条件、模型参数化。图 1.3 展示了这三种集合方法的类型及其特点。近年来，许多研究开始尝试将多种集合方法相结合，或将集合方法与统计分析技术整合使用。例如，通过结合 MME 和 PPE，对模式不

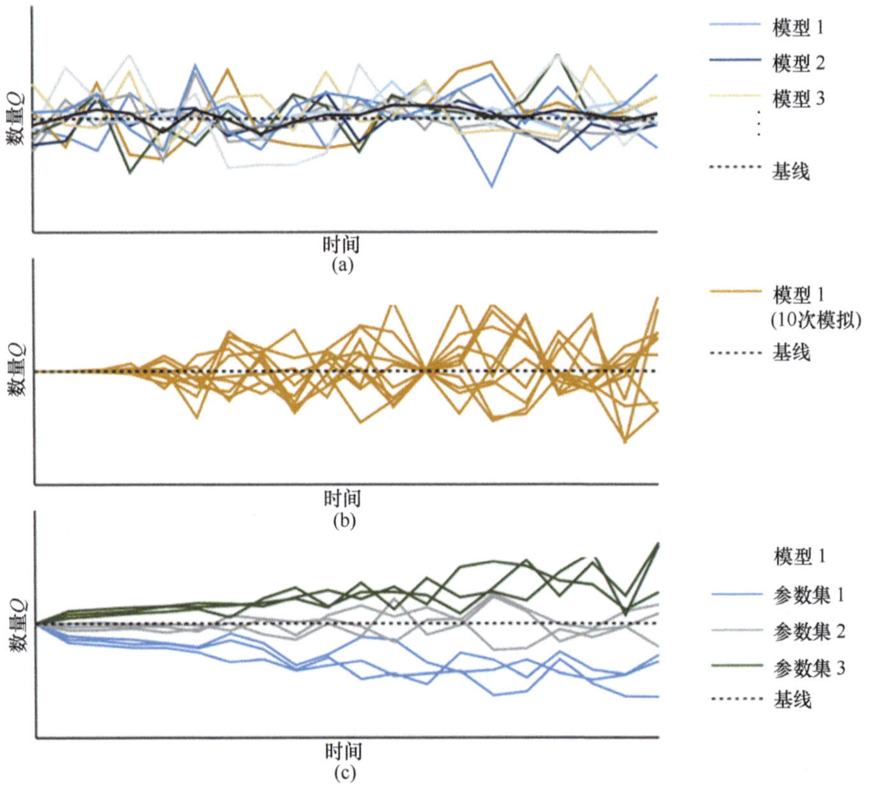

图 1.3　模拟 Q（如全球平均地表温度）的时间演变特征的常见模式集合（Chen et al.，2021）

（a）MME：模拟一个数量 Q 的时间演变，包含内部变率，单一模型对 Q 的多次模拟，只是初始条件不同；（b）ICE；（c）PPE：影响 Q 参数的系统扰动，单一模型

确定性进行更全面的评估；利用 PPE 评估基于 MME 的突变约束的稳健性；通过识别在不同时间尺度上导致模式误差的关键参数和过程，深化研究 ICE 技术。

1.3.3 第六次国际耦合模式比较计划（CMIP6）

国际耦合模式比较计划（CMIP）构建了一个框架，以比较不同的 GCMs 或 ESMs 的实验结果。自 20 世纪 90 年代中期开始实施以来，CMIP 已历经了六个不同阶段，涵盖世界上所有主要的气候模拟中心。CMIP6（图 1.4）包含两组核心试验：气候诊断、评估和描述（diagnostic，evaluation and characterization of Klima，DECK）试验以及历史（historical）气候模拟试验。此外，CMIP 还包括一系列模式比较子计划（MIPs）。

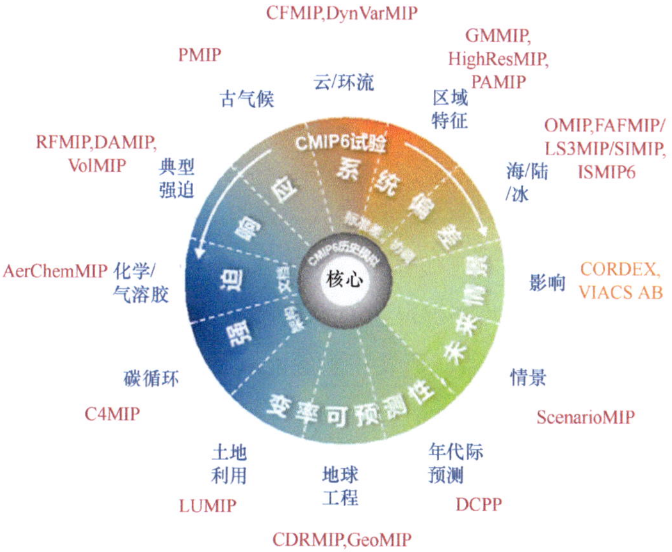

图 1.4 CMIP6 的结构
根据 Eyring 等（2016）的研究绘制

CMIP DECK 模拟是一系列评估和预测的基础。与 CMIP5 相同，它们包括一个“工业革命前”[①]的控制模拟（piControl）；一个理想化的、相对于 piControl 的

① “工业革命前”在实验中被视为固定的 1850 年。

二氧化碳浓度翻两番模拟（估计平衡气候敏感性）；一个相对于 piControl 的二氧化碳浓度每年增加 1%模拟（估计瞬态气候响应）；一个 1979～2014 年固定观测海表温度的瞬态模拟（即 AMIP）。此外，所有参与的模型都对 1850～2014 年进行历史模拟。

1.3.4 协同区域气候降尺度实验

协同区域气候降尺度实验（coordinated regional climate downscaling experiment，CORDEX）是一项基于区域气候系统模式模拟和统计降尺度技术的国际比较计划。它以类似 CMIP 的方式，联合多个成员在相同领域和共同实验条件下开展模拟研究。动力降尺度和统计降尺度技术能够提供比全球气候系统模式更高分辨率的气候信息，但这些技术的性能需要经过系统评估和量化，以确保其作为可靠的区域气候信息源或用于支持气候服务的有效性。通过对比不同降尺度方法的模拟结果，CORDEX 能够识别技术优势和不足，推动降尺度技术的改进和创新，从而提升区域气候模拟的准确性和可靠性。

CORDEX 模拟已通过一系列区域降尺度实验，涵盖了全球 14 个主要区域，基本覆盖了全球大部分地区，为区域气候研究和服务提供了重要的数据支持。CORDEX 正在通过其高分辨率模拟、全球覆盖、标准化设计、数据共享和技术评估等多方面的优势，为区域气候研究和服务提供了重要的科学支撑，推动了气候变化领域的国际合作与创新。

1.3.5 模式评估

CMIP 模式评估是指对参与 CMIP 的全球气候系统模式进行系统性分析和性能检验的过程。作为 CMIP 的重要组成部分，其核心目标是对气候模式的性能进行量化分析，识别模式的优势与不足，从而推动模式的改进和发展。通过 CMIP 模式评估，能够有效推动气候模式的优化，提升气候变化预测的可信度，为相关政策的制定提供科学依据，并促进国际科研合作。

在当前的CMIP框架下，已开发了一系列综合评价工具，这些工具与常用的分布式数据平台——地球系统网格联盟（earth system grid federation，ESGF）协同运行，能够在模型输出发布至CMIP后，迅速生成综合评估结果。例如，地球系统模型评价工具（earth system model evaluation tool，ESMValTool）是一款开源软件，集成了大量与耦合地球系统过程相关的诊断指标和性能评价方法，涵盖对气候平均值、变异性及趋势的诊断分析。此外，广泛采用的评估方法还包括将模式输出的时间序列与观测数据进行对比，同时充分考虑观测数据的不确定性。另外一种常见方法是将长期过程的模式模拟结果与统计结果进行对比，利用泰勒图等来验证模式的可靠性和准确性。

这些评估工具和方法的应用，不仅为气候模式的性能提供了全面、客观的评价，还为模式改进和优化指明了方向，进一步推动了气候科学的发展和应用。

1.3.6 约束预估

预估气候变化最常用的方法是基于多个地球系统模式的集合模拟，以估计未来气候最可能的变化范围及其不确定性。然而，由于不同共享社会经济路径（shared socioeconomic pathways，SSPs）下的排放情景和技术发展差异、地球系统模式本身存在的系统性误差以及气候系统内部变率等因素的影响，不同模式之间的预估结果往往存在显著差异。为了降低这种多模式预估的不确定性，约束预估技术（constrained projection）应运而生（图 1.5）。其中，通过对比观测资料对模式性能进行评估，并基于模式表现对气候变化预估结果进行约束的方法，被称为观测约束（observational constraint）。

观测约束的基本假设是，历史阶段评估所得的模式性能及表现与模式未来的行为之间存在可靠的关联性。这种关联性可能体现为模式历史模拟表现向未来预估的延续性，也可能体现为历史或当前观测变量与待预估变量之间存在的某种统计关系。前者包括利用模式在历史阶段的性能及表现赋予模式相应的权重或直接筛选模式，这种方法为多模式加权；包括根据归因分析结果订正模式对外强迫的响应尺度，这种方法为基于归因结果的约束。后者则是指通过多模式集合分析“萌生”出观测变

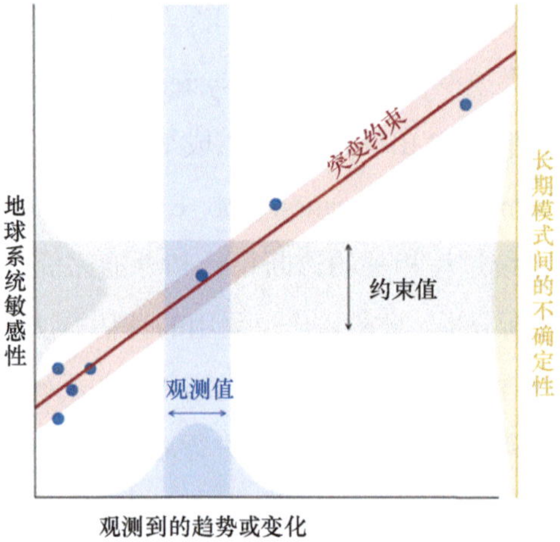

图 1.5　约束的气候变化预估（IPCC，2021）

量与待预估变量之间的统计关系，由于这种关系并非由单个模式诊断得出，而是从多模式集合中涌现出来的，因此被称为萌现约束（emergent constraint）。

观测约束技术已广泛应用于在全球地表温度、全球降水、区域气候、极端事件、气候敏感度、云反馈、北极海冰、环流系统及碳循环等多个领域的气候变化预估中。例如，IPCC AR6 首次结合了多条证据链来预估全球地表温度的未来变化。这些证据链包括基于历史模拟温度升高幅度的观测约束、基于情景的多模式预估以及更新的气候敏感度和瞬变气候响应等。通过整合这些证据链，IPCC AR6 显著降低了多模式预估的不确定性，为气候变化研究提供了更加可靠的科学依据（周佰铨和翟盘茂，2021）。这一进展标志着观测约束技术在气候变化预估中的重要作用，同时也为未来气候模式的发展和优化提供了新的方向。

1.3.7　年代际气候变化预测及其初始化方法

“年代际气候预测”（decadal climate prediction project，DCPP）包括对年际、多年际和年代际时间尺度的预测（Boer et al.，2016）。DCPP 旨在解决与气候系统从年际到年代际尺度预测相关的多项科学问题，评估当前气候预测系统的预报技巧，挖掘潜在可预报性，研究长时间尺度气候变率的形成机制，从而为科学研究和社会发展提供有实用价值的预测产品。DCPP 设计了 3 组试验，即年代际回报试验、预报试验以及用于理解年代际变率机制和可预测性的敏感性试验。

可预测性作为数理系统的一个特征，体现了被预测的能力。可预测性研究能够揭示在何处、在何种情况下以及在何种程度上预测从季节到几十年的各种气候参数。当前，可预测性和预测研究主要集中在温度，而降水和其他变量的预测性能表现较差。

在年到年代际尺度上，气候系统受到外部强迫和内部变率的共同作用。外部强迫包括温室气体排放、人类活动和火山活动产生的气溶胶、太阳辐照度变化等。内部变率包括影响年际尺度的厄尔尼诺–南方涛动（El Niño-Southern Oscillation，ENSO），以及太平洋和大西洋的多年到年代际的变化等，如图 1.6 所示。对于成功的年代际预测而言，初始化系统的外部强迫和内部变率很重要，它有助于诊断其对后报和预测技能的贡献。

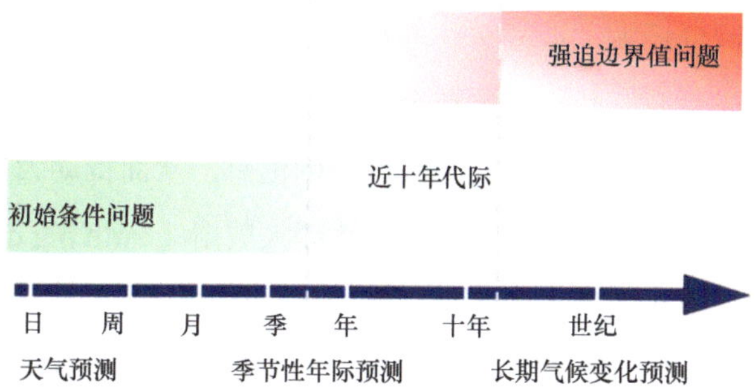

图 1.6　年代际气候预测从较短时间尺度的初始条件问题到较长时间尺度的强迫边界值问题
根据 Kirtman 等（2013）的研究绘制

CMIP6 的DCPP 实验分为三个部分。

后报：由回报试验、同化试验和对比试验构成。与季节预测和气候集成建模共同进行设计和组织协调的年代际预测（后报）实验，并制作出用于研究和应用的综合实验数据。

预测：目前正在推进的准业务化年代际气候预测试验，旨在支持多模式框架下的年度至十年尺度气候预测，并将预测成果服务于社会需求。该试验的核心设计包括 10 组 5 年预报实验，其首要目标是为后报试验提供承接性的预报试验，从而为未来开展准实时的、年际至多年尺度气候预测奠定科学基础。

可预测性、机制和案例研究：在年代际气候可预测性研究中，深入探讨特定气候转变与变化的案例，并揭示其背后的驱动机制。这一研究框架涵盖了两大核心内容：一是气候系统对外部自然外强迫（如太阳辐射变化、火山活动等）的响应；二是气候系统内部变率（如北大西洋涛动、太平洋年代际振荡等）的作用。通过综合分析这些因素，研究旨在阐明诸如火山喷发后的气候效应、全球增暖停滞现象等复杂气候行为的成因与规律，从而为提升年代际气候预测能力提供科学依据。

1.4 发展趋势

1998 年，戈尔首次提出了“数字地球”（digital earth）的概念，旨在构建一个对整个地球进行全方位数字模拟的虚拟模型。在科学探索、技术进步、应用实践和社会参与的共同推动下，这一概念不断深化与拓展。随着多源数据采集、存储和处理能力的显著提升，数字地球理念为社会产业带来了深刻变革，使数字基础设施能够高效整合并输出具有社会经济价值的信息，从而推动大数据成为现代数字世界的重要战略资源。在这一背景下，地球大数据（earth big data）应运而生，其核心在于将来自卫星遥感、地球观测平台的地理空间数据与社会经济数据深度融合，并通过多尺度的地理空间分析框架，为科学研究、政策制定和可持续发展提供关键支撑，有效填平全球知识与信息鸿沟。这一发展不仅推动了地球系统科学的进步，也为应对全球性挑战提供了新的解决方案。

1.4.1 地球数字孪生

地球数字孪生（earth digital twin）是一项实现物理世界与数字世界之间双向通信、动态互动和实时连接的关键技术。随着对精确地球建模、复杂自然事件模拟与预测需求的日益迫切，地球数字孪生的价值迅速得到地球系统科学界的广泛认可。地球数字孪生被定义为基于现有地球观测数据和物理定律，构建地球系统状态及其时间演化的高精度数字副本的系统。这一技术的发展得益于地球观测技术、高性能计算能力以及长期地球模拟研究的快速进步，尤其是数据同化技术的突破性进展。通过地球数字孪生，科学家和决策者能够更深入地理解并实时监测地球系统的动态行为，并基于地球数字孪生提供的预测和模拟结果，制定科学合理的应对策略。这一技术在天气预报、气候模拟、自然灾害缓解和资源管理等领域具有重要的应用价值。

然而，地球数字孪生的发展仍面临诸多挑战，包括高质量数据的获取、计算能力的提升以及模型解释性的优化等。研究人员正在积极探索解决这些问题的途径，以进一步提升地球数字孪生的能力，增强其在地球系统科学中的准确性、可靠性和适用性。通过持续的技术创新和跨学科合作，地球数字孪生有望为应对全球气候变化和可持续发展提供更加强有力的科学支撑。

近年来，机器学习，尤其是深度学习技术，在地球系统科学领域展现了强大的潜力，能够有效处理现实地球系统的高维度、复杂性和非线性问题。因果推断和强化学习的快速发展进一步提升了大数据分析的可解释性，并增强了模拟复杂顺序决策问题的能力。此外，社交感知数据通过代理与环境之间的动态反馈循环，为多智能体深度强化学习提供了重要输入，从而推动地球系统建模在大规模应用场景中的实现。这些技术的融合与创新为地球数字孪生的发展提供了新的契机，但同时也对数据质量、计算能力和模型可解释性提出了更高要求。通过持续的技术突破和跨学科协作，地球数字孪生有望在未来成为应对气候变化和实现可持续发展的重要工具。

当前，每天可收集到大量的地球观测数据，包括来自卫星、传感器、无人机等数据和非传统社交感知数据等。这些数据在种类、格式和来源方面都极其丰富，使我们能够以日益精细的尺度深化对地球系统和过程的理解。然而，尽管地球科学家在处理大量数据方面（如数值天气预报、地球系统模拟和长期气候预测等）经验丰富，但是许多数据处理方法是为处理特定领域或结构化数据而设计的，其数据量或变量较为有限。目前，数据的收集和生成速度已经远远超过了有效处理和理解的能力范畴。我们需要研究新的方法，有效地从多源大数据中提取信息和知识。为了满足准确设计和模拟复杂世界的需求，我们引入了地球数字孪生的概念。

大数据、地球系统科学、机器学习和网络基础设施的发展正在大力推进地球数字孪生的发展（图 1.7）。地球系统科学的技术创新使得对混沌且复杂的地球系统进行高效建模成为可能，这种建模可以整合人类活动的影响，并发现未来在地球安全边界内运行的治理路径。此外，机器学习的进步还体现在深度学习和其他方法的发展，这些方法能够处理地球系统的高维度、复杂性和非线性问题。特别是深度强化学习的进展使得智能体（如决策者）能够从与环境的互动中学习，而不是仅仅依靠给定的数据集，因此，即使在非线性和高维度的环境中也能够实现模拟。这将是地球数字孪生的一个关键特征（Li et al.，2023）。

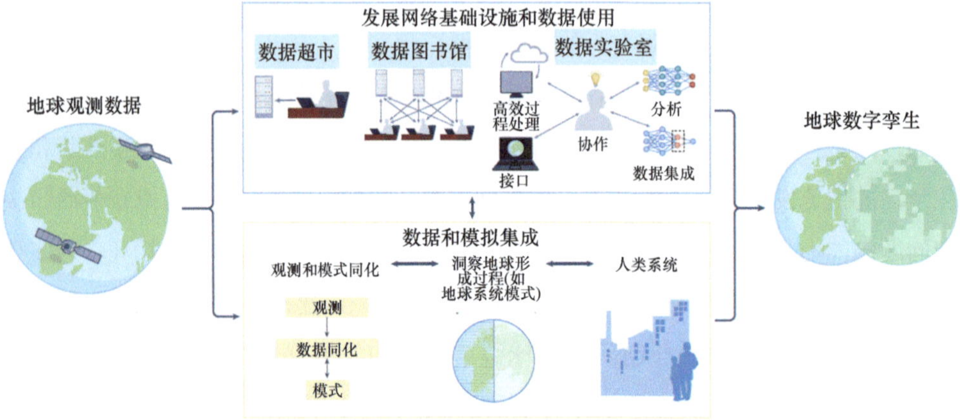

图 1.7 地球系统科学中数据使用的转变

根据 Li 等（2023）的研究绘制

借助迅速发展的网络基础设施，物理世界的观测数据得到处理。数据使用阶段正从数据超市转变为数据图书馆、数据实验室，最终朝着地球数字孪生的方向发展。大地数据和社交感知数据被融入基于过程的模型中，如地球系统模型。地球数字孪生将整合具有高时空分辨率的动态模型和数据，提供对真实世界的虚拟表示和数字映射。

1.4.2 数据同化

数据同化（data assimilation）是一种将理论模型与观测数据以最优方式结合，从而估计系统随时间演化的可能状态的数学技术。在地球科学领域，数据同化的经典应用之一是生成用于数值天气预报的初始条件。目前，数据同化已发展成为涵盖地球系统科学各分支的核心方法论，其实现通常依赖地球系统模型、气候系统模型、数值模型或其组合形式。在数据同化过程中，观测数据的来源多样，包括遥感数据、原位传感器、地面监测站点，以及近年来引入的物联网数据和社交感知数据。这些多源数据的整合不仅提高了模型的精度和可靠性，还增强了对地球系统动态行为的理解和预测能力。通过数据同化，科学家能够更准确地捕捉复杂地球系统的时空变化，为气候变化研究、灾害预警和资源管理提供科学依据。这一技术的持续发展将进一步推动地球系统科学的前沿探索，为应对全球环境挑战提供更强大的工具支持。

传统数据同化方法常常是基于气候模型来进行，依赖复杂的数学模型和物理定律。但在处理高维、非线性系统以及海量多源数据时，往往面临计算成本高、效率低等挑战。近年来基于机器学习的数据同化（machine learning-based data assimilation）已成为地球科学领域的一项重要技术进展，它通过将机器学习方法与传统数据同化技术相结合，显著提升了数据处理的效率和精度。而机器学习方法则以其强大的非线性拟合能力和高效的计算性能，为数据同化提供了新的解决方案。

基于机器学习的数据同化的核心思想是利用机器学习模型（如神经网络、支持向量机、随机森林等）替代或辅助传统数据同化中的某些环节，如模型误差校正、观测数据插值、背景场生成等。具体来说，机器学习模型可以从历史数据中学习系统的动态规律，并基于学习到的规律对观测数据和模型预测进行优化整合，从而更准确地估计系统的状态。其具有高效处理非线性问题、降低计算成本、多源数据融合、适应性强等优势。基于机器学习的数据同化虽然在模型可解释性、数据依赖性等方面面临一些挑战，但是为地球科学领域带来了新的机遇，有望在气候变化研究、环境监测、灾害预警等方面发挥更大的作用。

参 考 文 献

秦大河. 2018. 气候变化科学概论. 北京: 科学出版社.

叶笃正, 吕建华. 2003. 气候研究进展和 21 世纪发展战略. 自然科学进展, 13(1): 42-46.

周佰铨，翟盘茂. 2021. IPCC 第六次气候变化评估中的气候约束预估方法. 气象学报，79(6): 1063- 1070.

Boer G J, Smith D M, Cassou C, et al. 2016. The decadal climate prediction project (DCPP) contribution to CMIP6. Geoscientific Model Development, 9(10): 3751-3777.

Botkin D B, anak J F, Wallis J R. 1972. Some ecological consequences of a computer model of forest growth. Journal of Ecology, 60(3): 849-872.

Bryan K. 1969. A numerical method for the study of the circulation of the world ocean. Journal of Computational Physics, 4(3): 347-376.

Campbell W J. 1964. On the Steady-State Flow of Sea Ice. Seattle: Department of Atmospheric Sciences, University of Washington.

Chen D, Rojas M, Samset B H, et al. 2021. Framing, context, and methods//Masson-Delmotte V, Zhai P, Pirani A, et al. Climate Change 2021: The Physical Science Basis. Contribution of Working Group Ⅰ to the Sixth Assessment Report of the Intergovernmental Panel on Climate Change. Cambridge: Cambridge University Press: 147-286.

Crutzen P J. 1970. The influence of nitrogen oxides on the atmospheric ozone content. Quarterly Journal of the Royal Meteorological Society, 96: 320-325.

Eyring V, Bony S, Meehl G A, et al. 2016. Overview of the Coupled Model Intercomparison Project Phase 6(CMIP6)experimental design and organization. Geoscientific Model Development, 9(5): 1937-1958.

Gore A. 1998. The digital earth: Understanding our planet in the 21st century. Australian Surveyor, 43: 89-91.

Kirtman B, Power S B, Adedoyin J A, et al. 2013. Near-term climate change: Projections and predictability//Climate Change 2013: The Physical Science Basis. Contribution of Working Group Ⅰ to the Fifth Assessment Report of the Intergovernmental Panel on Climate Change. Cambridge: Cambridge University Press: 953-1028.

Kuo H L. 1965. On formation and intensification of tropical cyclones through latent heat release by cumulus convection. Journal of the Atmospheric Sciences, 22(1): 40-63.

Li X, Feng M, Ran Y H, et al. 2023. Big data in earth system science and progress towards a digital twin. Nature Reviews Earth and Environment, 4: 319-332.

Manabe S. 1969. Climate and the ocean circulation: Ⅰ. The atmospheric circulation and the hydrology of the earth's surface. Monthly Weather Review, 97(11): 739-774.

Riley G A, Stommel H, Bumpus D F. 1949. Quantitative ecology of the plankt on of the Western North Atlantic. Bullet in Bingham Oceanography Collection, 12: 1-169.

Sausen R, Barthel K, Hasselmann K. 1988. Coupled ocean-atmosphere models with flux correction. Climate Dynamics, 2(3): 145-163.

第 2 章 国际耦合模式比较计划及其在 IPCC 评估报告中的应用

2.1 全球模式比较计划介绍

国际耦合模式比较计划（CMIP）的建立基础源于大气模式比较计划（AMIP）（1989～1994 年）。该计划由世界气候研究计划（WCRP）耦合模拟工作组（WGCM）于 1995 年正式发起并组织实施，其初始科学目标旨在通过标准化实验方案，对当时数量有限的全球耦合气候系统模式开展系统性性能评估。随着全球气候系统模式研究的快速发展，国际主要气候模拟中心陆续产生了大量大气-海洋耦合模式输出数据。为应对科学界对模式数据系统性分析的需求，CMIP 逐步演变为以“推动气候模式创新发展，深化地球气候系统科学认知”为核心目标的国际合作计划。为了实现这一目标，CMIP 在气候系统模式试验设计、数据格式制定、气候模拟数据全球共享机制制定等方面开展了卓有成效的工作。根据 WGCM 的官方记录，截至 2024 年已成功组织实施了六次国际耦合模式比较计划。

CMIP6 的核心试验是气候诊断、评估和描述（DECK）试验，由四个基准试验组成，AMIP 试验、工业革命前参照（piControl）试验、4 倍 CO_2 突增（abrupt-4× CO_2）试验、CO_2 浓度每年增加 1%（1pct CO_2）的强迫试验。其中，AMIP 试验是利用 1979 年以来的海温和海冰观测数据作为边界条件来驱动大气环流模式，而 piControl 试验是把外强迫（如温室气体、太阳辐射、气溶胶、土地利用等）维持在 1850 年的水平来驱动全球耦合模式进行 500 年以上的长期积分。这两组试验是评估大气模式和耦合模式性能的基础,也是其他 CMIP6 试验的基准。abrupt-4× CO_2 试验保持大气 CO_2 浓度始终为 piControl 试验的 4 倍，而 1pct CO_2 试验控制 CO_2 浓度在 piControl 试验的基础上每年增加 1%，其从 piControl 试验的某个时间开始启动，并与 piControl 的试验结果进行比较，用于评估不同 CO_2 强迫条件下的气候响应。DECK 试验是 CMIP 计划的准入标准，任何气候系统模式只要完成 DECK 试验并将数据共享，即可称参加了 CMIP 计划。

我国目前有 7 所科研院所和高校的 8 个地球系统模式发展小组开展了 CMIP6 的相关试验。例如，南京信息工程大学地球系统模式（NESM3）的模拟结果表明，在 4 倍 CO_2 浓度的强迫下，陆地和海洋的平均表面温度分别上升了 8.0 K 和 5.2 K；在每年增加 1%的渐进 CO_2 浓度强迫下，60～80 年的平均温度上升 2.16 K。中国科学院大气物理研究所 CAS FGOALS-f3-L 模式的 abrupt-4× CO_2 试验计算得到的气候敏感度约为 3.0 K，而清华大学 CIESM 模式的 abrupt-4× CO_2 试验得出的气候敏感度约为 5.67 K。

2.2 在历次 IPCC 评估报告中的应用

气候系统是由大气圈、水圈、冰冻圈、岩石圈和生物圈 5 个圈层组成的复杂系统。引起地球气候变化的因素主要有三个：一是由太阳活动、地球轨道参数等自然因子变化引起的自然变率；二是气候系统各圈层相互作用过程引起的内部变率；三是温室气体、气溶胶排放以及土地利用变化等活动引起的变化。为了清晰地描述大气–海洋–海冰–陆面之间复杂的相互作用，我们在物理、化学、生物学等基础上，用数学方程式展现了地球气候系统各个圈层之间的相互作用和反馈的主要过程以及与外强迫的关联（王绍武等，2013），即海–陆–气–冰耦合的气候系统模式，它是了解过去气候演变、研究当前气候特征、预测未来气候发展不可或缺的工具。各个国家的不同组织积极开展关于建立气候系统模式并提高其预报可靠性的研究。为推动气候系统模式的发展，WCRP 相继组织了一系列国际模式比较计划，如始于 1990 年的 AMIP（Gates，1992），随后开展的海洋模式比较计划、陆面模式比较计划，以及被认为是“气候科学的基础要素之一”的 CMIP（Meehl et al.，2000）等。这些计划有效地促进了各个国家对耦合模式、气候模拟领域的研究。其中，关于气候系统模式的研究被历届 IPCC 第一工作组评估报告放在中心位置。利用这些计划以及预估结果进行研究的学术成果，经过筛选整理后成为每五年颁布一次的 IPCC 评估报告的重要组成部分（周天军等，2014）。因此，CMIP 是历次 IPCC 评估报告的基础。本节将回顾自 1970 年以来，CMIP 的发展及其在历次 IPCC 评估报告中的应用。

气候系统模式比较计划起源于数值天气预报。20 世纪 70 年代，在全球大气研究计划（Global Atmospheric Research Program, GARP）的推动下，数值天气预报模式间的系统性比较研究逐步展开。在此框架下，数值实验工作组（Working Group on Numerical Experimentation, WGNE）成立，其核心职能包括促进建模团队间的学术交流、协调国际天气与气候研究合作，并推动发表了具有里程碑意义的天气预报模式比对研究成果（Baumhefner and Downey，1978; Touzé-Peiffer et al.，2020）。1975 年，美国 GARP 委员会气候变化小组发表了关于不同大气模式模拟结果对比的报告，初步揭示不同大气模式的动力学响应差异，但该报告未建立统一的实验边界条件规范，导致不同气候模式间的可比性受到限制。随着研究的深入，第一个气候模式比较计划——辐射模式比较计划正式启动。该计划通过组织多模式对比实验，首次系统评估了不同气候模式中大气辐射传输过程的模拟性能，并实现了对同一物理量跨模式的一致性检验。至 20 世纪 80 年代末，尽管各类模式对比研究持续涌现，但受限于研究目标的分散性和方法学的差异性，始终未能形成系统化的评估体系。在此背景下，WCRP 的联合科学委员会（JSC）正式提出建立大气气候模式系统性比对框架的倡议。1989 年，在美国能源部的支持下，劳伦斯利弗莫尔国家实验室（LLNL）正式成立气候模式诊断与比较计划（PCMDI），其目标是“提高对气候模式之间差异的理解”。1990 年，AMIP 获得了 JSC 的正式批准，标志着气候模式国际比较研究进入标准化、制度化发展阶段。

AMIP 核心目标是系统分析全球大气环流模式（GCM）在季节和年际时间尺度上的气候响应特征。该计划采用开放式参与机制，允许各类 GCM 研究团队提交模拟结果。试验设计选取 1979 年至 1988 年（包含完整太阳活动周期）作为基准模拟时段，通过规定统一的边界约束条件：采用精确的太阳辐射常数（1365 W/m^2）和标准大气二氧化碳浓度（345 ppm①）作为基本参数，同时引入观测统计的海表温度场及海冰分布数据集，并建立标准化的数据输出协议（Gates，1992）。该计划构建了 GCM 性能评估标准，其创新性体现在三个方面：首先建立了气候模式诊断、验证、比对及数据管理的通用技术框架；其次为模式改进提供了系统性评估基准；最后通过规范数据格式实现了多模式结果的便捷对比。在后续比较计划启动前，全球 31 个主要气候建模团队均参与了该计划，为气候模式发展研究奠定了重要实证基础。

20 世纪 70 年代以后，气候学研究突破了传统气象要素的单一分析框架，开始系统研究大气圈与海洋、冰雪圈、陆面等子系统的耦合机制。这一学科转型直接推动了气候模式的发展。到 80 年代，全球耦合模式首次实现了对大气-海洋-冰冻圈的动力相互作用的表征，尽管初代模式存在显著的系统偏差，但已成功应用于工业革命以来 CO_2 浓度倍增对气候强迫的定量研究。IPCC 首份评估报告（Gates，1992）明确指出，虽然当时模式对云反馈等物理过程存在表征局限，但已能可靠验证大气 CO_2 浓度与全球增温的正相关关系。为了促进耦合模式的改进，使有关人为因素影响气候变化的结果更加稳健，在 1995 年 WCRP 的 WGCM 制定了 CMIP。

1996 年，CMIP 第一阶段，即 CMIP1 启动，主要目标是将 AMIP 的单一大气模式替换为大气–海洋–海冰的相互作用耦合模式。该阶段共有 21 个气候模式参与，包括中国科学院大气物理研究所/大气科学和地球流体力学数值模拟国家重点

① ppm：parts per million，百万分之一。

实验室（IAP/LASG）发展的耦合模式。1997 年，CMIP 的第二阶段（CMIP2）开始，共有 17 个气候模式参与，其目标是比较 CO_2 每年增加 1%的气候变化模拟结果（Meehl et al.，2005）。

CMIP1 和 CMIP2 在 IPCC 第三次评估报告中（IPCC TAR）发挥了重要作用。该报告在“气候模式评估”与“未来气候变化预测”章节中系统阐释了 CMIP 多模式对比研究的科学价值，重点分析了模式对气候系统关键过程的再现能力及其对未来温室气体浓度变化的响应特征。同时，IPCC 第三次评估报告也针对 CMIP 的发展提出科学建议，一方面需构建包含多强迫因子（如气溶胶、太阳辐射等）的复合情景，以更真实地反映气候系统的外部驱动机制；另一方面应通过增加多成员集合模拟的数量，提升区域尺度气候预测的统计显著性。GCM 模拟具备更为丰富的强迫情景，并且可以通过增加集合以评估区域范围预测的准确性。基于上述科学建议，国际耦合模式比较计划第 3 阶段（CMIP3）应运而生。

CMIP3 开始于 2003 年，与之前的 CMIP 相比，其最大的亮点在于包含了气候变化情景试验，即预测在不同排放情景下未来气候的变化。这种基于情景的气候预测方法为评估缓解与适应政策的有效性提供了科学基准，有助于制定最优化的气候治理策略。值得注意的是，情景构建方法在气候研究中的历史可追溯至 IPCC 第一次评估报告（1990），该报告系统提出了温室气体排放情景的构建框架，并给出了两种方法：第一种方法是利用全球模式来拟定四种构想方案，由第一工作组来拟定未来变暖的情景方案，这四种构想均假定全球经济按世界银行的预测速度增长，且世界人口按联合国有关研究估算的速度增长；第二种方法是利用 21 个国家及国际组织提交的关于能源和农业部门的研究报告，来估算 CO_2 的排放量。两种方法都开展了进一步的研究：对于第一种方法，第一工作组提出了四种人为排放情景：A 情景——照常排放构想，假设不限制温室气体排放，以矿物燃料作为主要能源；B 情景——低排放构想，假设天然气作为主要能源；C 情景——控制政策构想，假设 22 世纪后半叶主要能源转为可再生能源和安全的核能，但排放受限；D 情景——加速的政策构想，假设 22 世纪初就迅速使用可再生能源和安全的核能，并严格控制排放。同时，第三工作组利用第二种方法拟定了对照方案，从多个角度分析了不同情景下未来的排放情况。但由于计算能力的限制，部门分析法构建的情景只能通过简化气候模型（如能量平衡模型）进行模拟，这导致其气候预测精度显著低于 GCM 模拟结果。

在随后的历届 IPCC 评估报告中，气候模式试验均围绕排放情景开展，在第三次评估报告的准备阶段，IPCC 发布了《IPCC 排放情景特别报告》（SRES），探讨了不同发展道路下的社会经济情景与其相应的温室气体排放，第三次评估报告所进行的初步工作也是将适应与减缓选择同发展道路相联系（Nakicenovic and Swart，2000）。由于 SRES 的批准时间仅在 IPCC 第三次评估报告发布的前一年，这些情景未能在所有耦合模式模拟中得到使用，大多数模式研发小组只运行了两种方案（Houghton et al.，2001），相关研究结果较少，导致第三次评估报告并没有形成一个完整的气候变化综合评估。

为了避免 IPCC 评估报告再次出现类似问题，CMIP 在第三阶段（CMIP3）中系统性地引入了三种不同的气候变化情景，分别对应 SRES 的低排放情景（B1）、中等排放情景（A1B）和高排放情景（A2），其共同组成了 CMIP3 的 21 世纪模拟试验。同时，CMIP3 还包含了 20 世纪模拟试验，即从 19 世纪后期开始模拟，并考虑自然和人类活动强迫的影响；气候变化历史试验通过固定 CO_2 浓度并向后积分 100 年；理想化 CO_2 试验通过规定 CO_2 增长方式并向后进行 150 年的积分（Meehl et al.，2007）。由于 CMIP3 早于 IPCC 第四次评估报告（AR4）的发布，基于 CMIP3 数据的研究为后续研究提供分析基础，使得 IPCC AR4 报告可以更好地通过气候模式结果提供气候变率和气候变化的状况。

在 CMIP3 中，共有 23 个国际科研机构参与合作。截至 2012 年 2 月的统计数据显示，全球用户超过 6700 个，通过 PCMDI 下载的气候模拟数据总量超过 1PB。CMIP3 首次实现了试验数据的全面开放共享，全球科研人员及学生均可自由获取其数据成果进行学术研究，这一创新机制显著区别于 CMIP1 和 CMIP2 的数据管理方式。该计划的实施不仅推动了气候系统耦合模式在创新研发、技术改进和科学评估等领域的突破性进展，更通过建立国际统一的气候模式对比分析框架，将全球大气耦合模式研究提升到前所未有的协同水平，开创了气候变化研究的“新纪元”。

综上所述，CMIP3 在完善耦合大气模式的基础上，首次系统设计了人口增长、经济发展等非气候要素的未来情景参数，其在服务气候学研究的同时，也吸引了越来越多气候学界之外的研究者，且对 IPCC 报告的关注度也越来越高。在 CMIP3 之后，WCRP WGCM 又组织了 CMIP4 计划，CMIP4 实际上是 CMIP3 和 CMIP5 的过渡计划，影响力相对较小，其设计的自然变率和人为外强迫分离的试验，习惯上常被视作 CMIP3 的外围试验。随着 CMIP 目标用户研究领域的多元化拓展，用户对模拟的需求也日益增长。为满足不同用户的需求，WCRP 组织策划了第五次国际耦合模式比较计划（CMIP5）。CMIP4 由于其在气候变化检测和归因研究中的重要性，随后被 CMIP5 继续列为外围试验，在气候变化归因研究中得到广泛应用。

CMIP5 的核心科学目标包括：①探究因碳循环及云反馈机制认知不足所导致的气候模式差异的物理机制；②发展气候系统可预报性理论，提升气候模式在年代际尺度上的预测能力；③揭示不同气候模式对相同外强迫产生响应差异的内在机理。与 CMIP3 相比，CMIP5 不仅试验设计更为全面，更通过观测数据、技术手段和模式物理参数化方案的持续改进，有效解决了前几期报告中受限于数据质量和技术瓶颈的若干关键问题。例如，在古气候研究方面，首次实现了基于多模式集合的古气候数值模拟，为 IPCC 第五次评估报告（AR5）中的古气候演变分析提供了更为详实的数值证据；针对气候变化检测归因这一核心问题，建立了系统性的多因子归因研究框架；创新性地构建了基于辐射强迫目标的典型浓度路径（concentration pathways，RCP）情景体系，其多情景集合不仅涵盖技术发展限制和减排延迟等现实约束条件，还通过可行性论证为 IPCC 第三工作组的气候政策评估提供了关键数据支撑。特别值得指出的是，CMIP5 首次实施了系统性的年代际气候预测试验计划，该创新性研究为 IPCC AR5 中近三十年气候变化的检测归因研究提供了关键科学依据。

CMIP5 虽然在实验设计和科学产出方面取得显著进展，但其庞杂的试验体系与系统性不足为 IPCC 第五次评估报告的整合工作带来严峻挑战（Eyring et al., 2016）。为此，第六阶段（CMIP6）在架构设计上实现了重大革新：首先将 CMIP

试验与 IPCC 评估体系分离，围绕地球系统科学三大核心问题重构研究框架——外强迫作用下地球系统的响应机制、模式偏差的物理成因及其气候效应，以及基于内部变率、可预报性及情景不确定性的气候变化评估方法（Meehl et al., 2014）；其次，针对传统情景试验在气候过程机理研究中的局限性，CMIP6 将未来情景试验从核心试验中剥离，转为模式比较子计划（MIPs）中的自愿参与项目。CMIP6 共包含 23 个模式比较子计划：气溶胶和化学模式比较计划（AerChemMIP），耦合气候碳循环比较计划（C4MIP），二氧化碳移除模式比较计划（CDRMIP），云反馈模式比较计划（CFMIP），检测归因模式比较计划（DAMIP），年代际气候预测计划（DCPP），通量距平强迫模式比较计划（FAFMIP），地球工程模式比较计划（GeoMIP），全球季风模式比较计划（GMMIP），高分辨率模式比较计划（HighResMIP），冰盖模式比较计划（ISMIP6），陆面、雪和土壤湿度模式比较计划（LS3MIP），土地利用模式比较计划（LUMIP），海洋模式比较计划（OMIP），极地放大模式比较计划（PAMIP），古气候模拟比较计划（PMIP），辐射强迫模式比较计划（RFMIP），情景模式比较计划（ScenarioMIP），火山强迫的气候响应模拟比较计划（VolMIP），联合区域气候降尺度试验（CORDEX），平流层和对流层系统的动力学和变率（DynVarMIP），海冰模式比较计划（SIMIP），脆弱性、影响和气候服务咨询（VIACS AB）。通过系统化的子计划设计实现了多学科成果的协同对比，显著提升了 IPCC 工作组的数据整合效率。在试验方法学层面，各子计划均实现技术突破：检测归因模式比较计划（DAMIP）通过温室气体与气溶胶的辐射强迫分离，定量揭示了近几十年全球变暖的主要驱动机制；情景模式比较计划（ScenarioMIP）创新性地构建了共享社会经济路径（SSPs）与辐射强迫的矩阵组合，在 CMIP5 典型浓度路径（RCP）基础上整合了社会经济系统与空气污染排放的耦合作用，为 IPCC 第六次评估报告（AR6）提供了跨学科研究基础。该成果不仅深化了人为活动对气候影响的认识，更通过对能源系统转型等五大领域的系统分析，为《巴黎协定》实施路径提供了科学支撑（O’Neill et al., 2016）。

根据地球气候系统数值模拟研究进展，IPCC 第六次评估报告（AR6）通过优化子计划实施方案、提升基础数据分辨率以及改进模式参数化方案，在系统性和完备性方面较第五次评估报告（AR5）取得显著提升，其结论具有更高的置信度。但需指出，CMIP6 计划仍存在若干关键性局限：在组织架构层面，历史气候模拟所需的外强迫场数据集存在显著时间滞后性，导致数据同化进程受阻，进而影响 IPCC 报告对最新研究成果的整合效率；由于 CMIP 计划与 IPCC 评估周期均设定为五年，较短的迭代间隔客观上制约了气候模式性能的实质性优化，同时导致模式开发过程中理论创新性相对欠缺。此外，部分模式对关键物理过程（如冰雪消融机制）的表征仍存在显著偏差，这类系统性误差已在 AR6 中予以明确指证，预计将通过后续 CMIP 计划的模式迭代优化及多模式对比研究，在下一轮评估报告中得到有效修正。

2.3　CMIP6

2.3.1　试验设计

CMIP6 最为核心的试验是 DECK 试验，其承担着模式验证的准入功能，要求气候系统模式完成标准化数值实验并通过数据国际共享，是参与 CMIP 系列计划的必要条件。CMIP6 的第二层级试验为历史气候模拟试验，要求模式完成 1850～2014 年历史时期气候模拟并实现数据共享。基于上述两级基础试验框架，CMIP6 共规划了 23 个模式比较子计划（MIPs），其中 19 个子计划包含专门设计的数值试验方案。这种分层试验体系既保证了气候模式研发的规范性，又为多尺度气候过程研究提供了系统性实验平台。

2.3.2　DECK 试验和历史气候模拟试验

DECK 包含了 4 组基准试验，分别是 AMIP 试验、piControl 试验、abrupt-4× CO_2 试验以及 1pct CO_2 试验。

AMIP 试验采用 1979 年至今的实测海表温度及海冰分布数据作为边界约束条件，驱动大气环流模式进行数值模拟；而预工业控制试验（piControl）则通过将外强迫参数固定于工业革命前基准年（1850 年）的水平，驱动全球耦合气候系统模式开展长期积分（时间跨度≥500 年）。这两类基础性试验不仅为评估大气环流模式和耦合气候系统模式的物理参数化方案提供基准参照，同时构成 CMIP6 其他对比试验的标准化验证体系。

其他两组 DECK 试验是从 piControl 试验的某个时间点开始启动，属于在理想 CO_2 强迫下的气候变化敏感性试验。通过与 piControl 比较，abrupt-4× CO_2 试验用来研究 CO_2 的辐射强迫以及估算平衡态的气候敏感度；而 1pct CO_2 试验则用来估计在海洋热吸收作用下的瞬态气候响应（Eisaman et al.，2012）。

在 DECK 试验框架下，驱动模式的外强迫场在历次耦合模式比较计划（CMIP）中均呈现良好的一致性特征，这种标准化设计显著增强了不同模式模拟结果的可比性，为系统追踪气候模式改进过程提供了有效途径。历史气候模拟试验以 piControl 试验的平衡态为初始条件，在基于观测资料构建的时变外强迫场驱动下，实现了对 1850 年工业革命以来全球气候演变的重建模拟。该试验体系主要承担三方面科学功能：首先，通过对比模拟结果与观测数据，定量评估气候模式对全球气候变化（包括气候变率特征及百年尺度趋势）的再现能力；其次，为气候系统模式的关键参数（如辐射强迫响应特征、气候敏感性参数等）提供标定依据；最后，通过多模式集合分析验证模拟结果与观测记录在统计意义上的一致性（周天军等，2019）。

2.3.3 模式比较子计划

除了 DECK 试验和历史气候模拟试验这两类基准试验外，CMIP6 科学委员会还系统整合了 23 个由国际科研团队自主提出并设计的模式比较子计划（MIPs）。其中 19 个子计划需借助全球气候模式开展额外的数值模拟实验，其各自关注的科学问题如下。

（1）气溶胶和化学模式比较计划：诊断对流层气溶胶、对流层臭氧前体物、化学反应温室气体的强迫和反馈；记录和理解大气化学组分的过去和未来变化；估计全球和区域气候对这些变化的响应。

（2）耦合气候碳循环比较计划：理解和量化全球碳循环在未来百年尺度的变化及其对气候系统的反馈，建立 CO_2 排放与气候变化之间的联系（Jones et al.，

2016）。

（3）二氧化碳移除模式比较计划：理解 CO_2 移除能够在多大程度上帮助缓解甚至逆转气候变化；评估直接空气捕获、植树造林以及海洋碱化等 CO_2 移除方案的有效性、风险和收益；探索如何在地球系统模式框架内和综合评估模型的气候情景研究中更加恰当地考虑 CO_2 移除。

（4）云反馈模式比较计划：改进对云–气候反馈机制的认知；对气候系统模式内云和云反馈更好地进行评估，改进对云反馈的估计；增进对环流、区域尺度降水以及非线性变化的理解。

（5）检测归因模式比较计划：更好地估计观测到的全球变暖以及全球和区域尺度其他气候变量的变化中人为和自然强迫变化所作的贡献；估计历史排放已经改变和正在改变当前气候的风险；更好地进行观测约束下的未来气候变化预估。

（6）年代际气候预测计划：通过一系列回报和具有针对性的试验，预测并理解 10 年甚至更长时间尺度受外强迫影响的气候变化及内部变率，理解其物理过程，并持续获得有技巧的年代际预测成果。

（7）通量距平强迫模式比较计划：解释模式对 CO_2 增加强迫下海洋气候变化预估的不确定性，尤其是涉及海平面高度、海洋热吸收和热膨胀的空间和量级差异。

（8）地球工程模式比较计划：评估气候系统对“改变辐射”的地球工程方案的响应，并评估其功效、益处和副作用。

（9）全球季风模式比较计划：深入理解全球季风系统变化的物理机制，提高全球季风的模拟能力；揭示自然变率和人为强迫对全球季风变化的贡献。

（10）高分辨率模式比较计划：利用物理气候系统模式，在一定的气溶胶强迫下，考察全球天气分辨率尺度模式对重要气候过程模拟的改进状况及其模式间的一致性。

（11）冰盖模式比较计划：提高与格陵兰岛和南极冰盖减少相关的海平面升高预估的可信度。

（12）陆面、雪和土壤湿度模式比较计划：通过陆面模块试验，综合评估陆面、雪、土壤湿度与气候的反馈，诊断当前地球系统模式陆面模块存在的系统性偏差。

（13）土地利用模式比较计划：量化土地利用对过去和未来气候及生物地球化学循环产生的影响，并评估改变土地管理机制对减缓气候变化方面的潜力（Lawrence et al.，2016）。

（14）海洋模式比较计划：利用相同大气数据集驱动海洋/海冰/示踪物/生物地球化学模式，评估、理解并改进海洋、海冰以及生物地球化学过程。

（15）极地放大模式比较计划：确定局地海冰与非局地海温变化对北极放大现象的相对贡献，评估全球气候系统对北极和南极海冰变化的响应。

（16）古气候模拟比较计划：分析对过去气候强迫和主要反馈的响应；检验用于未来气候预测的气候系统模式的可靠性。

（17）辐射强迫模式比较计划：描述 CMIP6 历史模拟和 4 倍 CO_2 强迫下的全球与区域有效辐射强迫；评估晴空辐射传输参数化的绝对准确性；确定历史时期气溶胶辐射强迫的影响。

（18）情景模式比较计划：应用于不同领域的综合研究，更好地理解不同情景对气候系统物理过程的影响以及气候变化对社会的影响；与其他模式比较计划合作，开展特定强迫的影响研究；基于多模式集合和“观测约束”量化预估的不确定性。

（19）火山强迫的气候响应模拟比较计划：评估当前耦合气候系统模式对强火山的响应；确定物理过程的处理差异导致火山强迫响应产生差异的原因。

另外，CMIP 委员会还批准了 4 个侧重数据诊断的比较计划：协同区域气候降尺度试验、平流层和对流层系统的动力学和变率、海冰模式比较计划和脆弱性、影响和气候服务咨询。这些计划不要求全球模式再进行额外的试验，仅需要全球模式提供额外的变量输出。

2.3.4 共享社会经济路径情景实验

情景，是一种对未来如何发展的合理描述。既不是预测，也不是预报，而是提供一种视角用于展示其对发展和行动产生的影响，是一种“假如”式的调查。从广义上讲，“情景”通常也包含“路径”的意思。情景分析方法被广泛应用于经济、环境、能源、军事和社会等众多领域。IPCC 第六次评估报告选择了五种情景：SSP1-1.9、SSP1-2.6、SSP2-4.5、SSP3-7.0 和 SSP5-8.5，涵盖了 21 世纪从可能低于 1.5℃的温升情景到超过 4℃的高温升情景。目前，共享社会经济路径（SSPs）的理念正发展成为新的排放情景和社会经济情景。SSPs 是一系列路径中的一条，描述了在没有气候政策干预的情况下社会经济未来可能出现的其他发展。将 SSPs 与典型浓度路径（RCP）的气候情景相结合，构建了一个系统性分析框架，为气候影响评估及政策响应研究提供多维度的研究范式。

SSPs 的构建旨在建立影响评估、适应研究与减缓战略三大研究领域的协同框架，通过系统整合各研究团队的工作实现学科交叉融合。该框架包含五类基本情景：可持续发展路径（SSP1）、中间发展路径（SSP2）、区域竞争路径（SSP3）、不均衡发展路径（SSP4）以及化石燃料主导路径（SSP5）。每个 SSP 都描述了一种未来可能出现的情况，这种描述具有内部协调性、合理性和综合性。它形成了一套描述社会未来的定性情景（O’Neill et al.，2017），该情景与人口、国内生产总值（GDP）、城市化等社会经济驱动因素以及能源系统、土地利用和温室气体排放的定量预测有关。不同 SSPs 在缓解和适应社会经济挑战方面有所差异。当这些路径与特定气候政策情景相结合时，可通过模拟不同强度的减排措施，使最终产生的温室气体排放量和大气浓度结果，与预设的世纪末气候目标形成科学对应。SSPs 的 21 世纪末气候变化水平的结果与之前的 RCP 情景类似，即以每平方米的近似瓦特水平进行分类（如 SSP1-1.9 情景中的“1.9”代表 2100 年的近似强迫水平为 1.9W/m^2）。因此，这些情景通常被描述为 SSP-RCP 情景矩阵。

在设想的全球发展情景中，如果强烈依赖矿物（化石）燃料，则需要采取更为广泛的减缓措施，否则很难达到最低排放水平。全球范围内，以可持续性为导向的社会经济发展不会与极高的排放水平同时进行。然而，无论何种情景,采取减缓行动都将带来显著的共同利益,例如减少空气污染、降低可再生能源技术的成本，从而为电力消费者节省更多开支。

在五种 SSPs 框架下，共设计了九种情景，这些情景包含了驱动 CMIP6 地球系统模型所需的所有必要细节，以下统称为说明性标记 SSPs 情景。这些新的情景为气候模式模拟提供了前所未有的详细内容，涵盖了广泛的未来发展轨迹，使得对未来排放水平影响的评估更加全面，这是以往典型浓度路径（RCP）情景所无法实现的。例如，IPCC 第六次评估报告中重点评估了气溶胶排放以及土地利用/土地覆盖的发展轨迹。这些说明性标记 SSPs 情景经过进一步处理，为气候模拟实验补充了以下关键数据：①主要温室气体（CO_2、CH_4）和反应物［如 CO、SO_x、CH_4、NO_x、挥发性有机物（VOCs）］的历史与未来网格化排放（Hoesly et al., 2018）；②具有纬度梯度和季节性的温室气体与微量气体的浓度，可用于运行缺乏互动碳循环或互动化学的全球气候模型和地球系统模型；③符合 SSPs 驱动因素的高空间分辨率的历史和未来土地利用和土地覆盖图。此外，还提供了包括太阳强迫和火山气溶胶历史时间序列在内的自然因素，其详细程度是 CMIP5 所不具备的。

SSPs 情景与历史数据集存在许多已知的局限性。例如，自 2013 年以来，东亚地区 SO_2 气溶胶排放的减少并未完全反映近年来的实际历史气溶胶排放。然而，从 2015 年开始的未来 SSPs 情景能够较好地捕捉到该地区气溶胶排放的低变化。另一个局限性在于《蒙特利尔议定书》所管控的物质在《基加利协议》之后被统一削减，而未能在高排放和低排放的未来情景中区分。因此，如果研究目标是探讨在没有国际协议约束的情况下地球未来的全部可能性，那么当前的预测结果可能低估了未来温度变化的潜在范围，导致其可能范围的估计过于狭窄。

SSPs 情景是排放或浓度情景，而不是强迫情景。地球系统模型以温室气体和气溶胶的排放和浓度数据以及土地利用/土地覆盖图为基础，在内部计算辐射强迫的水平。RCP 和 SSPs 情景的辐射强迫标签，如 RCP2.6 或 SSP1-2.6 中的“2.6”，本质上是针对 2100 年全球有效辐射强迫水平的近似参考值。由于不同的辐射传输方案、气溶胶与云层相互作用的不确定性和不同的快速反馈机制等原因，各个气候系统模型最终输出的全球平均有效辐射强迫值存在显著差异。然而，使用近似的辐射强迫标签的优势在于可以建立一个明确的情景分类，并且将这些情景中发挥作用的多种气候强迫因素概括为一个数字。

第一套 IPCC 排放情景是 1992 年的 IS92 情景。除了参考情景之外，IS92 情景还包括一套稳定情景，即所谓的"S"情景。这类情景通过设定特定稳定目标（如 350 ppm、450 ppm 等 CO_2 浓度阈值），首次建立了温室气体浓度与气候响应之间的量化关联框架。随后发展的 RCP 情景在低排放路径设计上实现重要突破，引入基于大规模 CO_2 负排放技术的深度减缓方案，但其高排放路径未能实现实质性转变。相比之下，SSPs 情景体系在继承 RCP 框架的基础上进行了显著拓展：不仅进一步提高了 CO_2 排放的高位预测值，更重要的是创新性地引入了"极低减缓力度"情景类别（Riahi et al., 2017）。值得注意的是，SSPs 情景体系中包含一个具有重要方法论意义的超调情景——SSP5-3.4-OS。该情景采用"先升后降"的动态演化模式：前期遵循高排放路径，中期实施排放快速削减，最终在 21 世纪后半叶实现 CO_2 净负排放。这种非线性演化特征突破了传统情景的静态设计框架，为研究气候政策的延迟效应和超调风险提供了重要工具。假设等级随时间演变的另外一个方面是，全球排放峰值出现时间较晚，这在一定程度上反映了对近年来实际排放趋势的适应性调整。基于 2010～2020 年间的观测数据，化石燃料与工业过程的 CO_2 排放量持续处于情景分布的四分之三位点附近，这使得早期峰值假设（如 2010 年前达到峰值）失去现实基础。对于气溶胶排放，SSPs 情景与 RCP 情景相比有所改进，因为后者在所有情景中对短寿命污染物有相当统一且强烈的减少。

在过去的几十年间，围绕情景的探讨主要集中在近期的排放趋势能否使某些未来情景更具可能性或更不具可能性。1996 年，为系统更新 IS92 情景，IPCC 开始制定新的排放情景，即《IPCC 排放情景特别报告》公布的 SRES 情景，其创新性构建了 4 类不同的社会经济情景（未来全球发展框架），即 A1、A2、B1、B2。SRES 情景应用初期，引发的争议主要集中在排放情景是否过度夸大了实际的世界排放发展方面（Castles and Henderson，2003）。随着整个 21 世纪排放的强劲增长，这种争议转向较低的未来减缓情景是否变得难以实现这一问题（Pielke et al., 2008）。这个争议一直持续到 21 世纪前 10 年。累积碳排放作为未来气候变化的一个关键指标被纳入考虑的范围内，但这是以未来必须实现更低的排放量为代价的，以保持总体累积排放量不变。

参考文献

王绍武, 罗勇, 赵宗慈, 等. 2013. 气候模式. 气候变化研究进展, 9(2): 150-154.

周天军, 邹立维, 陈晓龙. 2019. 第六次国际耦合模式比较计划(CMIP6)评述. 气候变化研究进展, 15(5): 445-456.

周天军, 邹立维, 吴波，等. 2014. 中国地球气候系统模式研究进展：CMIP 计划实施近 20 年回顾. 气象学报, 72(5): 892-907.

Baumhefner D, Downey P. 1978. Forecast intercomparisons from three numerical weather prediction models. Monthly Weather Review, 106(9): 1245-1279.

Castles I, Henderson D. 2003. Economics, emissions scenarios and the work of the IPCC. Energy and Environment, 14(4): 415-435.

Eisaman M D, Parajuly K, Tuganov A, et al. 2012. CO_2 extraction from seawater using bipolar membrane electrodialysis. Energy and Environmental Science, 5(6): 7346-7352.

Eyring V, Bony S, Meehl GA, et al. 2016. Overview of the Coupled Model Intercomparison Project Phase 6(CMIP6)experimental design and organization. Geoscientific Model Development, 9(5): 1937-58.

Gates W L. 1992. AMIP: The atmospheric model intercomparison project. Bulletin of the American Meteorological Society, 73(12): 1962-1970.

Hoesly R M, Smith S J, Feng L Y, et al. 2018. Historical (1750–2014) anthropogenic emissions of reactive gases and aerosols from the Community Emissions Data System (CEDS). Geoscientific Model Development, 11(1): 369-408.

Houghton J T, Ding Y D, Griggs D J, et al. 2001. Climate Change 2001: The Scientific Basis: Contribution of Working Group Ⅰ to the Third Assessment Report of the Intergovernmental Panel on Climate Change. Cambridge: Cambridge University Press.

Jones C D, Arora V, Friedlingstein P, et al. 2016. C4MIP: The Coupled Climate-Carbon Cycle Model Intercomparison Project: experimental protocol for CMIP6. Geoscientific Model Development, 9: 2853-2880.

Lawrence D M, Hurtt G C, Arneth A, et al. 2016. The Land Use Model Intercomparison Project (LUMIP) contribution to CMIP6: rationale and experimental design. Geoscientific Model Development, 9: 2973-2998.

Meehl G A, Boer G J, Covey C, et al. 2000. The coupled model intercomparison project (CMIP).

Bulletin of the American Meteorological Society, 81(2): 313-318.

Meehl G A, Covey C, Delworth T, et al. 2007. The WCRP CMIP3 multimodel dataset: A new era in climate change research. Bulletin of the American Meteorological Society, 88(9): 1383-1394.

Meehl G A, Covey C, McAvaney B, et al. 2005. Overview of the coupled model intercomparison project. Bulletin of the American Meteorological Society, 86 (1): 89-93.

Meehl G A, Moss R, Taylor K E, et al. 2014. Climate Model Intercomparisons: Preparing for the next phase. Eos, Transactions American Geophysical Union, 95(9): 77-78.

Nakicenovic N, Lempert R J, Janetos A C. 2014. A framework for the development of new socio-economic scenarios for climate change research: Introductory essay. Climatic Change, 122(3): 351-361.

Nakicenovic N, Swart R. 2000. Emissions Scenarios-Special Report of the Intergovernmental Panel on Climate Change. Cambridge: Cambridge University Press.

O'Neill B C, Tebaldi C, van Vuuren D P, et al. 2016. The Scenario Model Intercomparison Project (ScenarioMIP) for CMIP6. Geoscientific Model Development, 9: 3461-3482.

Pielke R, Wigley T, Green C. 2008. Dangerous assumptions. Nature, 452: 531-532.

Riahi K, Vuuren D P, van Kriegler E, et al. 2017. The Shared Socioeconomic Pathways and their energy, land use, and greenhouse gas emissions implications: An overview. Global Environmental Change, 42: 153-168.

Touzé-Peiffer L, Barberousse A, Le Treut H. 2020. The Coupled Model Intercomparison Project: history, uses, and structural effects on climate research. Wiley Interdisciplinary Reviews: Climate Change, 11(4): e648.

第 3 章
CMIP6 地球系统模式结果的综合评估

本章基于 IPCC 第六次评估报告的最新成果，介绍全球气候系统中大气、海洋和陆地等多个圈层对气候变化关键指标的最新观测和模拟结果。通过对比观测与 CMIP6 气候模式最新模拟结果，评估全球地表气温、陆地降水、北极海冰、全球海平面、大西洋经圈翻转环流（Atlantic meridional overturning circulation，AMOC）、海洋与陆地碳吸收和 pH 的模拟。同时，进行碳循环的评估和气候系统各种变率以及极端事件的详细分析。

3.1 大　　气

3.1.1 地表气温

在对比 1901～2014 年英国东英吉利大学气候变化研究小组（Climatic Research Unit，CRU）提供的观测数据与 16 个全球气候模式（global climate models）模拟的地表年平均气温空间分布结果时发现，大多数 CMIP6 模式能够较好地再现全球陆地气温的气候态分布。且多模式集合平均的模拟表现优于单一模式，但不同模式和地区之间的差异仍然较大（Fan et al. 2020）。根据 20 个 CMIP6 多模式集合平均值和观测值，比较 1979～2014 年中国及四个次区域的年、季节地表平均气温发现，多模式集合平均值可以很好地捕捉到观测资料反映的年、季节气温的空间分布。从季节上看，多模式集合平均低估了我国气温，冬、春季的冷偏差较大，几乎所有模式都显著低估了青藏高原的气温，在格陵兰岛和青藏高原存在冷偏差。这可能与这些区域气象站的空间分布不均给观测数据插值带来一些不确定性有关。

在 1901～1940 年（第 1 时段）、1941～1970 年（第 2 时段）和 1971～2014 年（第 3 时段）三个时间段，比较观测结果与 CMIP6 多模式集合平均的线性趋势的空间分布（图 3.1）发现，CMIP6 多模式集合平均可以捕捉到观测的全球地表气温变化趋势，即分别在第 1 时段变暖、第 2 时段变冷、第 3 时段迅速变暖。但与观测结果相比，模拟的空间差异较小。观测资料表明，第 1 时段，北半球高纬度地区的年均气温呈快速变暖趋势，而 CMIP6 多模式集合平均低估了观测的变暖趋势，每 10 年低估 0.1～0.5℃。部分模式（UKESM1-0-LL、CNRM-ESM2-1、CNRM-CM6-1、CAMS-CSM1-0 和 BCC-CSM2-MR）对这些区域的模拟呈现出降温趋势，未能模拟出与观测一致的变暖趋势。对于南北半球低纬度地区，CMIP6 多模式集合平均有显著的变暖趋势，而观测到的变暖趋势在许多地区并不显著。

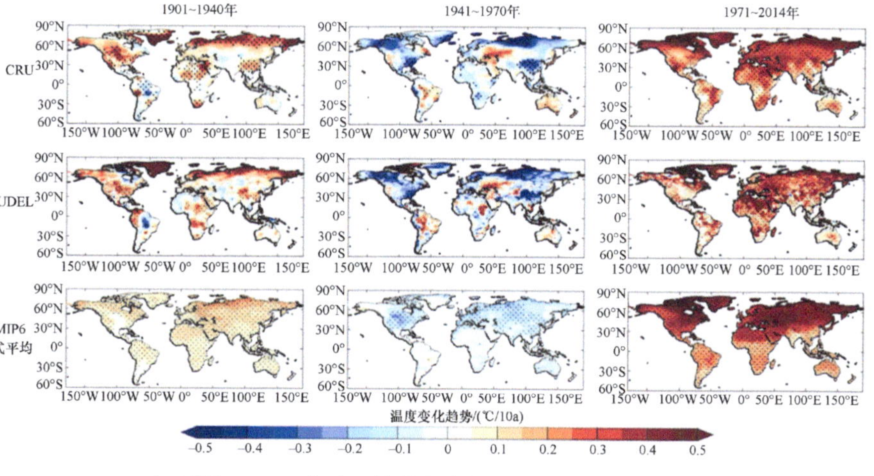

图 3.1　1901～2014 年观测 CMIP6 集合平均的全球陆地年平均气温的变化趋势空间分布（Fan et al., 2020）

点状区域表示趋势统计显著（95%）

在第2时段，在整体上，CMIP6低估了北半球高纬度地区的降温趋势，低估幅度为 0.2～0.7℃。但是仍有部分模式（IPSL-CM6A-LR、CNRM-CM6-1、CNRM-ESM2-1、CESM2 和 CAMS-CSM1-0）在北半球高纬度地区表现出变暖趋势；EC-Earth3、EC-Earth3-Veg 和 BCC-CSM2-MR 则错误地呈现了北美洲高纬度地区的变暖趋势；而 FGOALS-g3 和 GFDL-ESM4 高估了亚洲、欧洲高纬度地区的变暖趋势。在第 3 时段，CMIP6 多模式集合平均可以合理地模拟出观测到的快速增温趋势，但是也存在 0～0.2℃的高估。

从时间序列上看，1901～2014 年全球陆地表面和各大洲的观测和模式模拟的气温时间序列都呈现出良好的一致性，特别是在 20 世纪 50 年代之后，这可能是由于气象站数量的增加及精度的提高。模式捕捉到的主要偶发性变冷和变暖时期也很明显，如火山爆发后的间歇性变冷；1941～1950 年硫酸盐气溶胶增加和 ENSO 活动导致的变冷；1964～2004 年人为强迫导致的强烈变暖（IPCC，2007）。观测和 CMIP6 都表明了历史时期气温存在变暖趋势，而多模式集合平均结果更接近观测值。20 世纪晚期观测到的快速变暖停滞及 1942～1975 年的变暖间断，证实了外部强迫在变暖趋势中的重要作用。同时，IPCC 第六次评估报告也指出人类活动导致气候变暖的结论是确定的。目前，地表平均气温较 1850～1900 年平均升高 1.1℃，人类活动造成的气候变暖在过去 2000 年里是前所未有的。模拟的人类活动和自然变率导致的气温变化与观测数据较为吻合，而自然变率（包括太阳活动和火山活动）造成的气温变化相对平稳，不会超过 0.3℃（图 3.2），这表明现在的全球增温主要归因于人类活动（如化石燃料燃烧、土地利用变化等）引起的温室气体排放（IPCC，2021）。

所有模式对全球年平均气温的模拟都较好，其与 CRU 观测的全球地表气温的相关系数通常大于 0.98，我国大部分模式与观测的相关系数也在 0.9 以上。CMIP6 各模式在再现气温空间分布的模拟上存在显著差异，其在亚洲和北美洲的表现普遍较好，但在非洲的表现相对较差，可能是非洲观测数据较少所导致的。CMIP6 模拟的全球陆地表面和各大洲在三个时间段的年平均气温趋势（图 3.3）

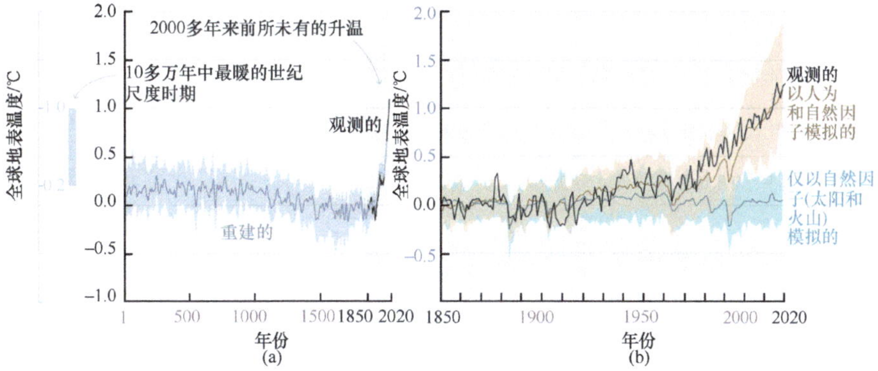

图 3.2 全球气温变化的历史以及近期变暖的原因（IPCC，2021）
（a）重建的 1～2000 年和观测到的 1850～2020 年全球地表温度变化；（b）观测和使用人类强迫和自然强迫以及仅使用自然强迫模拟的（1850～2020 年）全球地表年平均气温的变化

表明，大多数模式在亚洲、欧洲和北美洲所有时间段的趋势模拟都存在较大偏差。就单个模式的相对表现方面：①第 1 时段增温，EC-Earth3 和 FGOALS-g3 表现出高估；而 UKESM1-0-LL、CNRM-ESM2-1、CNRM-CM6-1 和 BCC-CSM2-MR 则表现出低估。②第 2 时段降温，CNRM-CM6-1、CNRM-ESM2-1 和 IPSL-CM6A-LR 表现出低估，而 MRI-ESM2-0 和 UKESM1-0-LL 则表现出高估。③第 3 时段增温，大多数模式都表现出高估，尤其是 CESM2-WACCM、CESM2、CNRM-ESM2-1、CanESM5 和 UKESM1-0-LL，而 CAMS-CSM1-0 则低估了增温趋势。使用模式偏差和三种基于熵的标准对模式进行从优到劣的排序，结果显示没有一个模式在所有四项标准中都表现最佳，这就需要模式使用者在特定应用中做出一定的主观选择。总体来说，与单个 CMIP6 模式相比，多模式集合平均与观测结果的一致性更高。

3.1.2 降水

对 45 个 CMIP5 和 49 个 CMIP6 模式全球陆地降水模拟能力进行评估后发现，相较于 CMIP5 模式，CMIP6 模拟的全球陆地降水表现更好，其在全球和区域尺度上能更好地捕捉到降水的季节性和年际变化，特别是在夏季和秋季。其中，

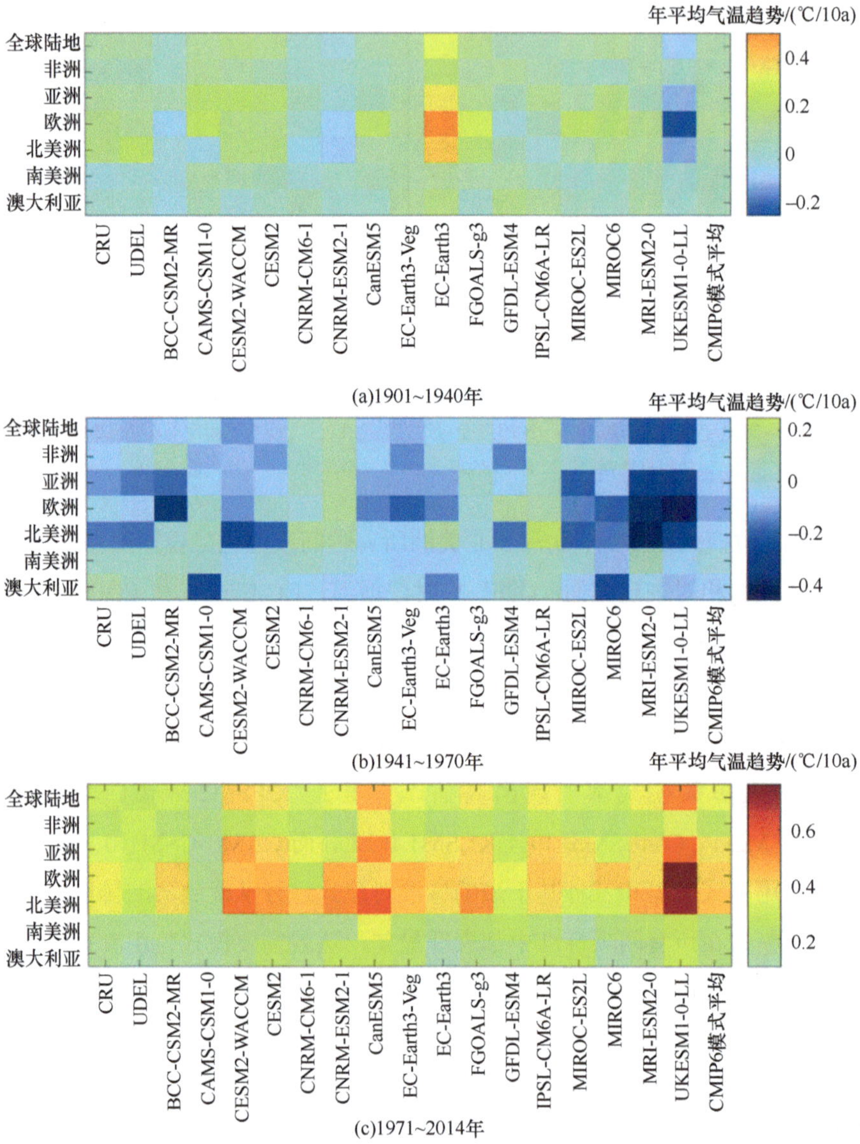

图 3.3　全球陆地表面和各大洲的观测、16 个 CMIP6 模式以及集合平均在三个时间段的年平均气温趋势（Fan et al.，2020）

EC-Earth3、NorESM2-LM、GFDL-ESM4、TaiESM1 和 CIESM 是模拟较好的模式。多模式集合平均通常比单一模式表现出更好的一致性，但不同模式在不同区域有所差别。1995～2014 年，我国降水格点观测评估表明，CMIP6 模式能较好地再现降水的气候态分布特征，但对冬季变率的模拟欠佳，并且对降水的时空变化模拟能力不如温度。在干旱地区，所有模式在南疆和河西走廊地区均表现得相对较差，存在明显的高估现象，且对降水频率的模拟能力较低；模拟的非洲降水的时间变化趋势也存在显著差异。这些地区远离海洋且地形复杂，降水的空间异质性高，降水的模拟仍面临挑战。

在空间上，模式对降水的区域模拟存在显著差异。从 1986～2005 年，CMIP5 和 CMIP6 集合平均的全球陆地年平均降水量与观测值的平均绝对百分比误差空间分布显示，校正后的集合平均值偏差具有较高的空间一致性（图 3.4）。南亚、阿拉伯半岛、非洲北部部分地区、南美洲大部分地区、中美洲以及格陵兰岛中部的干偏差显著。与此相对的是，在北美洲大部分地区、欧亚大陆的中高纬度地区、非洲南部、南美洲西部和澳大利亚则呈现出湿偏差。

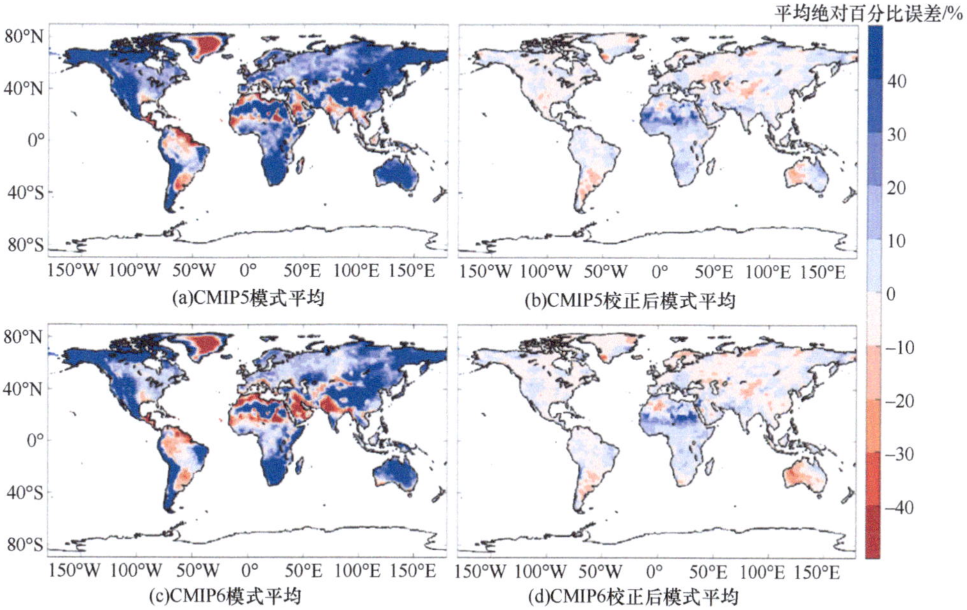

图 3.4 1986～2005 年 CMIP5 和 CMIP6 集合平均的全球陆地年平均降水量相较于观测值的平均绝对百分比误差的空间分布（Du et al.，2022）

从时间方面出发，对观测和CMIP6多模式集合平均在1901～1984年和1985～2014年两个时段年平均降水量的变化趋势进行比较，见图3.5。自1950年以来，受到南半球副热带高压的增强、位置变化及人为的影响，澳大利亚北部的降水量有所增加，而澳大利亚南部的降水量有所减少。在过去50年，秘鲁–玻利维亚高原和智利中部的降水量有所下降，其中至少25%的下降归因于人为影响，而自20世纪80年代以来又有所增加。中国在1973～2016年降水强度显著增加，北美洲中部和西南部的降水量减少，而北美洲北部的降水量增加。欧洲的降水趋势，没有表现出明显的一致性。1979年以来，观测的热带地区的降水量呈现出一

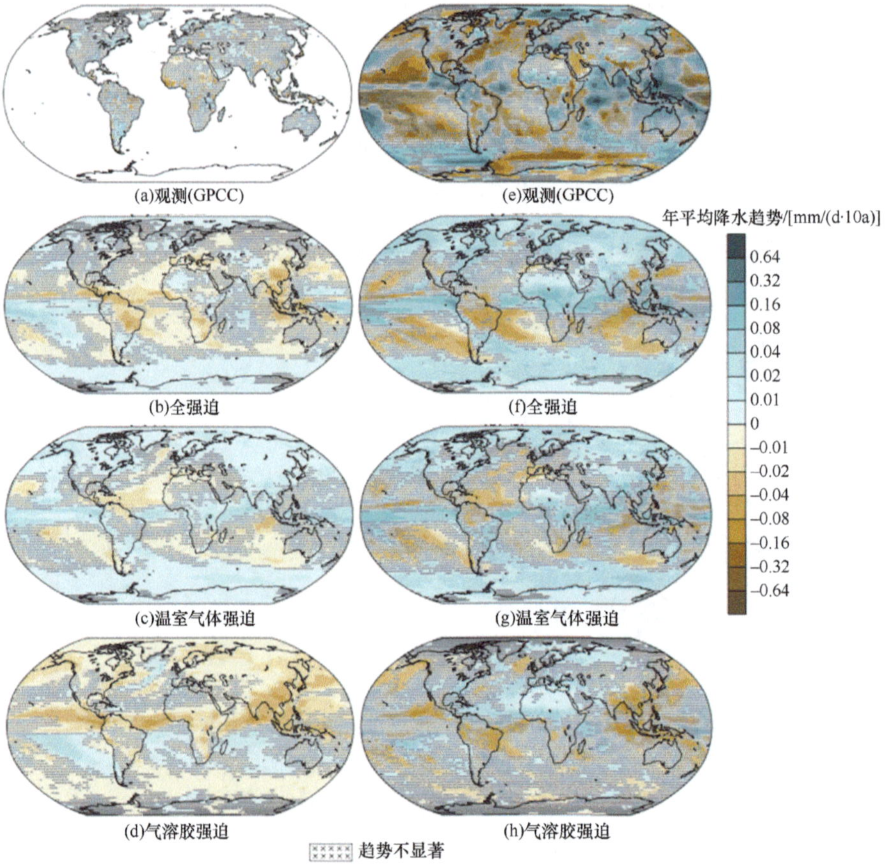

图3.5 1901～1984年（左）和1985～2014年（右）年平均降水量的线性趋势（IPCC，2021）

（a）和（e）为观测结果，其余为不同强迫下CMIP6多模式集合平均的结果

定变化，大气环流上升区的降水量增加，大气环流下沉区的降水量减少。CMIP6 模拟的热带、亚热带地区的湿润和干旱地区之间的降水量差异增加；撒哈拉以南非洲在 20 世纪 80～90 年代降水量减少，之后又有所增加。东非的长雨季（3～5 月）降水量减少，而短雨季（10～12 月）没有明显的降水变化趋势。由此可见，降水量的区域性变化可能会被温室气体和气溶胶作用的相互抵消所掩盖。

自 20 世纪 80 年代以来，人类活动的影响加剧了热带湿润地区与亚热带干旱地区的平均降水差异，而且这种增加极有可能是由温室气体强迫所造成的。此外，IPCC 第六次评估报告也指出，人类活动会对观测到的全球变暖和相关的水循环变化产生重要影响。由人为影响因素导致的全球变暖将引起全球范围内强降水事件的频率、强度和降水量增加，同时地中海地区干旱事件发生概率增加（中等信度）。这说明人类活动所造成的全球变暖会增加极端事件发生的概率（IPCC，2021）。

CMIP6 模拟的陆地近地表相对湿度变化存在一定程度的不确定性，整体相对湿度减小，但在不同地区和季节的响应上存在一定的差异。CMIP6 对水汽输送变化的预测也存在一定程度的不确定性，水汽输送受到风场等多种因素的影响，而模式对于水汽输送的评估相对较少。

气候变化、大气环流、地形地貌、水汽含量等因素都影响着降水的形成，未来降水在全球范围内将呈现区域差异，预估高纬度地区、赤道太平洋和部分季风区的降水会增加，但副热带和热带部分地区的降水会减少。不同模式对于西非季风区和东亚季风区等特定区域降水变化的模拟存在较大差异。总的来说，CMIP6 模拟的全球大气水汽含量增加具有较高的置信度，但对于降水、相对湿度和水汽输送变化的预测仍存在一定的不确定性，这些不确定性主要源于模式之间的差异以及对气候系统复杂性的理解有限。

3.2 海洋、冰冻圈和生物圈

3.2.1 北极海冰

北极地区在地球气候系统中扮演着关键角色，北极海冰是气候系统的重要组成部分。观测到的北极海冰减少为气候变化提供了一个极为显著的指标。1979～2018 年 9 月，北极海冰范围以每 10 年近 13%的速率减少，5 年以上的冰的比例减少了 90%（IPCC，2019）。同时，北极冰层也在逐渐变薄，冰的移动速度也变得更快。

CMIP6 模拟的海冰范围的季节性循环和长期变化趋势与 CMIP5 相比差别不大，但 CMIP6 总体效果优于 CMIP5，且模式间的差别较 CMIP5 更小。对比泛北极冰海模拟与同化系统（Pan-Arctic Ice Ocean Modeling and Assimilation System，PIOMAS）海冰厚度数据和欧洲中期天气预报中心（ECMWF）第五代全球大气再分析数据集（ERA5）海冰面积数据发现，CMIP5 和 CMIP6 集合平均比 PIOMAS 中发现的海冰略薄，CMIP6 模拟的海冰范围、边缘及边缘退缩的结果偏差比 CMIP5 小。CMIP6 模拟的北极海冰体积变化与观测结果相近，整体偏差小于 CMIP5。相对 CMIP5 和 CMIP3，CMIP6 能够更好地捕捉北极海冰对 CO_2 排放量以及全球变暖强迫变化的敏感性。

尽管 CMIP6 在模拟北极海冰的时空分布和季节变化等方面取得了显著成效，但仍存在一些不足和挑战。在东格陵兰海、巴伦支海、白令海和鄂霍次克海区域，大多数 CMIP6 模式模拟的北极海冰密集度与观测偏差较大。CMIP6 集合平均的北极海冰面积在各个季节均略大于观测结果，多模式集合均比单个模式的结果更准确。2000 年前后，北极海冰夏季的下降趋势在空间分布上发生了明显的变化，但是 CMIP6 模式没有表现出来。

北极海冰在模式中对全球变暖的响应几乎是一致的，即在全球变暖背景下，海冰的面积、质量等持续减少；但对其年循环进行分析可以发现，模式间的差异非常显著（Keen et al.，2021）。图 3.6 给出了 16 种模式模拟的 3 月和 9 月北极海冰面积的长期变化［图 3.6（a)］以及 3 月海冰质量的变化［图 3.6（b)］。2020 年后，不同模式的海冰面积在 3 月和 9 月的下降速率表现出极大的差异，有的模式在 21 世纪中叶北极夏季就开始出现了“无冰期”，而有的模式在 21 世纪末才出现“无冰期”；同样对于北极冬季而言，不同模式在 21 世纪后半叶的差异更加显著。海冰质量与海冰面积类似，但是大部分模式在前期（1960～2020 年）就

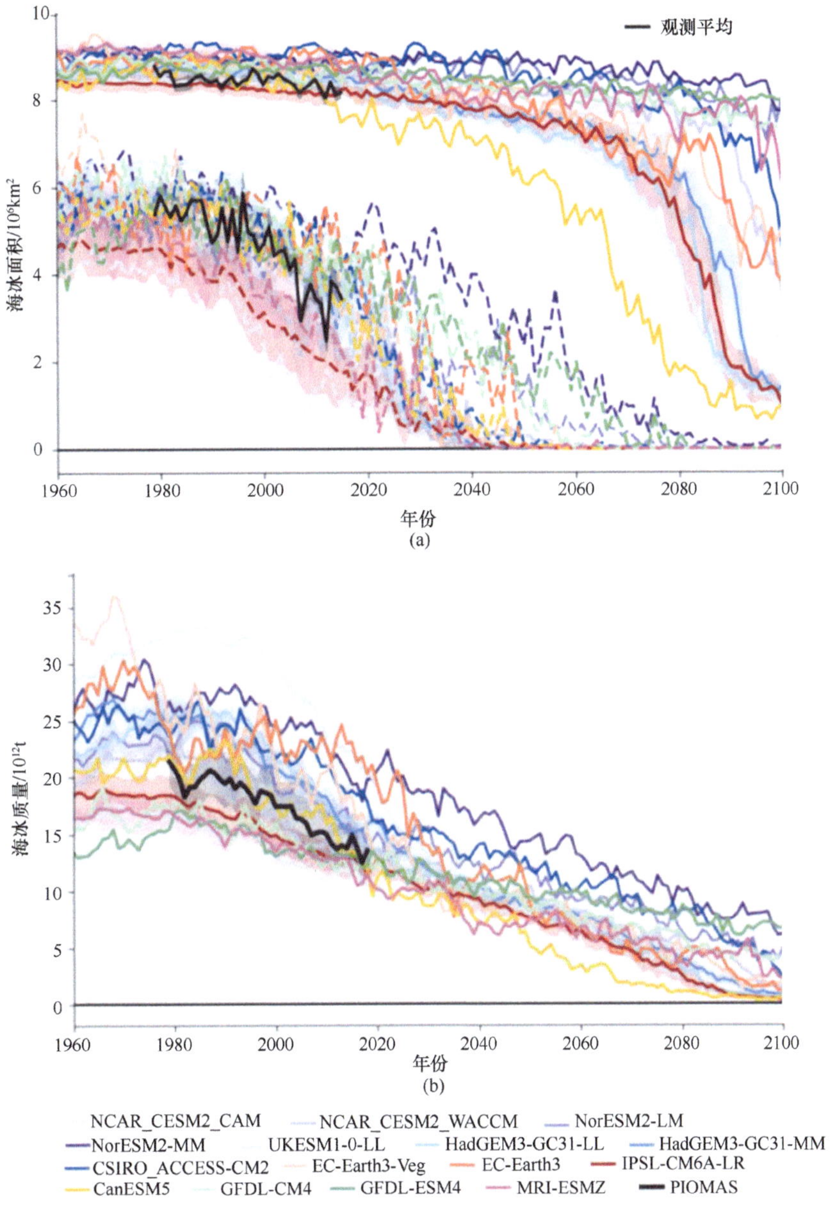

图 3.6　CMIP6 模式 3 月（实线）和 9 月（虚线）北极海冰面积的长期变化（a）以及 3 月海冰质量的变化（b）（Keen et al.，2021）

（a）显示了 HadISST1.2、HadISST.2.2 和 OSI-SAF 观测数据集的均值和范围；（b）显示了带有不确定性估计的 PIOMAS 再分析数据表现出很大的差异，而之后在全球变暖背景下海冰总质量的减少，海冰质量的下降速率有所放缓。使用 40 个模式的模式集合，在预测北极首次进入季节性无冰状态的年份时，内部变率引起了 21 年的不确定性，而由情景的不确定性引起的额外不确定性为 5 年。

3.2.2 全球平均海平面

在前卫星时代，《气候变化中的海洋和冰冻圈特别报告》（Special Report on the Ocean and Cryosphere in A Changing Climate，SROCC）讨论了利用 20 世纪潮位观测数据重建全球平均海平面（Global Mean Sea Level，GMSL）的变化（Oppenheimer et al.，2019）。SROCC 评估的 1901～1990 年全球平均海平面的平均上升率约为 1.3 mm/a。其后新验潮仪的重建结果支持了这一评估，并表明与南半球风变化相关的海洋热吸收增加和格陵兰岛质量损失的增加是影响海平面上升的主要物理机制。

在卫星时代的两个时期（1993～2018 年和 2006～2018 年），探测和观测的全球平均海平面变化趋于一致。自 20 世纪 60 年代末以来，海平面上升的主要原因是冰盖质量损失的增加。然而，2006～2018 年陆地冰（冰川和冰盖）的总损失对全球平均海平面上升的贡献最大。

区域海平面变化可以通过验潮仪和卫星测高仪观测得到。在卫星时代，98%的海面经历了显著的海平面上升。海平面上升的速度在不同区域不一致，在太平洋存在一个东西偶极子，而在南大洋和北大西洋则为一个南北偶极子，其区域偏差主要是由风应力异常引起的海洋传输以及大气热量和淡水通量的空间变异所造成的。

SROCC 认为人为因素是 1970 年以来全球海平面上升的主要原因。自 20 世纪 60 年代以来，以温室气体为主的人为强迫加强了南大洋的经向海平面梯度。1993～2018 年，在所有海盆观测到的海平面变化与模拟的对外部强迫的响应一致。

综合验潮仪观测结果和地质重建结果表明，1820～1860 年全球海洋水位持续上升，导致 20 世纪全球海洋水位上升的速度很可能超过过去 3000 年中任何一个世纪。北大西洋和澳大利亚的验潮仪与地质数据显示，1895～1935 年区域海平面的上升趋势出现了拐点。全球分布的地质和验潮数据表明，在 20 个有至少 2000 年地质记录的受检区域中，20 世纪区域海平面的上升速度大于公元前 1700 至公元元年的当地平均值。总之，20 世纪全球大部分地区的区域海平面上升速度明显超过了工业革命前。

CMIP6 通过构建动力海平面与全球平均热力海平面变化之间的相关关系，实现了海洋动力海平面预测与全球平均热力海平面预测的一致性。IPCC 第六次评估报告综合考虑气候模式信息、冰川和冰盖表面质量平衡、冰盖动态变化以及陆地蓄水的贡献，得出了不同情景下全球平均海平面的预测值，采用的基线期更新为 1995～2014 年。到 2100 年，全球平均海平面将上升约 0.4 m（RCP2.6）和 0.81 m（RCP8.5）。

潮汐测量仪观测到的结合区域海平面、潮汐和浪涌的极端静水水位变化极有可能是由观测到的区域海平面增加引起的。验潮仪的观测结果表明，区域海平面上升是大多数地点极端静水水位变化的主要驱动因素。极端静水水位与区域平均海平面上升之间差异的变化趋势可能源于涌浪或潮汐的变化，也可能包括潮汐、涌浪和区域海平面之间的非线性相互作用。综合观测和模式，区域海平面上升和直接人为因素是潮汐变化的主要驱动力。

3.2.3 大西洋经向翻转环流

大西洋经向翻转环流（AMOC）是南大西洋和北大西洋主要的经向翻转洋流系统，其将温暖的上层海洋水向北运输，将冷却的深层水向南运输。作为全球海洋循环系统的一部分，AMOC 的变化影响全球海洋热含量和运输、全球海洋人为碳吸收变化和气候敏感性及动力海平面变化。自 IPCC AR5/SROCC 发布以来，对模拟和重建的 AMOC 的信度因新的观测和模拟不一致而下降，因此重新评估了模拟的 AMOC 在 20 世纪的演变、21 世纪 AMOC 下降的幅度以及在 2100 年之前突然崩溃的可能性的置信水平。

IPCC AR5 表明，CMIP5 模式在历史时期的平均 AMOC 强度范围为 15～30 Sv[①]（Flato et al.，2013）。CMIP5 和 CMIP6 中 26 °N 处的多模式平均翻转与快速

---

① 1 Sv=1 J/kg=1 m^2/s^2。

气候变化项目（Rapid Climate Change Programme，RAPID）阵列测量相当，但CMIP6模式间的差距与 CMIP5 一样大（10～31 Sv）。CMIP6 中深层对流的偏差仍然很大，AMOC 的浅层偏差仍然存在。自 IPCC AR5 发布以来，有新证据表明，增加水平分辨率可以减少长期以来气候模式中 AMOC 强度的偏差，使 26 °N 处的北向热传输的幅度和特征与观测结果更接近。然而，AMOC 对海洋分辨率的敏感性是依赖模式的，可能为正也可能为负。随着海洋高分辨率的增高，26 °N 处 AMOC 强度有所增加，这与副极地涡旋中过强的深层对流以及冬季混合层过深存在关联。具有正确 AMOC 强度的模式能够模拟拉布拉多海和伊尔明厄海中的深层对流和深水形成，弥补来自北极海的深水溢流不足。

拉布拉多海深层对流是决定 AMOC 变化的驱动因素，但目前的观测还无法证明这一观点。部分争议可以解释为，新形成的拉布拉多海水大部分可能未从拉布拉多海输出，目前尚不清楚模式在副极地涡旋的翻转方面是否与这种观点存在分歧，因为模式分析缺乏将翻转划分为西部和东部的直接比较（Menary et al.，2020）。其他研究结果表明，在模拟东西向翻转分布以及 AMOC 变异性方面，存在多种驱动因素的显著不确定性，包括 CMIP6 模型中水团形成的模拟精度和拉布拉多海水形成过程的再现性。但是在高分辨率的模式中，其与北大西洋副极地翻转环流观测项目（Overturning in the Subpolar North Atlantic Program，OSNAP）之间的分歧可能会减少（Menary et al.，2020）。

AMOC 是大西洋多年代际变率（Atlantic Multidecadal Variability，AMV）的潜在驱动因素，但新的证据表明人为气溶胶的变化对观测到的 AMV 变化有显著贡献（图 3.7），且 CMIP5 对 AMV 变化的幅度和持续时间的低估在 CMIP6 中有所减缓。将在 RAPID 截面处观测到的 AMOC 变率与模拟的变率进行比较时发现，CMIP5 模式似乎在年际和十年尺度变率方面大多数模式有低估现象，在对 CMIP6 模式进行分析时也发现了类似的结果。

SROCC 评估了原位观测（2004～2017 年）和海表温度重建数据，表明 AMOC 相对于 1850～1900 年已经减弱（中等信度）（Collins et al.，2019）。然而，SROCC 评估显示，由于观测记录的长度有限，缺乏足够的数据来量化减弱的幅度。CMIP5

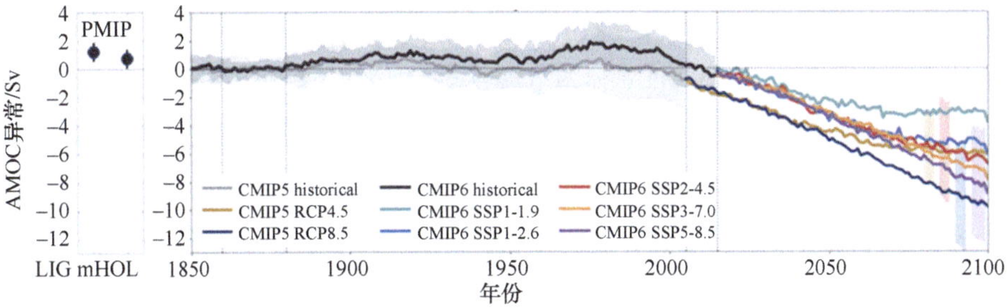

图 3.7　AMOC 的模拟强度和对分辨率与强迫的敏感性

（左）古气候模拟比较项目（PMIP）实验中的 AMOC 大小。（右）基于 CMIP5 和 CMIP6 的 AMOC 时间序列（Menary et al.，2020）

多模式集合平均未显示 AMOC 在 20 世纪的趋势。CMIP6 多模式模拟中略有增加趋势，这是由 1940～1985 年的强烈增加所导致（Menary et al.，2020），并被认为是受到气溶胶强迫的影响，随后自 20 世纪 90 年代以来略有下降。由于 20 世纪模拟和重建的 AMOC 之间存在巨大差异，并且对模式中 AMOC 响应的真实性存在不确定性，AMOC 的变化仍存在极大的不确定性。

自 2004 年以来，使用 RAPID 阵列已经直接测量了 AMOC 的强度。CMIP 模式结果与基于 RAPID 的估算结果存在大量的差异。自 2004 年以来的观测变化由于存在十年尺度的内部变率，时间过短，无法评估长期趋势。然而，2007～2011 年，AMOC 转向了减小的状态，从 2004～2008 年的 18.8 Sv 减少到 2008 年后的 16.1 Sv。CMIP5 和 CMIP6 模式未能捕捉到这种程度的 AMOC 强度变化，其通常低估年际到十年时间尺度的 AMOC 变异性。各种估算的 AMOC 及其相关热量输送表明，自 1940 年以来其有所增加，随后自 1990 年以来有所减少，这与再分析、海洋模式模拟和 CMIP6 模拟（Menary et al.，2020）的结果一致。此外，这也表明 2007～2011 年观测到的 AMOC 转变可能是较长期减弱的一部分，或许由内部模态所驱动。

3.2.4　海洋表层 pH

表层海洋吸收了人为源 CO_2 排放的 1/4，这主要通过物理化学过程得以实现。CO_2 一旦溶解于海水中，便会与水反应形成碳酸，碳酸进而离解，导致碳酸盐离子浓度降低，同时增加了碳酸氢根和氢离子的浓度。这个过程导致碳酸盐化学结构向更不碱性的方向转变，通常称为“海洋酸化”。IPCC AR5/SROCC 显示出强有力的证据，即表层海洋中氢离子浓度正在增加，从而降低海水的 pH，海洋酸化正在影响海洋生物（高信度）（Bindoff et al.，2019）。

几乎可以确定，全球海洋在吸收 CO_2 的情况下已经发生了酸化，20 世纪 80 年代末以来，开放海洋表层水的 pH 每 10 年的变化几乎确定为–0.017～0.027 个 pH 单位。SROCC 的发布进一步强化了支撑所有海洋地区酸化的证据（图 3.8）。

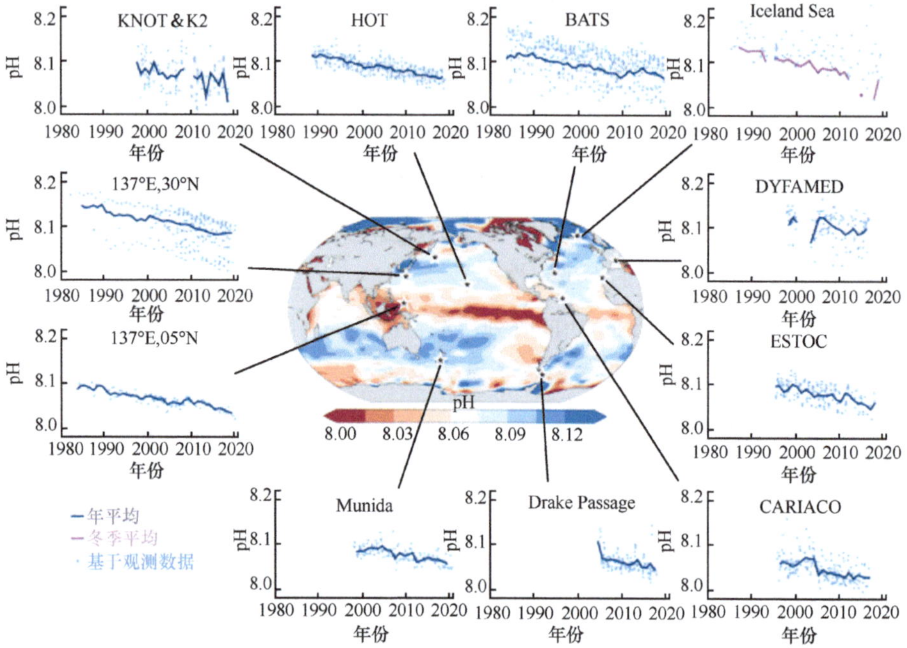

图 3.8 各海洋不同地点表层 pH 的多年变化趋势和调整至 2000 年的年均 pH 的全球分布（Canadell et al.，2021）

KNOT & K2——西太平洋亚北极旋涡时间序列；HOT——夏威夷海洋时间序列；BATS——百慕大大西洋时间序列；Iceland Sea——冰岛周边海域时间序列；DYFAMED——地中海大气通量动力学；ESTOC——加那利群岛海洋时间序列（欧洲站）；CARIACO——卡里亚科海洋时间序列；Drake Passage——德雷克海峡时间序列；Munida——奥塔戈附近地区时间序列

20 世纪 80 年代以来，亚热带开放海洋中每 10 年的 pH 变化速度很可能在–0.019～–0.016 个 pH 单位，相当于每 10 年氢离子浓度增加约 4%。海水中方解石的饱和度每十年下降约 0.07 至 0.12。在热带太平洋中央和东部的上升区，由于海底富含 CO_2 的上升水增加以及人为 CO_2 的吸收，pH 每 10 年的变化速度更快，为–0.026～–0.022 个 pH 单位。相比之下，在西热带太平洋的暖池中，pH 每 10 年的变化速度较慢，为–0.013～–0.010 个 pH 单位。

在亚极地和极地开放海域，观测到的 pH 变化的可能范围（每 10 年–0.026～–0.003 个 pH 单位）和不确定性（最高达 0.010）比亚热带更大，反映了物理和生物驱动机制之间复杂的相互作用。

总体而言，与 SROCC 一致，观测几乎确定地指出，随着大气中 CO_2 的增加，全球海洋表层水正在经历酸化。过去几十年的持续测量和海洋碳酸盐化学的研究也强有力地突出了海洋酸化趋势受到物理和化学状态变化的影响，包括受冰冻圈变暖状态的影响，我们需要更好地理解这些影响。

3.2.5　陆地–大气 CO_2 交换趋势

全球净陆地 CO_2 汇（化石燃料燃烧产生的 CO_2 排放量减去大气 CO_2 增长量和海洋 CO_2 汇的质量平衡收支的残余）在过去 60 年中有所增长。全球净陆地 CO_2 汇（包括陆地 CO_2 汇和净土地利用变化排放量）从 20 世纪 60 年代的（0.3±0.6）Pg C/a 增加到 21 世纪前 10 年的（1.8±0.8）Pg C/a。1980 年以来，全球净陆地 CO_2 汇不断增加（图 3.9）。与南半球相比，北半球在净陆地 CO_2 汇增加方面的贡献更大，其中北方和温带森林的贡献可能最大。

植被光合作用对土地 CO_2 汇的碳吸收起着控制作用。观测到的卫星反演的植被绿度（Jia et al.，2019）和卫星反演的光合作用指标的增加、大气中羰基硫化物浓度的变化以及季节性 CO_2 振幅的增强，提高水分利用效率而增加光合作用 CO_2 吸收的增强，以及动态植被模型（Dynamic Global Vegetation Model，DGVM）模拟光合作用 CO_2 吸收的增加。

自 IPCC 第五次评估报告发布以来，在全球净陆地 CO_2 汇变化的归因研究方面取得了实质性的进展。自 1980 年以来，全球净陆地 CO_2 汇的增加主要是由于

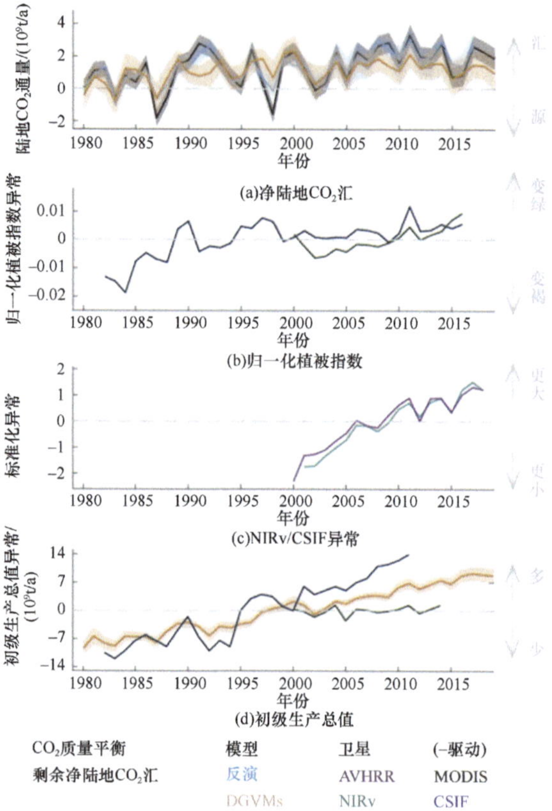

图 3.9 1980～2019 年陆地碳汇变化趋势（IPCC，2021）

MODIS 指中分辨率成像光谱仪（Moderate Resolution Imaging Spectroradiometer），AVHRR 指高级甚高分辨率辐射计（Advanced Very High Resolution Radiometer），NIRv 是近红外反射率植被指数（Near-Infrared Reflectance of Vegetation），CSIF 是叶绿素荧光，Chlorophyll Solar-induced Fluorescence。（a）净陆地二氧化碳汇。剩余的净陆地二氧化碳汇是根据全球二氧化碳质量平衡估算得出的。反演是指通过四个大气反演模型的集合估算得出的净陆地二氧化碳汇。动态全球植被模型（DGVMs）是指通过 17 个受气候变化、大气中二氧化碳浓度上升、土地利用变化和氮沉降变化驱动的动态全球植被模型估算得出的（对于碳氮模型而言）得到的净陆地二氧化碳汇。正值表示从大气中吸收的净二氧化碳量。(b) 归一化植被指数（NDVI）。由高级甚高分辨率辐射计（AVHRR）和 MODIS 卫星传感器观测到的全球面积加权 NDVI 的异常值。AVHRR 数据的时间是 1982～2016 年，MODIS 数据是 2000～2018 年。（c）近红外反射率植被指数（NIRv）和连续的太阳诱导叶绿素荧光（CSIF）。2001 年至 2018 年期间面积加权的归一化近红外反射率的标准化异常值以及 2000～2018 年期间 CSIF 的标准化异常值。(d) 总初级生产力（GPP）。DGVMs 和 MODIS GPP 产品（MOD17A3）。GPP 是基于由气候变化、大气中二氧化碳浓度上升、AVHRR 叶片面积指数数据集以及蒸散量数据集驱动的分析模型得出的。DGVMs 的 GPP 是由提供净陆地二氧化碳汇估计值的 17 个 DGVMs 组合得出的平均全球 GPP。阴影区域表示 1-σ 模型间差异（除了大气逆温情况，由于模型数量有限，使用了其范围）

大气中 CO_2 浓度上升的施肥效应。氮沉积的增加或氮沉降的增加与大气 CO_2 浓度之间的协同作用也可能导致全球净陆地 CO_2 汇增加。

由于全球燃烧面积的减少，由火灾产生的 CO_2 排放量降低，植被碳吸收增加，近 10 年全球净陆地 CO_2 汇增加。卫星观测显示，在过去 20 年来，全球烧毁面积下降了约 20%，这一趋势在北非等地区表现得最为显著。然而，燃烧面积的变化趋势在区域范围内具有高度的差异性，在美国西部等地区发现的趋势是增加。一些地区（如亚马孙盆地和澳大利亚）在 2019 年和 2020 年经历了有记录以来最严重的火灾事件，但这些火灾事件对烧毁地区变化趋势的影响仍有待进一步探索。人为 CO_2 排放和排放情景对碳气候系统的影响是海洋和陆地碳汇的主要驱动力，是决定大气 CO_2 水平的主要负反馈，然后通过辐射强迫驱动气候反馈。生物地球化学反馈是碳和气候强迫对海洋与陆地碳循环的物理、生物地球化学过程的响应结果。总之，碳气候反馈可以通过改变陆地和海洋的源、汇的变化来改变 CO_2 在大气中积累的速度，从而放大或抑制气候变化。这些变化取决于驱动因素（CO_2 排放和气候变化）与海洋、陆地过程以及排放情景之间的相互作用。

3.2.6　陆地–大气 CO_2 交换的年际变化

IPCC AR5 指出，大气 CO_2 增长率的年际变化主要由热带陆地生态系统决定。自 IPCC AR5 发布以来，用于评估热带土地碳平衡变化的一组新卫星测量结果证实了这一结论（Ciais et al.，2013），包括卫星 CO_2 测量，用于估计最近厄尔尼诺现象在大陆尺度上引起的陆地–大气 CO_2 异常交换，以及利用 L 波段植被光学深度估计热带陆地生物量和碳储量的变化。热带地区半干旱生态系统对全球陆地–大气 CO_2 交换的年际变化的贡献大于潮湿的热带森林生态系统。

了解驱动碳循环年际变率的机制，有可能深入了解碳循环是否以及在多大程度上影响气候（碳–气候反馈），对理解具有高度气候敏感性的热带碳循环尤其重要。大气反演、卫星观测和动态植被模型研究的一致性使得结果的可信度较高。研究指出，在暖干条件下，特别是在厄尔尼诺期间，热带净陆地 CO_2 汇减少。热带陆地–大气 CO_2 交换的年际变化与热带温度、水的可用性和陆地储水量的异常显著相关，由于这些气候因素之间存在协同变化，其相对贡献难以分开。在大陆尺度上，热带陆地–大气年际变化的主要气候驱动因素是温度变化（图 3.10）。

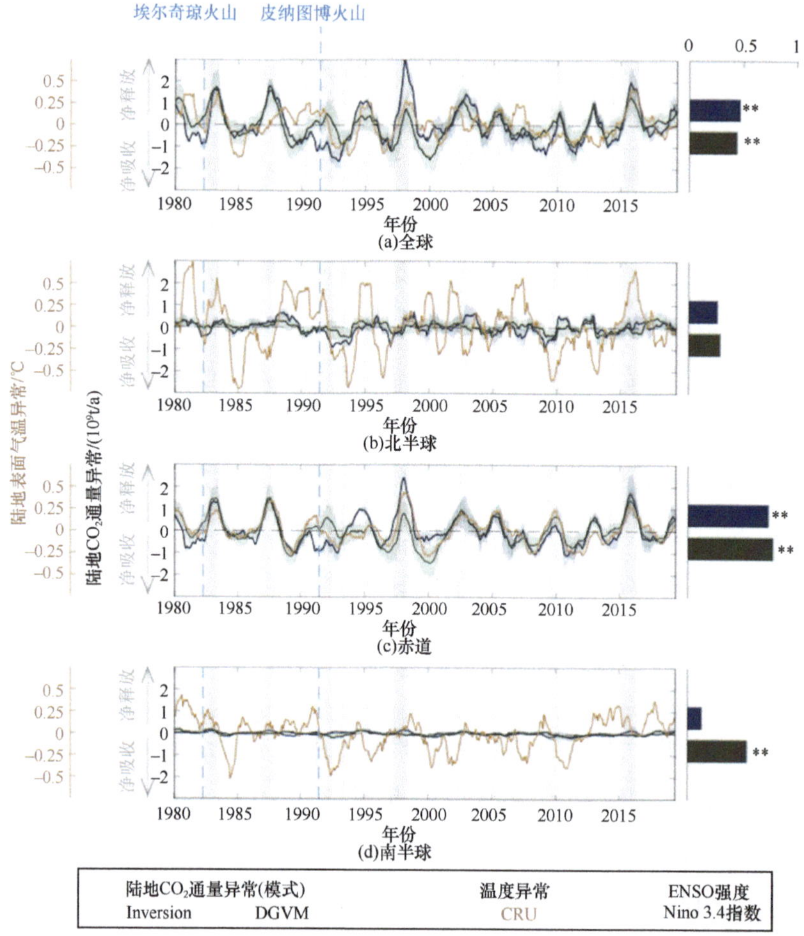

图 3.10　1980～2019 年净陆地 CO_2 汇和陆地表面气温去趋势异常的年际变化（IPCC，2021）

**表示在 99%的水平上显著；*表示在 95%的水平上显著

右侧 bar 图是净陆地 CO_2 汇与气温异常值的相关系数

陆地净二氧化碳汇由四个大气反演模型（蓝色）和 15 个动态全球植被模型（DGVMs）（绿色）估算得到。蓝色实线和绿色实线分别显示了陆地净二氧化碳汇的模型平均去除趋势异常值。在每个大纬度带（30°～90°N、热带 30°S～30°N、90°～30°S）和全球范围内，DGVMs 的集合平均值受 1-σ 模型间差异的限制。大气反演模型的集合平均值受模型差异的限制。对于每个纬度带，通过去除长期趋势和季节周期，获得了陆地净二氧化碳汇和温度（橙色）的异常值。灰色阴影区域显示了由尼诺 3.4 指数定义的厄尔尼诺-南方涛动（ENSO）的强度。两次火山喷发（埃尔奇琼火山和皮纳图博火山）用浅蓝色虚线表示。

3.3　气候变率和极端事件

3.3.1　气候变率

本节主要总结观测到的南北半球环状模和厄尔尼诺–南方涛动（ENSO）的变化及其归因。

1. 南北半球环状模

北半球环状模（Northern Hemisphere Annular Mode，NAM）是北半球热带外大气变率的主导模态。在地表，NAM 的特点是北半球中、高纬度之间的纬向平均海平面气压（Sea Level Pressure，SLP）呈相反变化。本节利用 35°～65°N 的海平面气压差来定义 NAM 指数（Li and Wang，2003）。在此，NAM 也指北极涛动（Arctic Oscillation，AO）与北大西洋涛动（North Atlantic Oscillation，NAO）。自 1960 年以来，观测到的 NAM/NAO 指数呈现显著的上升趋势，但自 20 世纪 90 年代以来有所减弱（高信度）。CMIP6 模式能够较好地模拟 NAM 的总体特征（包括年际变率），但往往系统性地低估了 NAM 的多年代际变率，且相对较短的观测记录无法表征年代际变率。此外，热带海温和北半球平流层的准确模拟对于模式真实再现观测到的 NAM 变率非常重要。尽管气候模式研究中有一些证据表明人为强迫影响了 NAM，但在观测中几乎没有证据表明人为强迫在驱动 NAM 多年代变率中发挥重要作用。

自 IPCC AR5 发布以来，在理解 NAM 变化的物理机制方面取得了重大进展，但仍然存在很大的不确定性。在 CMIP5 气候模式中，NAM 对人为强迫的响应以及与之密切相关的中纬度风暴路径的响应，受到两个相反过程之间“拉锯战”的影响。北极放大效应减小了低层经向温度梯度，减弱了涡旋驱动的急流向极地的斜压性，使得中纬度风暴路径向赤道移动，导致 NAM 呈现负位相。较大北极放大效应也倾向于产生较大中纬度急流向赤道移动和相关的 NAM 负位相。另外，由于温室气体的增加以及相关的水汽和递减率反馈，热带对流层上层变暖增强，进而增加了上层经向温度梯度，导致中纬度风暴路径向极地移动和 NAM 正位相。另外一个取得进展的领域是云辐射效应在塑造中纬度环流对人为强迫的响应方面的作用。由于辐射加热的非均匀分布，云的变化可以改变经向温度梯度，从而改变中纬度环流和两个半球的环状模态。除了对流层上下温度梯度变化影响 NAM 之外，自 IPCC AR5 发布以来，在理解和模拟平流层极地涡旋强度变化对冬季 NAM 预测的影响方面也取得了进展。

南半球环状模（Southern Hemisphere Annular Mode，SAM）是南半球大尺度热带外大气变率的主要模态，能够影响包括南美、南非、澳大利亚、新西兰和南极洲等国家和地区在内的气候。SAM 正位相表现为极地上空异常低压和中纬度南部高压。虽然 SAM 的结构存在一些区域不对称，但其比 NAM 更为对称。本节将 40°～65°S 的纬向平均海平面气压之差定义为 SAM 指数。尽管 SAM 经常被用作中纬度西风带位置的代表，但其趋势可以反映中纬度西风急流位置、宽度和强度的综合变化，且 SAM 能够通过调节地表风应力来影响南大洋。

自 1960 年以来，SAM 指数出现了显著的上升趋势，特别是 1970 年以来（高信度）。平流层臭氧消耗和温室气体增加促进了 20 世纪末 SAM 的上升趋势，南极臭氧空洞在 9～10 月达到峰值，臭氧消耗在夏季占主导地位，而温室气体增加则在其他季节占主导地位（高信度）。为了准确模拟平流层臭氧变化对 SAM 的影响，气候模式必须精确再现臭氧的变化过程。此外，为有效捕捉臭氧消耗与恢复对平流层及地表气候的作用机制，所使用的数据集需具有足够高的时间分辨率，以真实反映观测到的平流层臭氧变化趋势。

2. 厄尔尼诺–南方涛动

厄尔尼诺–南方涛动（ENSO）反映了太平洋中部至东部热带地区海温、风和降水的准周期性波动，是年际时间尺度上最主要的信号，也是季节性气候预测的主要来源，对热带、副热带甚至极地气候均有重要影响。ENSO 具有季节位相锁定的特征，通常在北半球冬季（11 月至次年 1 月）达到峰值，在春季（3～4 月）衰减到最弱。在所有表征 ENSO 活动的指数中，最具有代表性的是由赤道太平洋中东部（5°S～5°N，120°～170°W）的海温异常所定义的 Niño 3.4 指数。自 IPCC AR5 发布以来，ENSO 评估中广泛使用的海温观测数据集进行了多次更新和修订。尽管不同观测数据集之间存在差异，但 20 世纪 50 年代以来 ENSO 的振幅相对于 1910～1950 年有所增强，且高于 1850 年以来的任何时期。自 1950 年以来分别在 1982 年/1983 年、1997 年/1998 年和 2015 年/2016 年发生了三次超强厄尔尼诺事件。同时，ENSO 事件具有一定的多样性，以东太平洋为中心的（Eastern-Pacific，EP 型）厄尔尼诺事件和以中太平洋为中心的（Central-Pacific，CP 型）厄尔尼诺事件是有区别的。近几十年来，CP 型厄尔尼诺事件的比例有所增加，尤其是在 2000 年之后。另外，尽管近几十年 ENSO 和印度夏季风之间的联系有所减弱，但并未超出随机过程的预期范围。

大多数 CMIP5 和 CMIP6 模式都能较好地模拟观测到的 ENSO 事件的振幅和周期。不管是 CMIP5 还是 CMIP6 模式，各模式间的 ENSO 振幅差异均较大，其中 CMIP5 模式中 ENSO 振幅平均值略低于观测值，而 CMIP6 模式中 ENSO 振幅平均值略高于观测值（图 3.11）。大多数 CMIP5 和 CMIP6 模式能够模拟出赤道太平洋中部 ENSO 海温变率的季节性特征，但均对季节变率的振幅反映不够。与 CMIP5 模式相比，CMIP6 模式在 ENSO 海温异常结构模拟方面有所改进，但海温异常向西延伸太远和经向宽度偏窄的系统性偏差仍然存在。至于 ENSO 的位相不对称性（即观测到的强厄尔尼诺事件比强拉尼娜事件强度更强且持续时间更短），CMIP5 和 CMIP6 模式基本上无法模拟出两类事件持续时间的非对称性，模式中厄尔尼诺事件的持续时间通常比观测中要长，而拉尼娜事件的持续时间与观测相近。CMIP5 和 CMIP6 模式均能较好地区分出 EP 型和 CP 型这两类厄尔尼诺事件，在对 ENSO 事件的多样性模拟方面，CMIP6 模式较 CMIP5 模式有所改进。除此之外，当前对于过去 20～30 年发生的厄尔尼诺事件从 EP 型到 CP 型的明显变化是否与人为强迫有关尚不明确。虽然一些气候模式确实表明人为强迫可能会影响厄尔尼诺事件的类型，但大多数气候模式表明所观测到的现象完全在自然变化的范围之内。

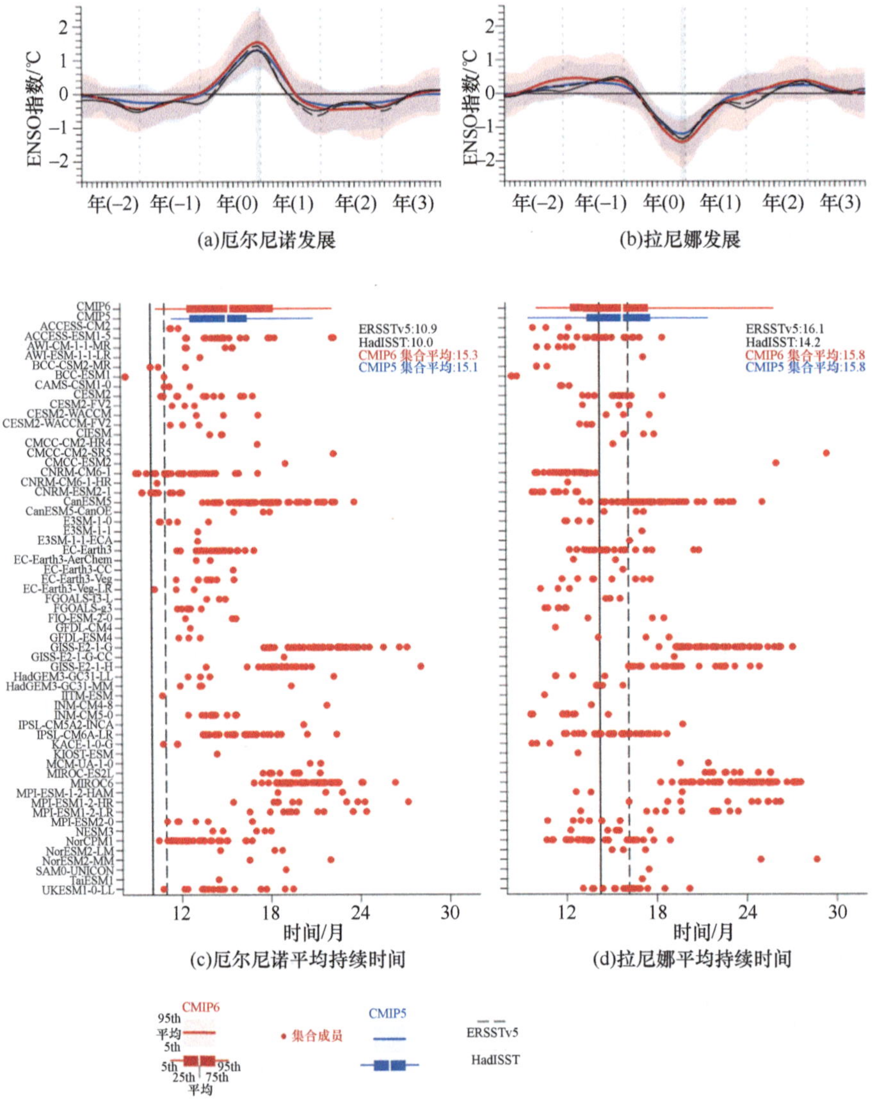

图 3.11 观测（黑色）和 CMIP5（蓝色）、CMIP6（红色）模式模拟的历史时期的厄尔尼诺事件（左）和拉尼娜事件（右）的发展与平均持续时间（IPCC，2021）

（a）和（b）季节循环；（c）和（d）厄尔尼诺事件和拉尼娜事件的平均持续时间。（a）和（b）中的横坐标年（0）表示发生在当年，年（−）表示发生之前的第几年，年（+）表示发生之后的第几年

3.3.2　极端事件

1. 极端温度

本节旨在评估全球和区域尺度上的极端温度变化，主要包括观测到的趋势、气候模式对极端温度的模拟能力，以及极端温度变化的检测归因。评估极端温度的指标主要依据气候变化检测和指数专家组（ETCCDI）的定义，并从频率、幅度和持续时间三个角度考虑极端温度的变化。

尽管许多其他因素能够促使极端暖温度事件的发生，但是温室气体强迫是极端暖事件强度、频率、持续时间增加以及极端寒冷事件减少的主要原因。大气中人为温室气体增加所引起的全球变暖是极端温度变化的主要原因，同时也受到季节内、季节间到年际、年代际以及多年代际等不同时间尺度变率的调节作用。极端温度变化的空间尺度涵盖从局地和区域到更大的尺度，如大陆或行星尺度，其变化还可能与土壤湿度–蒸散量–温度反馈和雪/冰–反照率–温度反馈、土地利用变化或气溶胶浓度变化有关。尽管在许多情况下，人类活动对大尺度环流变化的影响难以被有效观测，但由大尺度大气环流引发的极端温度变化却受到海洋–大气相互作用、陆地–大气反馈以及局地强迫因素的显著影响。

在历史数据记录中，陆地表面区域极端温度的变化与同期观测到的全球变暖相一致，其中在一些陆地区域，极端温度的增加幅度超过了全球平均地表温度增加的幅度。造成这一现象的原因有：①陆地和海洋平均变暖存在差异，陆地变暖程度较高；②高纬度地区和山区的雪/冰–反照率–温度反馈导致冰雪覆盖减少的地区/季节变暖幅度较大；③土壤湿度–蒸散量–温度反馈导致陆地干燥季节/地区的额外变暖。此外，在 CO_2 浓度增强的条件下，植物蒸腾作用的减少有助于增强 CO_2 对陆地温度的直接辐射强迫，从而促进陆地变暖。

全球或区域范围内的变暖可能会对与温度有关的极端事件产生二次影响，这种影响是由大尺度环流变化所引起的。准静止反气旋环流异常或大气阻塞事件与许多中纬度地区的极端温度有关，包括澳大利亚、欧洲和亚洲等地区。同时，高温热浪等极端温度事件也受到中纬度行星波的调制作用。因此，在全球变暖影响大尺度环流的基础上，这些变化将进一步影响极端温度。例如，人类活动对观测到的高空急流向极地偏移的影响在南半球具有较高的可信度，但人类活动对风暴轨迹和阻塞活动的影响存在较低的可信度；对南半球风暴路径的预测具有较高的可信度，但是对北半球风暴路径和阻塞预测的可信度较低，仍存在很大的不确定性；北极变暖对北半球中纬度极端温度影响的可信度也很低。因此，目前温室气体对极端温度的影响将通过大尺度环流变化来调节的说法可信度较低。

自 IPCC AR5 发布以来，许多研究对区域尺度日气温和 ETCCDI 指数等持续时间较短的极端事件的变化趋势展开了调查，为极端暖事件增加的观点提供了更为有力的证据。与温度有关的极端事件的趋势大小因区域、空间和时间尺度以及评估的指标而有所不同，需要特别注意区分温度频率和幅度测量的趋势的重要性。此外，在大多数地区，观测数据的长度限制了对日极端温度长期趋势的评估。1951～2014 年，全球暖日（TX90p）的频率有所增加，冷夜（TN10p）的频率有较大幅度的下降。几乎所有陆地区域的 TN10p 都呈现出统计学上的显著下降，而 TX90p 的变化趋势不稳定，如南美洲南部的 TX90p 有所减少，主要发生在澳大利亚的夏季。分析表明，与温度相关的极端事件的趋势存在季节性变化。在最近的 1997～2010 年，尽管全球年平均温度只有轻微变暖或保持不变，但是大多数陆地区域的暖季极端温度进一步升高，暖季的极端温度上升趋势更强，而在北半球中高纬度地区冬季的极端温度则有略微的下降趋势。

CMIP6 模式较好地模拟出观测到的全球和区域极端温度变化，但与 CMIP5 模式相比改进有限。图 3.12 上部显示了现有的 CMIP6 模式在模拟各种极端温度指数时的相对均方根误差。总体而言，没有一个模式在所有指标上表现最好，而由于多模式集合减小了系统偏差，其比任何单一模式的表现都好。图 3.12 的中间和底部显示了现有 CMIP6 模式模拟的 1979～2014 年的平均 TXx 和 TNn 与 HadEX3 和 ERA5 相比的误差。虽然模式误差的大小取决于参考数据集，但得出的模式评价是非常相似的。一般来说，模式较好地再现了极端低温和极端高温的空间分布和量级，但也存在着系统偏差。极端高温在山区和高纬度地区往往偏低，而在美国东部和南美洲则偏高。对于极端低温，除了欧亚大陆东北部和中纬度南

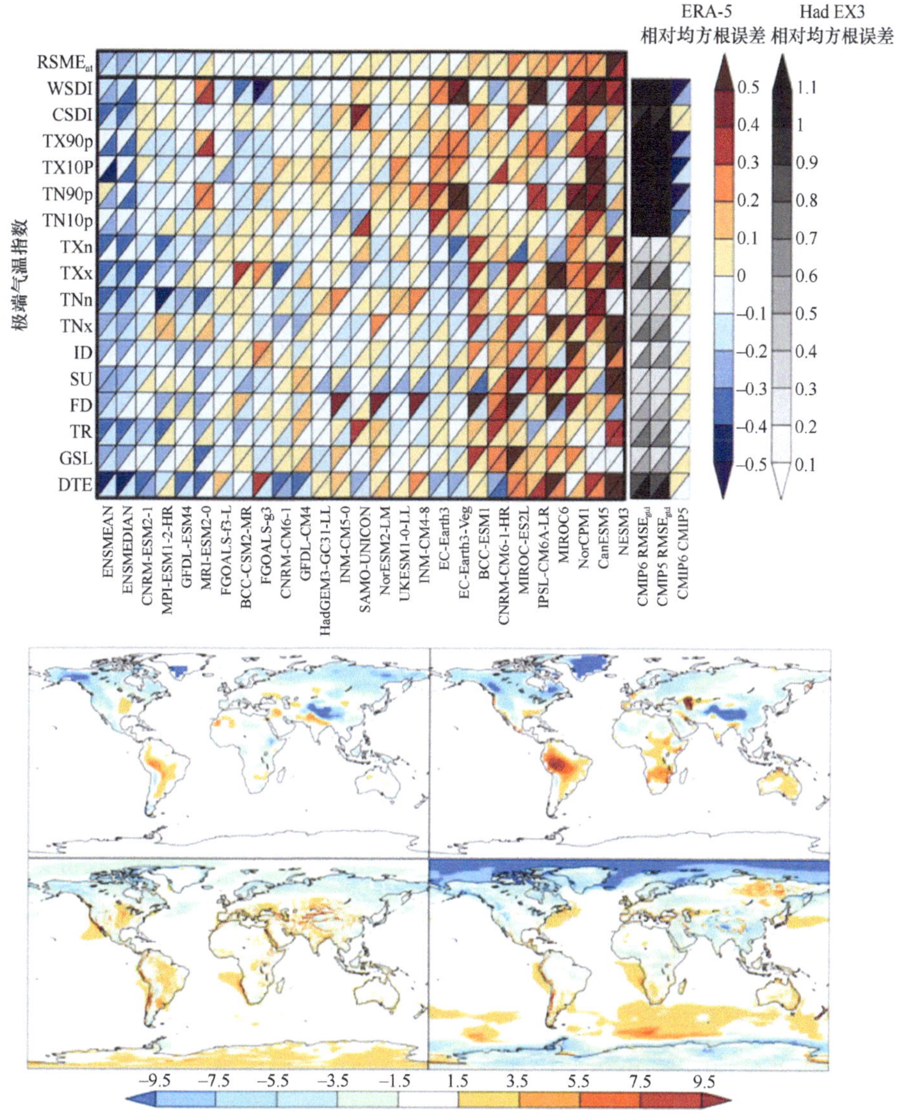

图 3.12　CMIP6 模式对不同极端气温指数的总体性能

上部：CMIP6 模式模拟的 1981～2000 年温度指数气候学的相对于 ERA5 再分析（上三角）和 HadEX3（右三角）的空间平均均方根误差（RMSEs）。RMSEs 是全球陆地 531 个网格点的空间平均。最上面一行表示一个特定模式的所有指数的平均相对 RMSE。右侧的灰色阴影柱和蓝红色柱分别表示 CMIP6 和 CMIP5 标准化的中值均方根误差及其差值。中间：1979～2014 年 CMIP6 多模式平均与 ERA5 的差异以及模式间的差异。底部：1979～2014 年 CMIP6 多模式平均与 HadEX3 的差异以及模式间各自平均之间的差异。中间和底部面板的左侧是 TXx，右侧是 TNn，单位为℃（IPCC，2019）

部之外，CMIP6 模式都较观测显著偏低。季节性平均温度的误差与极端温度的误差并不相关，而且往往呈相反的趋势。总体而言，CMIP5 和 CMIP6 模式的模拟误差非常相似，二者模拟极端温度在历史时期的变化时具有可互换性（高信度）。

2. 强降水

极端降水主要受湿度和大气抬升控制，强降水的变化取决于区域的热力和/或动力变化。热力学贡献主要遵循克劳修斯–克拉珀龙（Clausius-Clapeyron，C-C）关系，在大气环流变化较小的情况下，内部变率通常是强降水增加的原因。然而，在环流模式发生显著变化的地区，这种 C-C 关系不成立，此时水汽输送占主导地位。根据观测很难将调节降水极端事件的大尺度环流变化与内部变率区分开来。

尽管存在很大的区域和季节变化，且许多区域趋势并不显著，但陆地强降水事件可能在更多区域有所增加，全球单日最大降水量平均值和持续超过一天的降水事件显著增加。新的数据集 HadEX3 表明更多地区的降水年极大值增加，且极端降水对总降水量的贡献增加。全球以及数据覆盖相对较好的北美洲、欧洲和亚洲地区，降水年极大值在统计上显著增加的站点占比大于偶然性的预期，而统计上显著减少的站点占比小于偶然性的预期。显著增减的站点并不集中在某一特定区域，显著增加的区域多于显著减少的区域。在大多数可获得数据的陆地站点中，20 世纪极端降水的增加接近 C-C 关系，特别是全球湿润地区的极端降水大幅增加，而干旱地区的增加趋势并不稳定，部分原因是降水变异性高且干旱地区观测有限。

非洲大部分地区在 20 世纪极端降水有所增加（中等信度），但存在较大的空间差异。极端降水在西非（高信度）、北非（中等信度）有所增加，在撒哈拉以南非洲部分地区的频率和强度也有所增加和增强，但这仅占撒哈拉以南非洲总面积的 15%。此外，站点稀少的非洲中部的可信度较低。

自 IPCC AR5 发布以来，模式对大尺度降水的模拟得到了改进。在评估模式时，一个常见的问题是由日降水和次日降水空间连续场造成的模拟和观测间的尺度不匹配。此外，模拟代表网格单元上的平均，但基于站点的观测是在稀疏的点上进行的，导致空间分辨率低的 CMIP5 和 CMIP6 模拟的极端降水比站点观测小。CMIP6 高分辨率模拟的一些模式评估研究将再分析产品作为全球完整的观测指标，虽然减少了与大尺度环流有关的不确定性且消除了尺度不匹配的问题，但由于再分析资料局部过程与模式本身的参数化相似，也降低了比较的客观性。

通过全球陆地均方根误差测量，单个模式在许多不同的极端降水指标上的性能通常是一致的。CMIP5 和 CMIP6 模式间的陆地极端降水模式误差以及两代模式的年平均降水误差和年极大降水误差之间存在很强的相似性。虽然难以评估模式在模拟极端降水强度方面的表现，但模式似乎在捕捉极端降水的大尺度特征方面表现良好，包括热带辐合带（ITCZ）和干旱区极端降水。总体而言，CMIP5 和 CMIP6 模式在模拟历史时期的极端降水方面具有可互换性（高信度）。

3. 洪水

评估水文和水动力模式在利用观测气象数据和地形信息再现流量高峰和洪涝面积方面的研究相对较少。已有研究主要集中在河流流量、河流泛滥区域及较小程度上的城市和沿海洪水，评估城市和沿海洪水方面的模拟性能研究还有待加强。

洪水模拟的效果很大程度上取决于分析的空间尺度，因为小流域的洪水过程及其相互作用与大流域不同；大流域涉及更复杂的水管理和水利用，其洪水过程的再现比较困难。区域尺度水文模型的表现优于全球尺度水文模型。过度拟合是复杂水文模型不确定性的一个重要来源，良好的统计资料并不能保证在特定气候条件下较好地再现水文过程。多模式集合平均的表现比单一模式更差，全球尺度的水文模型很难再现季节性周期的时间或幅度，面临着更多挑战。

使用水文模型评估洪水的变化时，除了水文模型的差异外，还存在其他来源的不确定性，包括排放情景、驱动气候模式（包括区域气候模式和全球气候模式）的结构和参数、自然气候变率，以及作为水文模型输入的气候模式数据处理过程。

4. 干旱

鉴于干旱类型多样、影响广泛以及用于评估干旱的指标复杂，模式评估干旱时面临诸多困难。同时，考虑到大多数模拟干旱指标的观测数据存在局限性，对模式输出的干旱趋势的可靠性评估也颇为困难。另外，内部气候变率和模式分歧也带来了不确定性。

与观测相比，模式在模拟降水长期趋势方面的性能有限，CMIP5 历史时期模拟的降水偏向于干燥（1901～2010 年），特别是在中高纬度地区，观测到的降水增加趋势被明显低估。

尽管模式输出的空间模式与观测值相似，但模式之间表现出强烈的差异。通过对比 1961 年至 2000 年间 12 个 CMIP5 模式模拟的中国蒸发量与观测数据可以发现，尽管这些全球气候模式能够较为准确地再现蒸发的季节性变化特征，但在区域平均蒸发量的模拟上存在一定程度的低估现象。无论是在与观测结果的一致性方面，还是在辐射蒸发驱动方面，不同模式之间存在很强的偏差，全球气候模式没有很好地捕捉到 1961～2000 年观测记录中的蒸发减小趋势，相反，大多数模式表现为增加趋势。

土壤水分亏缺的模拟比降水亏缺的模拟表现出更大的不确定性，这是因为除了与云和降水过程相关的不确定性外，还存在与土壤水文过程相关的不确定性。另外，模式的空间分辨率也是一个限制因素，因为一些陆地–大气反馈和地形效应的表示需要更精细的分辨率。总的来说，陆面模式在土壤水分方面的模拟性能存在很大的差异。

模拟水量赤字的问题比平均径流或峰值流量的问题要困难得多，因为模式往往对气候强迫反应过度，且它们不能合理地捕捉低流量（Tallaksen and Stahl，2014）。水文干旱指标的模拟显示出与全球气候模式和水文模型的贡献有关的不确定性。然而，有相同气候强迫的水文模型也表现出很大的差异。

5. 极端风暴

对热带气旋（tropical cyclone，TC）活动的准确模拟有两个重要的要求：准确模拟可能影响 TC 活动的相关环境因素（如海温）的变化，以及准确模拟特定环境条件下实际的 TC 活动。TC 指标的各个方面被用于评价模式在模拟现今 TC 气候学和变异性方面的能力（如 TC 的频率、风强度、降水、大小、路径及其季节性和年际变化）。TC 气候学/变异性指标的其他例子包括 TC 发生和生成的空间分布，以及 TC 登陆活动的季节性周期和年际变率。

CMIP5 和 CMIP6 气候模式（100～200 km 网格间距）无法模拟 4～5 级强度的 TC。它们能模拟相对高涡度的风暴，充其量被描述为“类似 TC”，但风暴数量等指标高度依赖跟踪算法。尽管存在参数化的深积云对流过程的影响，高分辨率全球模式（10～60 km 网格间距）能够更真实地捕捉 TC 的某些结构以及产生 4～5 级的强烈 TC。一些动力降尺度研究中使用的对流解析模型（1～10 km 网格间距）进一步提升了模拟的精准度。除了分辨率以外，对流参数化也会影响模式模拟强热带风暴的能力，区域和全球对流解析模式对 TC 预测变得更加有用，因为它们捕捉到更真实的 TC 眼壁结构，有助于研究 TC 结构的变化。

大气–海洋相互作用是 TC 演化的一个重要过程，大气–海洋耦合模式在模拟与 TC 相关的真实过程方面通常优于单纯大气模式。高分辨率的海洋模式通过减少海温气候态偏差来改善对 TC 的模拟。即使有更高分辨率的大气–海洋耦合模式，TC 模拟研究仍然依赖实验设计中的假设，这些不确定性包括计算上模拟的数量的限制和气溶胶强迫的不确定性。

参 考 文 献

Bindoff N L, Cheung W W L, Kairo J G, et al. 2019. Changing ocean, marine ecosystems, and dependent communities//Pörtner H O, Roberts D C, Masson-Delmotte V, et al. IPCC Special Report on the Ocean and Cryosphere in A Changing Climate. Cambridge: Cambridge University Press: 447-587.

Canadell J G , Monteiro P M S, Costa M H, et al. 2021. Global carbon and other biogeochemical cycles and feedbacks//Masson-Delmotte V, Zhai P, Pirani A, et al. Climate Change 2021: The Physical Science Basis. Cambridge: Cambridge University Press: 673-816.

Ciais P, Sabine C L, Bala G, et al. 2013. Carbon and other biogeochemical cycles//Stocker T F, Qin D, Plattner G K, et al. Climate Change 2013: The Physical Science Basis. Contribution of Working Group Ⅰ to the Fifth Assessment Report of the Intergovernmental Panel on Climate Change. Cambridge: Cambridge University Press: 465-570.

Collins M, Sutherland M, Bouwer L, et al. 2019. Extremes, abrupt changes and managing risk//Pörtner H O, Roberts D C, Masson-Delmotte V, et al. IPCC Special Report on the Ocean and Cryosphere in A Changing Climate. Cambridge: Cambridge University Press: 589-655.

Du Y, Wang D, Zhu J, et al. 2022. Comprehensive assessment of CMIP5 and CMIP6 models in simulating and projecting precipitation over the global land. International Journal of Climatology, 42(13): 6859-6875.

Fan X W, Duan Q Y, Shen C W, et al. 2020. Global surface air temperatures in CMIP6: Historical performance and future changes. Environmental Research Letters, 15(10): 104056.

Flato G, Marotzke J, Abiodun B, et al. 2013: Evaluation of climate models//Stocker T F, Qin D, Plattner G K , et al. Climate Change 2013: The Physical Science Basis. Contribution of Working Group Ⅰ to the Fifth Assessment Report of the Intergovernmental Panel on Climate Change. Cambridge: Cambridge University Press.

IPCC. 2007. Climate Change 2007: The Physical Sciences Basis Contribution of Working Group Ⅰ to the Fourth Assessment Report of the Intergovernmental Panel on Climate Change. Cambridge: Cambridge University Press.

IPCC. 2019. Summary for policymakers//Pörtner H O, Roberts D C, Masson-Delmotte V, et al. IPCC Special Report on the Ocean and Cryosphere in A Changing Climate. Cambridge: Cambridge University Press: 3-35.

IPCC. 2021. Climate Change 2021: The Physical Science Basis. Contribution of Working Group Ⅰ to the Sixth Assessment Report of the Intergovernmental Panel on Climate Change. Cambridge: Cambridge University Press.

Jia G, Shevliakova E, Artaxo P, et al. 2019. Land–climate interactions//Shukla P R, Skea J, Calvo Buendia E, et al. Climate Change and Land: An IPCC Special Report on Climate Change, Desertification, Land Degradation, Sustainable Land Management, Food Security, and Greenhouse Gas Fluxes in Terrestrial Ecosystems. Geneva: Intergovernmental Panel on Climate Change: 131-247.

Keen A, Blockley E, Bailey D A, et al. 2021. An inter-comparison of the mass budget of the Arctic sea ice in CMIP6 models. The Cryosphere, 15(2): 951-982.

Li J, Wang J X L. 2003. A modified zonal index and its physical sense. Geophysical Research Letters, 30(12): 1632.

Menary M B, Robson J, Allan R P, et al. 2020. Aerosol-forced AMOC changes in CMIP6 historical simulations. Geophysical Research Letters, 47(14): e2020GL088166.

Oppenheimer M, Glavovic B C, Hinkel J, et al. 2019. Sea level rise and implications for low-lying islands, coasts and communities//Pörtner H O, Roberts D C, Masson-Delmotte V, et al. IPCC Special Report on the Ocean and Cryosphere in A Changing Climate. Cambridge: Cambridge University Press: 321-445.

第 4 章 近期气候变化预估

本章主要评估 2021～2040 年大尺度气候变化的预估结果。评估对象包括全球地表气温（global surface air temperature，GSAT）和降水的空间模态，以及全球季风降水和环流；分析预估对排放情景的敏感性，包括近期超过全球温度目标的可能性及内部变率的影响。

4.1 预估的近期大气和地表的变化

4.1.1 全球地表气温

近年来，IPCC 相关报告评估了在不同共享社会经济路径（SSPs）情景下全球地表气温的近期（2021～2040 年）预估演变，以及近期全球地表气温在不同 SSPs 情景下的相对敏感性。此外，报告进一步分析了在给定情景下，全球变暖在近期内分别超过 1850～1900 年水平 1.5℃和 2℃的可能性。

全球地表气温的近期预测对所选择的 SSPs 情景的依赖性较小。从近期的平均值和所有情景来看，全球地表气温极有可能比 1995～2014 年的参考值高出 0.4～1.0℃。值得注意的是，该预估范围的主要不确定性来源于平衡气候敏感性

（equilibrium climate sensitivity，ECS）和瞬态气候响应（transient climate response，TCR）的模型差异（Lehner et al.，2020）。单个模式的年平均全球地表气温的近期预测不确定性主要来自变率和模式的不确定性。

相对于 1850～1900 年，2021～2041 年的全球地表气温 1.5℃的升温水平在 SSP3-7.0 和 SSP5-8.5 情景中非常有可能达到，在 SSP1-2.6 和 SSP2-4.5 情景中可能达到，而在 SSP1-1.9 情景中不可能达到（高信度）。在评估的所有情景中，达到 1.5℃（忽略自然内部变率的影响）的全球变暖水平的最佳估计是 2030 年左右（中等信度）。在 SSP2-2.6 情景下，ECS/TCR 组合将可能使 1.5℃升温拖延至 2040 年后（中等信度），并且对于 SSP1-1.9 情景来说，该情况完全可以避免。

相对于 1850～1900 年，近期 2021～2041 年全球地表气温 2℃的升温水平在 SSP1-1.9、SSP2-2.6、SSP2-4.5 和 SSP3-7.0 情景下不太可能达到（图 4.1）。

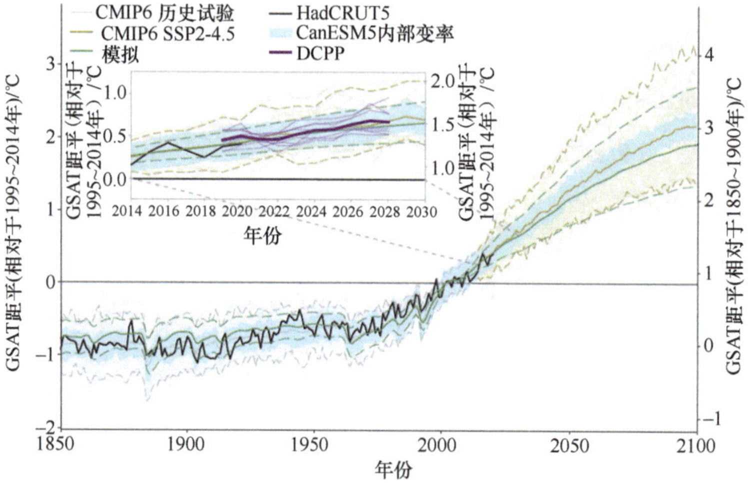

图 4.1 CMIP6 年平均全球地表气温模拟和预估（IPCC，2021）
虚线为数据可能出现的范围，实线为数据的中心估计值

4.1.2 地表变暖的空间分布

在 SSP1-2.6 和 SSP5-8.5 情景下，近期（2021～2040 年）季节平均地表气温变化空间上呈现出高纬度地区（特别是在北极冬季）变暖幅度最大；其中冬季和

夏季，陆地增暖幅度显著高于海洋。与 1995～2014 年相比，两种情景下北半球多数陆地地区的季节平均地表温度升幅均超过 1℃。在近期，两种情景的地表温度的变化幅度呈现相似特征（Riahi et al.，2017）。基于目前可用的 CMIP6 模式的结果，近期没有明显变暖的区域包括：冬季的北大西洋北部、印度部分地区、北美和欧亚大陆部分地区，以及南半球亚热带东太平洋地区。

在比较各种情景时发现，近地表变暖模式对情景中强迫因素的精确组合存在依赖性。最近的研究评估了 CO_2、硫酸盐和黑碳气溶胶以及太阳强迫的空间效应——每单位有效辐射的表面温度变化。就平均而言，尽管不同模式的辐射强迫存在差异，但近地表变暖的空间分布基本相似。

在许多地区，特别是中纬度和极地地区，近地表温度变化的内部变异性很大。因此，在这些区域，来自内部变率的预测可能会在近期内显示出不同的区域响应，而强迫信号的振幅相对于内部变率而言较小。

4.2　预估的近期水循环变化

4.2.1　降水

降水的近期变化预估有很大的不确定性，其中内部变率是不确定性主要来源。与内部变率相比，其他不确定性（模式不确定性和情景不确定性等）的贡献较小（Hawkins and Sutton，2011）。内部变率在过去几十年的降水预测中不确定性的贡献占 80%以上，到 21 世纪末仍占 50%以上。多模式集合平均结果表明，区域尺度上年代际降水的人为信号已超出自然变率范围。

除了温室气体强迫，自然和人为气溶胶的强迫也会对区域降水产生影响（Ramanathan et al.，2005；Bollasina et al.，2011）。与温室气体强迫导致的空间变化相反，气溶胶导致南半球热带变湿、北半球热带变干。并且气溶胶空间分布的不均匀可能引起热带辐合带平均位置变化，从而导致热带降水发生变化。但由于气溶胶辐射强迫本身存在很大的不确定性，因此其对近期预估降水变化的贡献度评估仅具有低至中等可信度。

近期降水变化呈现出季节性放大特征，如雨季降水增加，旱季降水减少。在SSP1-2.6和SSP5-8.5情景下，在低纬度地区（特别是海洋地区和潮湿热带地区）季节平均降水预估可信度高，而干旱区（包括大部分亚热带地区）的可信度则相对较低。

4.2.2 全球季风系统

全球季风系统由区域和局地季风共同组成，包括亚洲–澳大利亚季风、非洲季风、北美和南美季风。全球季风的概念有助于剖析不同时空尺度季风变率的机制和影响因素（Wang and Ding，2008）。目前，关于影响全球季风年代际变化的因素的研究已取得了显著进展。1901～2014年，全球季风特别是北半球季风降水的年代际变率，主要源于由北大西洋变率相位调制的南北半球热对比和由太平洋涛动调制的太平洋东西向热对比。全球季风降水在卫星时代呈现出增强的趋势，可以用大西洋年代际变率的相位变化来解释。太平洋涛动和大西洋年代际变率都对全球季风的内部自然变率有一定影响。由于强迫的不确定性对短期预估来说通常可以忽略不计，内部变率包括太平洋涛动和大西洋年代际变率在内的贡献是全球季风预测最重要的不确定性来源。

虽然包括全球季风区在内的湿润地区趋于变湿、干旱地区趋于变干的基本时空变化格局是明显的，但是不同气候模式模拟的预估变化幅度仍存在很大的不确定性，突出表现为平均降水的自然变率的巨大振幅。在全球陆地季风区（南亚、东亚、西非、澳大利亚、北美洲和南美洲），近期预测的多模式平均降水变化几乎都低于自然变率的振幅。

全球陆地季风降水指数的定义为全球陆地季风的加权平均降水率，在5个核心SSPs情景下近期均有1%～4%的增加趋势。此外，5个SSPs中的4个情景下，热带季风环流指数［从墨西哥向东延伸到菲律宾（0°～20°N，120°W～120°E）的区域内200～850 hPa的带状风的垂直切变］呈现减少趋势，这可能与季风降水的微弱增加有关，但相对于自然的内部变率和各模式的差异，全球季风环流的预测变化同样很弱。综上所述，全球季风降水和环流的近期变化可能主要受到内部变率的影响。

4.3　预估的近期大气环流变化

4.3.1　北半球环状模（NAM）和南半球环状模（SAM）

在气候模式预测研究中，北半球环状模（NAM）的多模式集合平均变化表现出一个显著特征：相较于模式间差异和集合内变率，其预测信号的量级明显偏小。在短时间尺度上，由于模式物理过程参数化的不完善，NAM 对外部强迫的响应存在显著的不确定性，其量级与自然变率主导的年际或年代际变化幅度相当（Li et al.，2018）。

在季节到年际时间尺度上，新证据表明冬季北大西洋涛动（NAO）的潜在可预测性更低。这在相关研究中被称为“信号–噪声悖论”，意味着需要非常大的预测集合才能分离 NAO 的可预测部分。

温室气体的增加和南极臭氧空洞的预期恢复很可能是未来南半球环状模（SAM）变化的主要驱动因素。随着平流层臭氧的恢复，观测到南半球夏季或秋季 SAM 的正趋势到 21 世纪中期很可能显著减弱。臭氧的消耗和恢复对海平面环流的影响主要发生在澳大利亚夏季，而温室气体则全年影响海平面环流（Gillett et al.，2013），因此其可能是澳大利亚除夏季外环流变化的主要驱动因素。根据目前确定的未来大气中臭氧消耗物质减少的情景，化学–气候耦合模式预估南极 10 月的臭氧空洞将在 2060 年左右恢复。近年来，南极臭氧空洞开始愈合，使用检测和归因方法证明其与 2000 年以来夏季 SAM 增强趋势的暂停有显著关系（Banerjee et al.，2020）。在澳大利亚夏季，臭氧的恢复和温室气体的增加将在未来几十年内对 SAM 产生相反的影响。

关于内部变率对预估南半球环流趋势作用的研究近期取得了明显的进展。在基于 RCP4.5 排放情景开展的大规模初始条件集合试验表明，南半球冬季显示出持续稳定的正 SAM 趋势。与 20 世纪后期观测和模拟的显著正趋势相比，21 世纪上半叶夏季 SAM 趋势呈现减弱特征；2025～2030 年左右，南半球冬季的年代际平均 SAM 指数达到 2000 年参考状态的频数将减少到 5 次以下。

近期（2021～2040 年）SAM 指数相对于目前（1995～2014 年）的季节平均变化显示，除了极地夏季外，所有季节的 SAM 指数都呈现微弱的正增长趋势。在澳大利亚夏季，除 SSP1-1.9 外，所有核心 SSPs 的近期 SAM 指数异常值的中心估计值都接近零。在各季节，各 SSP 的 SAM 指数变化的中心估计值之间的差异远小于模式间的集合差值。CMIP6 的集合离散在澳大利亚冬季最大，与离散大气环流内部变率大小一致。这表明内部变率和模式不确定性都是造成近期 SAM 指数变化中 CMIP6 集合离散的原因。

一些气候模式评估了平流层臭氧和温室气体以外的强迫因子（如人为气溶胶）对历史时期 SAM 变化的影响，但其影响呈现不稳定趋势，并且取决于对流层温度对气溶胶反应的细节，这使得预估未来人为气溶胶对 SAM 的影响可信度低。

4.3.2 厄尔尼诺–南方涛动及其遥相关

ENSO 在未来很可能仍是年际变化的主导环流。ENSO 的振幅在近期内会增加，之后会下降。然而，由于 ENSO 明显的低频调制，很难检测到 ENSO 变率在近期内对人为因素的响应变化，且 CMIP6 模式也显示近期内 ENSO 变率没有显著变化。

虽然对于 ENSO 海温变率的幅度变化在近期有很强的一致性，但在增温情景下，与 ENSO 相关的降水变率幅度可能会增加（Power et al.，2013；Cai et al.，2015）。CMIP6 模式的分析显示，尽管 ENSO 变率发生了变化，但由于平均湿度增加，Niño 3.4 区域近期降雨变率的幅值有轻微增加的趋势。然而，在近期内具有明显模式离散的四个 SSPs 中，降水变率没有明显的变化。

4.3.3 太平洋年代际变化

太平洋在年代际和多年代际时间尺度上的气候变率可通过若干典型振荡模态

表征，如太平洋十年际振荡（Pacific decadal oscillation，PDO）和太平洋年代际振荡（interdecadal Pacific oscillation，IPO），这些被称为太平洋年代际变率（Pacific decadal variability，PDV）（Mantua et al.，1997）。PDV主要表现为半球尺度的十年到数十年间尺度振荡特征，其核心特征体现在热带与温带之间的强协方差，但该特征在现有气候模式中仍难以准确模拟。尽管得出IPO与PDO指数表征的空间模态存在区域差异，但两者具有显著的时间相关性，因此在气候评估中通常将其纳入PDV框架进行综合分析。

PDV的近期预估在很大程度上取决于模式，尽管一些研究显示PDV具备一定的预估潜力，但整体而言其预估结果尚未达到统计显著性要求，且预测的持久性不足。CMIP5十年际预测集合表明，模式对太平洋主要PDV活动中心的海表温度在2～5年和6～9年时间尺度的预测均未表现出有效预测能力。目前，人们对造成太平洋多年变化的过程逐渐有更深入的了解。然而，PDV形成过程中的热带和非热带过程的相对重要性仍存在争议。现有证据更支持其随机驱动特性，而非自主激发的机制。

PDV作为多动力过程中耦合作用的模态，将其作为近期气候预估的目标颇具挑战。尽管PDV在案例研究中显示出潜在的预测能力，但新一代十年际预报系统对其多年际预测性能仍表现出差至中等。

研究证明PDV对全球变暖的速率具有显著调制作用（Kosaka and Xie，2013；England et al.，2014），然而关于PDV的外部强迫响应与内部变率贡献比例，以及其在未来气候中会如何演变，目前仍无明确结论。

4.3.4 印度洋海盆模态和印度洋偶极子及其遥相关

印度洋偶极子（Indian Ocean Dipole，IOD）和印度洋海盆（Indian Ocean Basin，IOB）模态是非洲–印度–太平洋地区具有明显气候影响的重要年际气候变异模态。观测表明，IOD和IOB与ENSO位相密切相关，并经常与ENSO位相相吻合。其中，IOB模态经常被描述为响应ENSO的“电容器”效应。

预测的热带印度洋的气候平均态变化类似于正IOD事件，即西部海区升温速率快于东部。这种平均态的变化将潜在地减小正IOD和负IOD事件之间的振幅差，但关于IOD事件频率变化的预估仍存在不稳定性。

4.3.5 大西洋多年代际变率

大西洋多年代际变率（AMV）是北大西洋海表温度在年代际尺度上主要的空间模态。该气候模态不仅调控周边区域的气候特征，其影响范围更可延伸至遥远大陆，对全球气温分布和降水格局具有重要调控作用。但这种变化的起源仍未确定，海洋动力学（如大西洋经圈翻转环流AMOC的变化）、外部强迫以及局地大气强迫可能构成了AMV的驱动机制。

数值模拟研究显示，无论是多模式集合还是单模式试验，在8～10年时间尺度上对北大西洋海温异常的后向预测具有相当高的技巧。然而，预测AMV的技巧并不意味着能够提高对附近陆地气温和降水的预测能力。究其原因，可能与模式在AMV时空结构模拟中的系统误差、遥相关机制表征不准确，以及区域陆地气候变量和AMV指数相比其噪声较大有关。

多模式研究报告指出，在2～9年的时间尺度上，耦合模式对AMV暖位相相关的陆地降水具有较好的预估能力。在萨赫勒地区、南美洲、海洋大陆发现了其与观测的正相关关系。大样本初始化十年际预估试验（CESM-DPLE）的分析表明，对萨赫勒地区3～7年降水的预测已取得提高。这与目前AMV对非洲影响的认识是一致的，与许多研究主张的由AMOC减弱而导致AMV转为负位相是一致的。

4.3.6 热带大西洋模态及其遥相关

热带大西洋的年际变率主要由两种气候模态构成：大西洋赤道模态和大西洋经向模态。大西洋赤道模态通常也称为大西洋尼诺或大西洋纬向模态，其与赤道附近的海温异常有关，在盆地东部达到峰值；大西洋经向模态则表现为海温半球间梯度和风的异常。这两种模态都与热带辐合带（ITCZ）和相关风的变化有关，并对邻近和偏远地区的气候产生强烈的影响。

当前，大多数气候模式在模拟热带大西洋平均气温方面仍存在一定程度的困难，由于无法正确模拟热带大西洋变率（TAV）及其相关影响，有关热带大西洋模态近期变化的具体研究有限。然而，在十年时间尺度上，海洋（特别是热带海洋）比陆地地区具有更高的预测性，主要与外部强迫分量的年代际变化有关。由于大西洋经向模态影响热带大西洋，其近期变化可以调节赤道模态和 AMV 以及相关影响。十年预测表明，北大西洋是可能因初始化而提高预测技巧的主要区域，但在热带大西洋也发现了令人满意的结果。初始化对热带大西洋的影响不仅体现在表层温度上，也体现在次表层温度中。气候预测系统的改进（如初始化技术、大型集合体、提高模式分辨率等）也提升了对热带大西洋的预测能力。

大西洋经向模态可以调节大西洋尼诺的特征及印度洋和太平洋海盆之间的遥相关。特别是当赤道大西洋海温变率增强时，大西洋尼诺-ENSO 的关系在大西洋经向模态负位相最强。

CMIP6 模式的最新评估显示，尽管存在模式偏差和变率模拟不确定性的变异性，但对未来几年热带大西洋海表温度平均状态的预测具有中等信度。值得注意的是，大西洋尼诺空间型态的年代际变化及其遥相关可能受到大西洋经向模态的调节（较低信度）。

4.4　预估的近期极端事件变化

4.4.1　极端温度

已有充分证据表明，自 1950 年以来全球范围内极端高温事件的发生概率与强度有所增加，而极端低温事件的发生概率与强度则呈现下降趋势。具体表现为：暖昼/夜日数增加、热浪的强度和持续时间增加、冷昼/夜日数减少（高信度）、极端最高/最低温度均呈现上升趋势（高信度）。由于陆地变暖幅度更大以及额外的反馈效应，其极端温度的变化趋势通常大于全球平均的变化趋势（50%～200%，高信度），区域至大陆尺度的趋势一般与全球尺度的趋势相一致（高信度）。但受观测数据限制，少数区域（特别是在非洲和南美洲部分地区）的趋势评估仍存在不确定性。

人类活动是导致全球尺度极端高温事件频发增强、极端低温事件衰减的主要因素，该结论在大陆尺度同样成立（高信度）。现有证据表明，如果没有人类的影响，最近发生的一些极端事件是不可能出现的（中等信度）。由于区域土地利用和土地覆盖变化、气溶胶等反馈或强迫，温室气体浓度的增强对极端温度的影响在区域尺度上被缓和、抵消或放大。城市化加剧了全球变暖对城市的影响（高信度）。气溶胶浓度的变化影响了一些地区极端高温的变化趋势。在一些地区，如北美洲中部，其灌溉以及作物种植面积的扩大减小了夏季极端高温的增加幅度（中等信度）。

21 世纪，极端高温发生的概率和严重程度将进一步增加，极端低温发生的概率和严重程度将进一步降低。如果全球变暖比工业革命前水平增加 1.5℃或更高，那么在全球和大陆范围内，几乎所有人居住的地区都会发生这种变化，且在更高的全球变暖水平上会有更大的增长。在大多数陆地地区，暖昼和暖夜的数量以及暖期或热浪（根据 20 世纪后期的条件定义）的持续时间、频率和/或强度将会增加（高信度）。在大多数地区，极端温度的变化幅度与全球变暖的水平成正比（高信度）。极端温度事件的发生概率通常会随着全球变暖水平的增加呈指数增长（高信度）。

4.4.2 强降水

在全球范围内，陆地的强降水已经有所增加（高信度）。1950 年以来，在有足够的观测数据以供评估的陆地区域，一天或连续 5 天以上的年最大降水量增加的区域多于减少的区域，包括北美洲、欧洲和亚洲在内的三大洲在大尺度上也是如此。北部高纬度地区在所有季节中都有较大比例的强降水增加，中纬度地区在寒冷季节的强降水也有较大比例的增加（高信度）。在亚洲大部分地区、澳大利亚西北部、欧洲北部、南美洲东南部、南美洲北部和美国的大部分地区（高信度），以及非洲西部和南部、中欧、地中海东部地区，均观测到强降雨的频率和/或强度存在区域性的增加。其他区域由于观测有限，强降水趋势的可信度相对较低。

人类活动的影响可能是陆地强降水增加的主要原因。多源证据表明：全球年最大单日和五日降水量的增加可归因于人类的影响（高信度）；多数陆地区域呈现极端降水强度增强；破纪录单日降水事件发生概率显著提升。尽管在大陆和区域尺度上，由于极端降水变率较高，人类对其的影响不易察觉，但相关证据正在逐渐被发现。

在几乎所有的陆地区域，随着全球变暖，极端降水很可能会更强烈和更频繁。一般来说，极端降水的增加与全球变暖水平成正比。全球平均温度每变暖 1℃，年最大单日和五日降水量的 50 年重现期事件分别增加 7%和略低比率（高信度）。随着全球变暖，极端降水事件的概率很可能会快速增大，且在更高的全球变暖水平上会有更大的增量，但是这些增加存在区域间的差异。

4.4.3 洪水

在积雪融化的寒冷地区，洪水的季节性已经发生了变化（较高信度）。多源观测表明，一些地区在过去的几十年中，峰值流速及流水量存在显著增加的趋势，包括亚洲北部的部分地区、南美洲南部、美国东北部、英国和亚马逊，而地中海沿岸、巴西东北部、南澳大利亚、中国中部和东南部等区域则呈减少趋势（较高信度）。但是将个别洪水发生的概率或规模的变化归因于人类影响的可信度较低。

在预测极端降水会增加的城市地区，特别是在全球变暖水平较高的情况下，洪水发生的可能性会增加（较高信度）。全球水文模型预测表明，受河流洪水影响扩大的陆地面积将超过影响减小区（中等信度）。亚马孙河西部、安第斯山脉和欧亚大陆北部的河流洪水将增加（中等信度）。由于涉及复杂的水文过程，河流洪水的区域变化仍存在较大不确定性。

4.4.4 干旱

不同的干旱类型对温室气体强迫增加呈现出不同的响应。观测到的干旱趋势呈现出显著的区域差异特征。自20世纪中期以来，东亚、欧洲中部和北美洲西北部的土壤水分亏缺呈现加剧态势（中等信度）；非洲南部、北美洲南部、地中海地区则出现水文干旱频发特征（中等信度）。现有模式（气候、地表或水文模式）在全球和区域范围内模拟降水不足、土壤水分不足、溪流不足或大气干燥的趋势与异常的能力，总体上具有中等信度。在CO_2浓度增强的情况下，土壤水分和径流亏缺也可能受到CO_2对植物蒸腾作用的影响。土壤水分趋势导致的干旱范围扩大和强度增加，其程度超过降水减少的影响（中等信度）。这些预测在很大程度上依赖所考虑的变暖情景，即变暖水平越高，干旱趋势越强，即使是全球变暖0.5℃的小变化（高信度），一些在20世纪具有湿润或过渡性气候特征的地区也将变得更加干旱（中等信度）。

20世纪初以来，在全球范围内，人类的影响增加了干旱条件恶化的可能性，并增加了旱季的干燥趋势（高信度）。干旱的趋势主要受到变暖、辐射引起的蒸发增加的影响。区域尺度上，人类活动对干旱的影响机制具有多维复合特征，涉及气候强迫、土地利用转型、水管理和社会经济要素的协同作用。

4.4.5 风暴

自1980年以来，全球较强的热带气旋（TC）的比例出现了明显增加（中等信度）。自20世纪40年代以来，热带气旋风力强度峰值的平均位置由北太平洋西部向极地迁移，极大地增加了高纬度地区的热带气旋暴露。自1900年以来，美国上空热带气旋的前向运动（平移速度）明显减慢（中等信度），但受观测数据空间异质性影响，该现象的全球普适性尚未确立。春季强对流风暴的频率将增加，导致强对流风暴活跃期延长（中等信度）。然而，受模式间分歧制约，目前对热带风暴减速机制及强对流风暴（如冰雹等）的历史演变趋势仍缺乏充分认知。

与热带和温带气旋、大气河和强对流风暴相关的平均降雨率和最大降雨率将随着大气水汽的增加而增加（高信度）。在某些地区热带气旋风强度的区域性增加导致低水平水汽辐合增加，热带气旋的峰值雨率将以高于每摄氏度变暖7%的克劳修斯–克拉珀龙标度率的速度增加（中等信度）。降水增幅的定量预估依赖模式水平分辨率和对流参数化方案（高信度）。

4.4.6 复合事件

热浪–干旱复合事件的发生频率呈现上升趋势，且该趋势将在更高的全球变暖水平下继续发生，特别是在全球变暖超过2℃时，将变得更加频繁（高信度）。某些地区发生复合型洪水的可能性增加（中等信度），并且由于海平面上升和强降水增加，这种可能性将继续增加；某些地区的野火（复合干热事件）风险增加（中等信度）。在全球变暖水平较高的情况下，其他类型复合事件的发生风险亦将增加（中等信度）。

4.4.7 评价的限制

目前，在评估过去和未来驱动极端事件的动态变化方面存在一些空白。如冰雹以及一些极端情况（如干旱和热带气旋）的变化仍然存在一些不确定性。此外，对于与极端事件相关的全球和区域临界点（低概率高影响事件）的触发机制尚未明确，但在高全球变暖水平（>3℃）下其发生的可能性不容忽视。最后，全球若干区域，特别是在非洲和南美洲，仍因观测数据缺失制约区域研究进展。

4.5 预估的近期冰冻圈变化

4.5.1 海洋和陆地碳汇

海洋碳汇作为调节大气CO_2浓度的关键机制，其吸收过程不仅影响海洋酸化进程，也驱动着海洋生物地球化学循环的演变。目前，气候模式对21世纪海洋碳吸收的预测结果较为一致，其中在高排放情景下的吸收量较高。相较而言，陆地碳吸收的未来演变预估存在较大的不确定性，现有模式模拟结果仅具有中等信度。

基于CMIP6多模式集合分析表明：SSP2-4.5、SSP3-7.0和SSP5-8.5都会导致海洋碳汇在近期内出现10年、20年和30年的正趋势。在低排放情景下，10年和

20 年的海洋碳吸收量的正趋势不太明显，但 30 年的趋势非常明显。近期内陆地碳吸收量的集合平均趋势存在较大的不确定性。总之，在较高的排放情景下，海洋碳吸收量在近期内很有可能会增加（高信度）。

4.5.2 北极海冰

北极 9 月海冰的覆盖面积将在 2040～2060 年的某个时间点下降至 100 万 km^2 以下。目前，在理解北极海冰对外部强迫因子的响应方面取得了实质性进展，特别是人为强迫近期演变的不同情景很有可能导致未来 20 年发生不同可能性范围的极低海冰覆盖率。观测数据显示每排放 1 吨 CO_2，9 月的海冰面积约损失 3 m^2（Notz and Stroeve，2016），气候模式模拟和观测记录给出的 9 月海冰覆盖的标准偏差小于 0.5 万 km^2。不同排放情景的对比分析显示：在 RCP2.6 路径下，2040 年前北极 9 月的海冰覆盖面积在 2040 年前下降到 100 万 km^2 以下的可能性很低，而在 RCP8.5 路径下，2040 年前北极 9 月的海冰覆盖面积则可能在 2040 年前下降到 100 万 km^2 以下。与 RCP2.6 相比，RCP8.5 中 2040 年前夏季北冰洋几乎无海冰的可能性要高得多，这与相关研究发现的相对于工业革命前水平，全球平均变暖 2.0℃与全球平均变暖 1.5℃相比，北冰洋无冰的可能性大幅增加是一致的。

尽管人为强迫对北极海冰覆盖的演变具有显著影响，但气候系统内部变率可能会掩盖其对海冰覆盖的近期影响。基于 CMIP6 多模式集合预估表明，在未来 10 年至 30 年尺度上，北极 9 月海冰面积将维持缩减趋势。

4.6 气溶胶对近期气候预估的影响

局地气溶胶的排放可能会对短期气候变化产生影响（Kirtman et al.，2013）。由于一些空气污染物的寿命较短，包括黑碳、甲烷和氢氟碳化物在内的短寿命气候强迫因子（short-lived climate forcers，SLCFs）在早期主要影响地表升温速率，并小幅影响至 21 世纪中叶的升温水平，最高可达零点几摄氏度，但其对缓解变暖加剧的作用有限。针对黑碳实施的强有力减排政策将对全球增温趋势产生快速、可识别的影响，但长期而言净效应很小。CH_4 的减少将会显著影响地表温度的变化，而 CO_2 的减排在短期和长期都是最为有效的，尽管需要加强减排措施才能在短期内产生明显的效果。硫酸盐气溶胶的快速消除（SO_2 是负辐射强迫）可能会导致全球气温增加零点几摄氏度（Matthews and Zickfeld，2012；Gillett et al.，2013），但 CH_4 排放的减少可能会缓和这一情况（高信度）。

在气候理想情景下，所有人为 SO_2、黑碳和有机碳的完全消除预计导致地表进一步变暖 0.5～1.1℃（低信度）。然而，当前空气质量立法目标更现实的情景以及基于当前技术的人为来源 SLCFs 的最大可行减少情景表明，气候和空气质量的综合效益将在十年及更长时间尺度上得以体现。与最大可行减少情景相比，至本世纪中叶，人类活动造成的 CH_4 和黑碳排放增加所造成的额外变暖远低于先前的估计（Shindell et al.，2012）。SSP3-7.0- lowntcf 实验相对于 SSP3-7.0 情景降低了 SLCFs 的浓度。结果表明，到 21 世纪中叶，多模式全球平均气温异常的预估增加了几分之一摄氏度，但这一差异小于基于 CMIP6 模式中 SSP3-7.0 预估的全球平均气温变化幅度。

区分 SLCFs 与温室气体对气候的影响相当复杂，因为两者共同排放。因此，旨在减少碳排放的政策中隐含了一些 SLCFs 的减少。例如，将 SLCFs 与长寿命温室气体排放分开考虑，会人为地放大 SLCFs 在激进的减排和稳定战略下对气候的潜在控制作用。在与实现 2℃目标相一致的情况下，减少人为黑碳排放的额外措施效果甚微，因为主要的排放已经通过隐含的 CO_2 排放被排除了。

北半球中纬度地区大陆的，地表温度对气溶胶排放可能具有较大的敏感性（低信度）。与假设不减少 SLCFs 的情景相比，21 世纪预计减少气溶胶排放所带来的北方高纬度地区的额外变暖，将对气候系统的其他部分产生连锁反应，包括北极海冰范围的更快减少。此外，去除人为气溶胶可能会增加全球平均降水量（2%～4.6%）（低信度）。未来对流层臭氧辐射强迫可能由对流层臭氧排放的变化、平流层到对流层臭氧交换的变化、未来 CH_4 排放以及闪电–氮氧化物产生臭氧的变化之间的相互作用所决定。

未来 SLCFs 气候影响的主要不确定性来自以下几个方面：①人为气溶胶有效辐射的不确定性以及影响其他 SLCFs 的有效辐射的快速调整；②在当前气候中具

有增温和降温效应的不同 SLCFs 的相对排放的不确定性；③物理不确定性，包括与长寿命温室气体相比，SLCFs 气候效应的有效性。物理不确定性的一个例子是，在以前的计算中，CH_4 的短波辐射强迫被低估，这影响了对现在和未来 CH_4 有效辐射强迫的理解。物理不确定性的另一个例子是闪电–氮氧化物的预估，导致了未来臭氧的辐射强迫变化。自 IPCC 第四次评估报告发布以来，CH_4 水平持续上升，目前 CH_4 的量级位于 RCP4.5 和 RCP8.5 情景之间。如果最近观测到的 CH_4 排放增长持续到 2100 年，与 RCP2.6 情景相比，到 2100 年将增加 0.5 W/m^2 的额外辐射强迫，而后者与《巴黎协定》的全球温度目标大体一致。

其他可能在近期内大幅改变预估的因素是发生一次大规模的火山喷发，或者类似于 21 世纪初发生的小到中度火山的持续喷发。根据过去千年气候模式模拟结果显示，一次类似于 1991 年 6 月菲律宾皮纳图博火山的爆发导致北半球大幅降温 0.09～0.38℃，并持续 3～5 年。古气候模拟比较计划（PMIP）的研究显示，单个火山事件会导致北半球显著降温，火山爆发后第一年的峰值在 0.1～0.5℃，这一过程持续 3～5 年。火山爆发通常会导致之后数年的全球降水减少，气候湿润区变得干燥，气候干燥区变得湿润（中等信度），这与全球变暖导致的降水响应相反。

在大多数气候模式中，对 21 世纪气候预估的评估常常未考虑未来火山活动带来的不确定性（Taylor et al.，2012）。近期在量化火山喷发对年代际气候和长期气候预估的影响方面取得了相当大的进展。通过探索 RCP4.5 情景下 60 个可能的火山喷发情景，已经证实火山强迫在年际至年代际时间尺度上会影响气候变化。在有火山的模拟中，年平均 GSAT 的年际不确定性范围比没有火山的模拟高约 50%（GSAT 从 0.3～0.5℃）。

参考文献

Banerjee A, Fyfe J C, Polvani L M, et al. 2020. A pause in southern hemisphere circulation trends due to the Montreal Protocol. Nature, 579(7800): 544-548.

Bollasina M A, Ming Y, Ramaswamy V. 2011. Anthropogenic aerosols and the weakening of the South Asian summer monsoon. Science, 334(6055): 502-505.

Cai W J, Santoso A, Wang G J, et al. 2015. ENSO and greenhouse warming. Nature Climate Change,

5(9): 849-859.

Deser C, Hurrell J W, Phillips A S. 2017. The role of the North Atlantic Oscillation in European climate projections. Climate Dynamics, 49(9): 3141-3157.

England M H, McGregor S, Spence P, et al. 2014. Recent intensification of wind-driven circulation in the Pacific and the ongoing warming hiatus. Nature Climate Change, 4: 222-227.

Gillett N P, Arora V K, Matthews D, et al. 2013. Constraining the ratio of global warming to cumulative CO_2 emissions using CMIP5 simulations. Journal of Climate, 26(18): 6844-6858.

Hawkins E, Sutton R. 2011. The potential to narrow uncertainty in projections of regional precipitation change. Climate Dynamics, 37(1): 407-418.

IPCC. (2021). Weather and climate extreme events in a changing climate. Climate Change 2021, The Physical Science Basis: 1513-1766.

Kirtman B, Power S B, Adedoyin J A, et al. 2013. Near-term climate change: Projections and predictability//Climate Change 2013: The Physical Science Basis. Contribution of Working Group Ⅰ to the Fifth Assessment Report of the Intergovernmental Panel on Climate Change. Cambridge: Cambridge University Press: 953-1028.

Kosaka Y, Xie S P. 2013. Recent global-warming hiatus tied to equatorial Pacific surface cooling. Nature, 501: 403-407.

Lehner F, Deser C, Maher N, Marotzke J, et al. 2020. Partitioning climate projection uncertainty with multiple large ensembles and CMIP5/6. Earth Syst. Dynam., 11: 491-508.

Li C, Michel C, Seland Graff L, et al. 2018. Midlatitude atmospheric circulation responses under 1.5 and 2.0℃ warming and implications for regional impacts. Earth System Dynamics, 9(2): 359-382.

Mantua N J, Hare S R, Zhang Y, et al. 1997. A Pacific interdecadal climate oscillation with impacts on salmon production. Bulletin of the American Meteorological Society, 78(6): 1069-1079.

Matthews H D, Zickfeld K. 2012. Climate response to zeroed emissions of greenhouse gases and aerosols. Nature Climate Change, 2: 338-341.

Notz D, Stroeve J. 2016. Observed Arctic sea-ice loss directly follows anthropogenic CO_2 emission. Science, 354(6313): 747-750.

Power S, Delage F, Chung C, et al. 2013. Robust twenty-first-century projections of El Niño and related precipitation variability. Nature, 502: 541-545.

Ramanathan V, Chung C, Kim D, et al. 2005. Atmospheric brown clouds: Impacts on South Asian climate and hydrological cycle. Proceedings of the National Academy of Sciences of the United States of America, 102(15): 5326-5333.

Riahi K, van Vuuren D P, Kriegler E, et al. 2017. The shared socioeconomic pathways and their energy, land use, and greenhouse gas emissions implications: An overview. Global

Environmental Change, 42: 153-168.

Shindell D, Kuylenstierna J C I, Vignati E, et al. 2012. Simultaneously mitigating near-term climate change and improving human health and food security. Science, 335(6065): 183-189.

Taylor K E, Stouffer R J, Meehl G A. 2012. An overview of CMIP5 and the experiment design. Bulletin of the American Meteorological Society, 93(4): 485-498.

Wang B, Ding Q H. 2008. Global monsoon: Dominant mode of annual variation in the tropics. Dynamics of Atmospheres and Oceans, 44: 165-183.

第 5 章 长期气候变化

5.1 大气和地表温湿度

本章讨论了未来全球气候在中期（2041～2060 年）和长期（2081～2100 年）时间尺度上的预估结果。任何未来特定时期模式的变化都是非强迫内部变率与外强迫响应的共同作用及其相互作用的结果。与全球尺度平均预测结果相比，内部变率在局地和区域尺度上的未来的影响更加重要。评估结果仅仅基于 CMIP6 的多模式集合平均，未进行加权或约束条件。对于 20 年平均温度变化中强迫响应的估算，多模式平均相比任何单一模式都更好。

5.1.1 近地面气温

相较于 1995～2014 年基准态，所有 SSPs 情景下 2014～2060 年及 2081～2100 年的近地面气温均呈现大范围上升趋势。全球变暖程度越高，升温区域的面积比例越大。随着全球地表气温（GSAT）的继续增加，到 21 世纪中期和末期，全球大部分陆地和海洋很可能会比 1995～2014 年更为温暖（高信度）（图 5.1）。

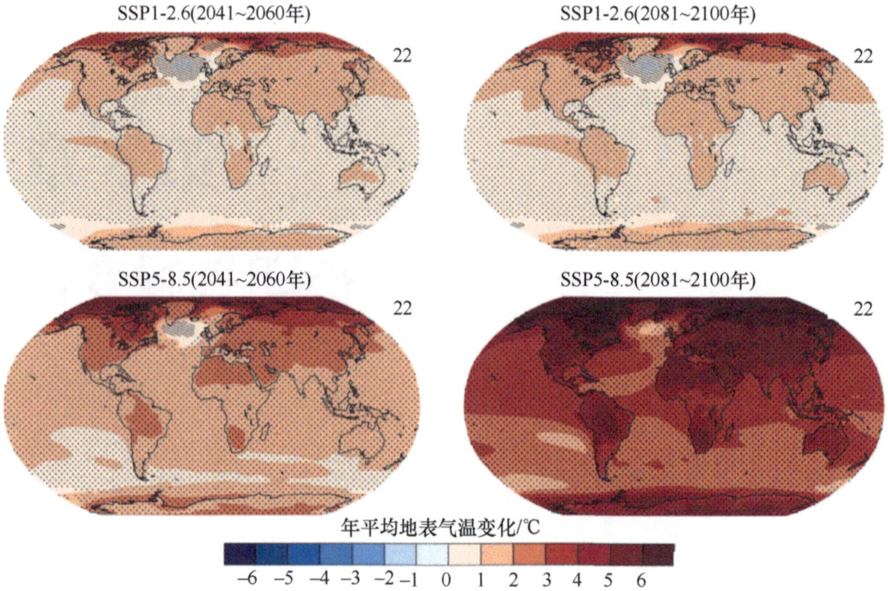

图 5.1 中期和长期预估下年平均地表气温的变化

图中全球平均地表气温的变化都是相对于 1995～2014 年的多模式集合平均的空间分布。右上角的数字 22 表示采用了 22 个地球系统模式。可靠性和显著性的定义详见 IPCC AR6 中第 4 章的 4.2.6 节

多模式平均气温分布（图 5.1）表现出一些独立于时间尺度和情景的显著特征，如陆地–海洋变暖对比、北极放大效应或北大西洋副极地涡旋导致较小的升温甚至降温现象。此外，气溶胶浓度变化、土地利用方式和土地管理措施的调整也会对气候模型模拟的特定区域变暖特征产生直接影响。需要注意的是，图 5.1 中模式的全球平均地表气温对应于 CMIP6 多模式平均的 GSAT 升高，因此气温相较于符合 GSAT 范围中心估计值的增暖模式结果更高。由于区域平均升温和全球升温水平的比例与排放情景无关，因此这里评估的空间模式的主要特征在很大程度上与 CMIP6 多模式全球平均和评估的全球 GSAT 变化之间的差异无关。

1. 陆地–海洋变暖对比

几乎可以肯定的是，未来陆地的平均增暖幅度将会高于海洋。自工业革命前以来，陆地表面升温速率显著高于全球平均升温速率。陆地–海洋变暖对比是地表气温的观测的趋势和预测变化中的一个显著特征（Byrne and O’Gorman，2018）。

1979～2016 年，陆地平均温度的升高幅度比海洋高 42%（Byrne and O’Gorman，2018）。在 CMIP5 预估中也发现了类似的变暖对比，尽管不同模式和纬度之间存在很大差异。通常把陆地和海洋增温对比量化为一个放大系数（陆地和海洋变暖的比率）。该系数几乎在所有地区都大于 1（高信度），其在干燥的亚热带陆地（约 1.5）大于热带和中纬度湿润地区（约 1.2）。CMIP6 不同情景下陆地和海洋变暖的预估结果表明，陆地–海洋变暖的全球平均比率为 1.5，可能范围为 1.4～1.7，这与 CMIP5 的预估结果一致。

自 IPCC AR5 发布以来，研究者们对气候变暖现象有了更深刻的认识。基于大气动力学和水汽输送的简单理论表明，地表气温和陆地上的相对湿度是强耦合的（Byrne and O’Gorman，2018）。气候变暖导致陆地相对湿度降低，这反过来又加强了变暖。不同模式的陆地相对湿度响应差异是造成陆地–海洋变暖对比产生不确定性的主要原因。陆地相对湿度的变化最终受控于陆地和海洋边界层之间的水汽输送，且其对陆面特征（包括气孔导度和土壤湿度）也很敏感，而这些参数在模式中的描述面临着极大的挑战。

2. 北极放大效应

在所有 SSPs 情景下，21 世纪北极地区的增暖比全球平均水平更为显著。自 IPCC AR5 发布以来，人们对北极放大效应的物理机制的理解有所提高。

预计 21 世纪北极地区的气温升高幅度将超过全球平均水平，与 1995～2014 年相比，2081～2100 年北极年平均变暖约 3℃（SSP1-2.6）、10℃（SSP3-7.0）和 12℃（SSP5-8.5）（图 5.1），这种现象被称为极地/北极放大效应。它是气候系统模式对温室气体强迫响应的普遍特征，也是近几十年来观测到的与北极海冰消融同时发生的过程。多种证据证明北极地表升温速率在 21 世纪将超过全球平均水平（高信度）。

北极放大效应是由多种机制的影响造成的。长期以来，虽然认为与海冰和雪减少有关的地表反照率反馈一直发挥着重要作用，但现在认识到，垂直温度梯度–普朗克（Lapse-Rate and Planck）反馈也会随着高纬度地区的变暖而降低向太空的长波辐射阻尼，从而加剧北极地区的变暖。极地大气潜热输送和海洋热输送的增加也是北极变暖的原因之一。预计 21 世纪大西洋经向翻转环流（AMOC）强度的减弱将减缓北极变暖的速度，但 AMOC 强度的急剧减弱也不会完全消除北极放大效应（中等信度）。

模式预估的北极变暖幅度是全球平均水平的 2～4 倍，但仍存在很大的不确定性。这种不确定性主要来源于不同模式对极地地表反照率、温度递减率和云反馈的不同表述，以及对极地能量传输变化的不同预测。北极变暖的幅度还可能取决于辐射强迫因子的组合，如消耗臭氧层物质的贡献。对流层气溶胶的排放往往会减弱 20 世纪中期模拟的北极变暖现象。因此，观测和 SSPs 情景中的气溶胶排放减少，会导致近几十年和未来几十年模拟的北极变暖增强。

气候系统模式预测，在瞬时变暖的情况下，南半球的极地增暖幅度比北半球小（图 5.1）。模式模拟和古气候指标表明，两个半球的极地放大接近平衡，但南极的升温幅度通常小于北极。南半球高纬度地区增暖延迟的主要原因是南冰洋的上升流和海洋对热量的吸收，这些热量随后会被向北流动的表层水从南极洲带走。南冰洋上空西风的变化有可能会影响海面变暖的速率，但目前根据气候系统模式对风变化的各种响应，这种影响信号的可信度很低。

南极冰盖对海洋淡水输入的大幅增加，可以通过冷却南冰洋表面，进一步减缓南半球极地放大效应的发生，但目前这一过程在气候系统模式的动态冰盖中并没有体现。因此，虽然有很高的信度认为，在百年时间尺度上，南半球高纬度地区的升温幅度将超过热带地区，但对于 21 世纪是否会出现这种特征的可信度却很低。

气候变暖呈现出明显的季节性特征。大多数模式显示，在 55°N 和 55°S 以上的极地，冬季变暖的程度要强于夏季，因此气温的振幅会减小（Donohoe and Battisti，2013）。另外，除亚洲部分地区以外的大部分亚热带和中纬度陆地地区，模式预测夏季变暖的程度要强于冬季（Donohoe and Battisti，2013），从而导致季节变化的差异变大，尤其是地中海地区夏季变暖的加剧。

3. 气温变率的变化

人们早已认识到，随着平均温度的变化，气温分布的方差和偏差也可能会随之发生变化。通过放大或抑制温度分布的变化发现，这种变化可能与极端天气高度相关，并对应对措施提出了严峻挑战。气温变率的时间尺度可以从日到几十年，也可能发生在从局部到全球尺度上，在不同季节和不同空间尺度上的信号甚至可能出现相反的情况。

目前我们对 GSAT 变率的变化知之甚少。根据模式结果，有人认为雪和海冰融化导致高纬度地区反照率变化减小，且 GSAT 的非强迫变率在全球变暖过程中趋于减少，但可信度仍然很低，而且尚未得到观测证实。由于非强迫内部变率和强迫变化的相互作用，对全球气温变率变化的评估本身就具有挑战性。

热带气温变率的变化可能来自 ENSO 振幅的变化。在温带地区，一些研究已经确定了年平均气温的变化，特别是季节平均气温变率的大尺度变化模式，其中包括：①中高纬度冬季气温变率减小；②热带和亚热带陆地夏季气温变率增加（Holmes et al.，2016）。

7 个单一模式初始条件的集合平均结果表明，沿海冰和积雪覆盖区域的边缘，12 月至次年 2 月（冬季）在 50°N～70°N 和 6～8 月（夏季）在 55°S～70°S 的逐年气温变率将持续降低。

越来越多的证据表明，北半球中高纬度地区冬季气温的年际和日际变率减小，这意味着最低气温的上升幅度超过了其气候平均值的升幅（中等信度）。在北半球，高纬度气温变率的降低与北极放大和海陆对比导致的冷空气平流源区不成比例的大幅变暖有关（Holmes et al.，2016）。还有研究显示，海洋和陆地表面从部分无冰雪到完全无冰雪，冰雪和海冰覆盖面积的减少将会极大地降低冷季气温变率，并导致冷季缩短和暖季提前到来。中纬度冬季气温变化还受到包括大气环流潜在变化在内的多种复杂过程相互作用的影响，但与其他驱动因素相比，北极增暖主导作用的可信度降低。

在夏季，多模式平均预测中欧和北美洲气温的年际变率将呈现逐年增加的趋势。特别是，土壤水分条件在干湿状态之间的年际变化较大，导致陆–气相互作用增强，预估中欧地区夏季气温的日至年际变化增加（Holmes et al.，2016）。此外，由于陆地–海洋变暖对比和地中海变暖加剧，暖空气平流源区的变暖加剧，可能会导致最热日数和夏季的变暖异常剧烈，从而增加气温变率。预估在亚热带和热带的一些陆地地区，气温变率将会进一步增大。

总之，持续变暖将在区域范围内导致温带地区气温年际变率的增大（中等信度），冬季中高纬部分地区气温年际变率的减小（中等信度）。

5.1.2 年平均大气温度

IPCC AR5 认为，21 世纪末对流层温度变化的分布有很高的可信度，一些最大的变暖很可能发生在高纬度地区北部。进一步的评估表明，热带对流层上层的变暖幅度可能超过地表，但由于观测的不确定性相对较大，而且对模式模拟热带对流层上层温度趋势准确性的分析存在分歧，因此该结论仅具备中等信度。

CMIP6 预测表明，21 世纪末对流层整体变暖，而平流层温度变化因排放情景的不同呈现变暖或冷却。对流层温度的变化与 IPCC AR5、AR4 和 TAR 报告中气候系统模式的评估结果高度一致。在 SSP1-2.6 情景中，除北极地表附近外，对流层的多模式平均升温幅度都低于 3℃；这与基于 CMIP5 模式的 RCP2.6 情景的结果类似。在 SSP3-7.0 情景中，热带对流层上层的纬向平均升温最大，超过 5℃，而北极近地面升温超过 8℃。在无约束的 CMIP6 模式集合中，预测较暖 GSAT 很可能会导致热带对流层上层和北极对流层下层更大程度的变暖。该评估基于对极地放大的理解，在低纬度地区则基于对湿对流过程的理解，以及 CMIP5 和 CMIP6 模拟的地表温度与历史时期热带对流层上层变暖之间的关系。

预估的平流层温度变化趋势取决于臭氧恢复、CO_2 和其他温室气体（包括平流层水蒸气）上升等主要辐射驱动因素之间的平衡，以及布鲁尔–多布森（Brewer-Dobson）环流的未来变化，这可能会改变平流层温度变化趋势的纬度模式。在平流层下层，CMIP6 模式预测 SSP1-2.6 情景中热带地区将出现微弱的冷却，而其他纬度地区则将出现变暖现象。由于臭氧洞恢复会对极地温度产生一定的影响，因此南极上空平流层低层的变暖加剧。预计未来 Brewer-Dobson 环流的增强也会影响平流层温度变化趋势，低纬度地区会出现绝热冷却，而中高纬度地区则会出现变暖（Fu et al.，2019）。在 SSP3-7.0 情景中，因较高的温室气体排放，南极平流层有大范围的降温，而平流层低层有较小幅度的变暖。由于臭氧恢复对平流层辐射平衡的重要性，未来极地平流层温度变化趋势与预测的全球平流层温度变化不成正比。

总之，自 IPCC AR5 发布以来加深了对纬向平均大气温度变化预测的理解。多代气候系统模式预测的对流层温度变化的信号较为稳定，具有高可信度。此外，预测的长期对流层变暖极有可能在北极对流层低层和近地面超过全球平均水平（高信度）。热带对流层上层的变暖幅度很可能大于地表的变暖幅度，但其幅度存在不确定性，因为在模拟自由对流层温度对给定强迫情景的响应时，自然内部变率和不同模式之间的差异可能起很大作用。在大气 CO_2 浓度较高的路径中，到 21 世纪末平流层降温的幅度很可能会更大（高信度）。

5.1.3　近地面相对湿度

IPCC AR5 对比了陆地和海洋近地面相对湿度的未来变化，得出大多数陆地地区的近地面相对湿度可能会下降的结论（中等信度）。相对于海洋，陆地近地面相对湿度的下降与陆地升温速率的关系更大，这被称为最终饱和温度约束（Last-Saturation-Temperature Constraint）。

自 IPCC AR5 发布以来，人们一直致力于探究全球变暖下陆地近地面相对湿度下降的机制，以及相对湿度变化与海陆变暖对比和水循环之间的相关性。对于陆地近地面相对湿度的下降，来自海洋的水汽输送和陆地–大气反馈过程都有一定的贡献。对于陆地比湿度的变化，来自海洋的水汽输送起主导作用，蒸散发作用则居次要地位。

蒸散作用又受到土壤干燥和植物对气候变化背景下与气孔关闭有关的 CO_2 增加的响应的抑制。海洋和大陆的综合影响能够解释最近几十年观测到的陆地近地面相对湿度在空间上的不同趋势，在全球尺度上总体呈现负增长趋势（IPCC，

2021）。

陆地相对湿度的变化能够调节水循环对全球变暖的响应。大多数 CMIP5 模式预测，降水量的增加与近地面相对湿度和温度的升高有关。随着气候变暖，陆地近地面相对湿度的空间梯度变化会导致降水与蒸发蒸腾之间的差值减少（即趋于干燥），这在一定程度上解释了为什么“干者越干，湿者越湿”的模式在陆地上不成立。预计未来陆地干旱将加剧，其中在 CO_2 浓度倍增的 CMIP5 模式中，陆地近地面相对湿度的下降约占 35%。预计更为干旱的土壤对地表温度、相对湿度和降水的反馈作用会进一步加剧干旱。

根据 CMIP6 多模式集合预测，大部分陆地区域的近地表相对湿度将下降，但海洋区域的相对湿度将有所上升。预测的变化取决于排放情景和季节。在 SSP1-2.6 情景下，近地面相对湿度的变化与自然变率相比微不足道。SSP3-7.0 情景下，在北方夏季，预计欧洲大陆和中东、北美洲、南美洲、南非的近地表相对湿度将会显著下降。

总之，持续变暖将导致大部分陆地的近地面相对湿度下降，但海洋地区的相对湿度会有所增加（中等信度）。此外，热带和亚热带陆地部分地区的近地面相对湿度将会下降（高信度）。

5.2 水循环变化

全球尺度上的能量平衡和区域尺度上的水汽收支限制，导致降水强度、持续时间和周期等关键水循环特征随着气候变暖而改变。未来水资源可利用量还取决于蒸发量的变化，其主要驱动因素包括大气蒸发需求的增加，以及植被对蒸发损失的调节控制（Vicente-Serrano et al.，2020）。在区域尺度上，水循环变化是多种潜在驱动因素（CO_2、气溶胶、土地利用变化和人类用水）相互作用的结果。

大多数研究预测的水循环变化在空间或时间上并不一致。这些变化是由动力学和热力学过程驱动的，与天气和气候的巨大自然波动叠加在一起。因此，预测区域水循环变化仍然具有挑战性。然而，可以利用 CMIP5 和 CMIP6 模式来评估一些基于物理理解的响应，这对于预测水循环变化以及提出应对决策非常重要。

5.2.1 降水

IPCC AR5 认为，在气温升高的情况下，全球平均降水量的变化将呈现出巨大的空间差异。此外，随着气温的升高，全球大部分干湿地区之间以及干湿季节之间的平均降水量对比也将增大。在 RCP8.5 情景下，到 21 世纪末，高纬度陆地的降水量可能会增加，这是因为对流层温度升高导致比湿增加，以及来自热带的水汽输送增加。同时，大部分中纬度和亚热带干旱与半干旱地区的降水量可能会减少，而中纬度湿润地区的降水量可能会增加。

自 IPCC AR5 发布以来，我们在理解 GSAT 上升对降水模式和速率变化的影响方面取得了进展。预测的降水变化可分解为与大气环流相关的部分（称为动力学部分）和与水蒸气变化相关的部分（称为热力学部分）。根据对过程的理解和建模，全球平均降水量很可能会在 GSAT 升高 1℃的情况下增加 1%～3%。大气中水蒸气的增加是全球变暖下的一个显著变化，与水蒸气变化（每摄氏度变化 7%）相比，全球降水量变化对气候变暖的敏感性较小（每摄氏度变化 2%）。全球能量平衡对全球平均降水量有很强的制约作用。对流层辐射冷却制约了全球降水，导致依赖于海表温度的缓慢响应和依赖于强迫的快速调整。快速调整解释了多个驱动因素在水文敏感性方面的巨大区域差异。区域降水对 CO_2 增加的快速响应在各个模式中均是可靠的，这意味着长期变化的不确定性主要与以海表温度为媒介的反馈响应有关（IPCC，2019）。

全球变暖的热力学响应与“湿者越湿”机制有关，水汽通量增强导致亚热带干旱地区越来越干，热带和中纬度湿润地区越来越湿。有科学家指出，“干者越干”的说法并不成立，尤其是在亚热带陆地地区。在 21 世纪，降水的显著变率与湿润、干燥模式的空间稳定和加强有关。在热带地区，环流减弱导致“湿者越湿，干者越干”的模式出现。气候系统模式对热带地区降水变化的一致性低于其他地区。区域降水预测中模式间不确定性的来源是环流变化，以及与海表温度模式变化和陆地–海洋热对比变化相关的对流和辐合的空间变化（Kent et al.，2015），其次是

对 CO_2 直接强迫的响应。

CMIP6 模式的季节降水（夏季和春季）的长期多模式平均变化（图 5.2）显示出显著的区域差异。与内部变率相比，SSP1-2.6 情景下的季节降水变化较小。与 IPCC AR5 一致，在 SSP3-7.0 情景下，高纬度地区降水很可能会增加，特别是在冬季和热带海洋上空（高信度）。CMIP6 的预测结果显示，大部分季风区的降水将增加，而包括地中海、非洲南部和澳大利亚西南部在内的亚热带大部分地区的降水将减少（中等信度）。由图 5.2 可知，降水变化具有很强的季节性，降水变化的信号随季节的变化而变化。

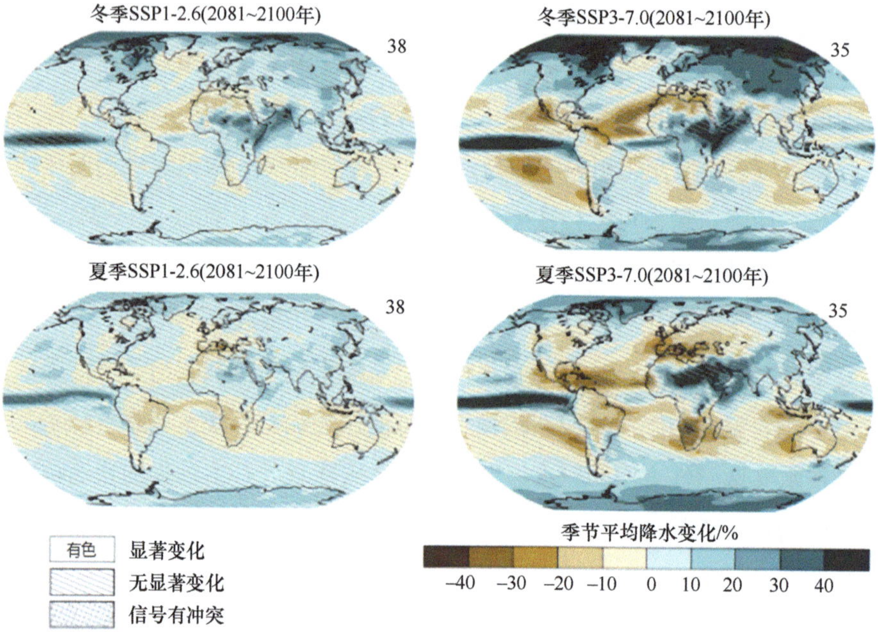

图 5.2 长期（2081～2100 年）预估的季节平均降水的变化

图中预估的 2081～2100 年变化相对于 1995～2014 年，冬季为 12 月至次年 2 月平均，夏季为 6～8 月平均。右上角的数字表示采用的模式个数。可靠性和显著性的定义详见 IPCC AR6 中第 4 章的 4.2.6 节

大多数模式预测的降水变化在陆地和海洋之间形成了鲜明的对比。在 20 世纪，温度驱动的陆地平均降水增强被人为硫酸盐和火山强迫的快速降水响应所掩盖（Richardson et al.，2018）。根据降水驱动和响应模式比较计划（PDRMIP），随

着预测的硫酸盐强迫的减少和持续变暖，陆地平均降水量预计增加的更快，从而导致全球平均降水量增加，并且根据 RCP4.5 和 RCP8.5 情景，到 21 世纪中叶将可以明显观测到全球平均降水量的增加（Richardson et al.，2018）。

与 AR5 的结论一致，预计 21 世纪全球平均降水量将逐渐增加，与 1995～2014 年相比，2081～2100 年，SSP1-2.6 情景和 SSP3-7.0 情景下的增幅分别约为 2.9%（1.0%～5.2%）和 4.7%（2.3%～8.2%）。在 SSP1-2.6 情景中，全球陆地年平均降水量相应增加了 3.3%（0%～6.6%），在 SSP3-7.0 情景中增加了 5.8%（0.5%～9.6%）。CMIP6 模式显示，陆地降水量的增加大于全球或海洋降水量的增加（高信度）。

评估 CMIP6 模式发现：从长期来看，全球平均陆地降水量和全球平均海洋降水量很可能会随着 GSAT 的增加而增加。当 GSAT 升高 1℃时，全球平均降水量很可能增加 1%～3%。随着 21 世纪 GSAT 的增加，降水的变化模式将表现出巨大的区域差异和季节变化（高信度）。高纬度地区和热带海洋的降水很可能会增加，季风区大部分地区的降水也可能会增加。然而，包括地中海、非洲南部和澳大利亚西南部在内的亚热带地区的降水可能会随着温室气体引起的气候变暖而减少。

5.2.2 水量平衡

全球水循环强度的定义不尽相同，既有全球平均降水量增加的简单度量，也有对水蒸气及其输送、降水量减去蒸发量（P–E）和大陆径流的更广泛的综合考虑。IPCC AR5 确定，全球平均降水量会随着温度的升高而增加，而且随着温度和水汽输送的增加，全球大部分干湿地区和季节之间的年平均降水量对比将会增加（高信度）。AR5 还强调，在温室气体强迫稳定或开始减少后的几十年内，海洋持续变暖还将导致全球平均降水量和蒸发量进一步增加。

IPCC AR6 对全球年降水量的评估，发现随着 21 世纪 GSAT 的升高，所有陆地区域的年平均降水量极有可能持续增加（高信度）。CMIP6 对 P–E 长期变化的预测结果表明，在所有情景下，热带和高纬度地区的 P–E 增加，而亚热带地区的

P–E 减少，这是热力学驱动的 P–E 模式放大的结果。在高排放情景下，变化的强度在各模式之间的差异都较大。在陆地上，P–E 变化的幅度较小，这反映了陆地–海洋变暖对比、大气环流变化以及植被反馈的复杂影响。然而，随着全球变暖，大气中的水汽输送增强，全球陆地和海洋的降水量和蒸发量增加，以及由冰川融化导致的部分径流增加，水循环也随之加剧。

CMIP6 预测无论是中期还是长期，全球和大陆降水、P–E 和径流的增加均表明未来水循环将加剧，且变化幅度随排放情景的变化而变化。与 IPCC AR5 一致，CMIP6 对全球平均降水量的模拟显示，到 2081～2100 年，相对于目前，多模式平均每摄氏度上升 1.6%～2.9%（显著的水文敏感性）。随着气候变暖，CO_2 浓度的上升会导致全球降水量的长期增加，但这种增加在一定程度上会被辐射强迫因子直接加热大气的快速调节所抵消。SSP1-1.9 情景下，温室气体（GHGs）浓度降低时，大气加热对降水的抑制作用迅速减弱。在 SSPs 情景下，气溶胶负荷减少导致的额外升温进一步增加了全球降水量（Richardson et al.，2018），其中东亚和南亚季风对降水量增加的贡献尤为突出。

在陆地上，不同情景下全球多模式平均降水量的中期增长范围较小（2.6%～4.0%），长期增幅范围增大（2.6%～8.8%）。与 1995～2014 年相比，2081～2100 年的全球陆地年降水量在 SSP1-1.9 低排放情景下平均增加 2.4%（可能范围为 –0.2%～4.7%），SSP5-8.5 高排放情景下平均增加 8.3%（可能范围为 0.9%～12.9%）。在陆地上，P–E 在中期增加 2%～3%（SSP5-8.5 情景除外，其增加近 5%），长期增加 1%～12%，这是由从海洋到陆地的水汽输送增加导致的。由于冰川融化和地下水储量变化的额外输入，径流增加的幅度更大。总体而言，从中期和长期来看，在所有情景中，全球陆地的降水和径流都极有可能增加。同时，中长期全球陆地上的 P–E 很可能会增加。在所有情景中，陆地上的可降水量中期增加 6%～15%，长期增加 5%～36%。这意味着极端降水量的增加（与大气中的水汽含量密切相关）取决于减缓途径，即使在中期也是如此。在 SSP3-7.0 情景中，水蒸气在陆地上的停留时间从目前的 8 天增加到中期的 9 天，以及长期的 10 天左右，表明在两次降水事件之间有更长的时间来湿润大气。因此，CMIP6 的预测与全球水循环的加剧一致。

总之，从全球和大陆平均降水量、蒸发量和径流量的角度考虑，几乎可以肯定的是，全球水循环强度将随着全球持续变暖而增加。与 1995～2014 年相比，预计到 2081～2100 年，全球陆地年降水量在 SSP1-1.9 低排放情景下将平均增加 2.4%（可能范围为–0.2%～4.7%），在 SSP5-8.5 高排放情景下将平均增加 8.3%（可能范围为 0.9%～12.9%）。

5.2.3　水汽及其输送

IPCC AR5 认为，在全球范围内，直至 21 世纪末，大气中的水蒸气平均量可能会增加 5%～25%，具体取决于排放量。陆地上近地面比湿很可能会增加，但近地面相对湿度也有可能会下降（中等信度）。在水汽输送方面，高纬度地区的水汽输送很可能会增加，而且在海洋上空，从蒸发区到潮湿区的水汽输送也会增加，这一点的可信度很高。

CMIP6 气候模式预测，到 2041～2060 年，全球平均柱状集成水蒸气将稳步增加 6%～13%，到 2081～2100 年将增加 5%～32%，具体取决于不同的情景。这与预计的大气变暖和克劳修斯–克拉珀龙（Clausius-Clapeyron）关系是一致的，即每升高 1℃，低层大气湿度就会增加约 7%。这种增加会对全球变暖产生正反馈。相比之下，云的响应在空间分布上更加不均匀，微观物理上更加复杂，并且高度依赖模式，因此云反馈的预测仍然是制约气候敏感性的一项关键不确定因素。

CMIP6 模式预测陆地近地面相对湿度总体将下降，但存在区域和季节性差异。陆地近地面相对湿度的区域变化主要由热力学过程主导，并且主要受来自海洋输送的水汽控制。比湿的增加低于热力学速率，这是由于陆地的变暖幅度大于海洋，同时受到陆地–大气反馈的调节，如土壤湿度和植物气孔的变化。这也解释了气候模式预测的近地表相对湿度的区域差异，海洋上空的相对湿度略有增加，但可能存在高估，而陆地上的相对湿度会持续下降，可能存在低估现象。

由于 Clausius-Clapeyron 关系的限制，水汽的预测在理论上较为清晰，但在风场变化的影响下，水汽输送的区域预测变得复杂，而风场变化本身又受到多种因素的影响。在 CMIP5 模式中，垂直集成水汽输送的平均值和变率预计都增加，主要是由于水汽的增加，但区域差异很大。单一模式结果表明，低空水汽输送到辐合区和从海洋到陆地的低空水汽输送预计增加，这与目前的趋势一致。水汽输送的增加与陆地上大量降水累积的增加有关（Norris et al.，2019）。

总之，全球平均柱状集成水汽和陆地近地面比湿的持续增加具有很高的可信度。由于涉及复杂的物理过程，陆地近地面相对湿度下降的可信度为中等。总的来说，进入风暴系统、季风和高纬度地区的水汽输送将会增加（中等信度）。

5.2.4 蒸发量

越来越多的证据表明，未来蒸发量的预测是由温度和相对湿度的变化所驱动的，同时也受降水模式影响。

CMIP5 模式表明，在高排放情景下，大部分地区的大气蒸发需求将会增加（高信度），这主要是蒸汽压力不足的增加所导致的（Vicente-Serrano et al.，2020）。同时大部分陆地地区的蒸发量将会增加（中等信度）。然而，蒸发量的区域变化也会受到土壤水分和植被变化的影响，这些变化会对从陆地到大气的水分通量起到调节作用。

植物水分利用效率的提高将会限制或抵消蒸散量的增加。然而，由于气候变化对生长季长度、叶面积以及蒸发需求的影响，蒸腾作用会增强（Vicente-Serrano et al.，2020）。全球气候模式中对这些复杂生理过程的参数化也可能不够充分。因此，目前对植被在调节未来蒸散量预测方面的作用信心不足。

尽管 CMIP6 模式预测的蒸发量变化幅度普遍大于 GMIP5 模式，但两种模式下蒸发量变化的空间格局类似。许多地区的蒸发量变化具有很强的季节性，北半球冬季的相对增幅变化较大，而夏季的相对增幅变化较小。大多数陆地地区的蒸发量都会增加，但水分有限（由于降水减少和蒸发需求增加）的地区除外，如地中海、南非和亚马孙盆地（中等信度）。从低排放到高排放的 SSPs 情景下，变化的幅度将会增大（中等信度）。

总之，未来预测表明人为作用将会导致大部分海洋地区的全球平均蒸发量增加（高信度），全球大气蒸发需求量增加（高信度），大部分陆地地区的蒸发量增加，但水分受限地区除外（中等信度）。然而，目前对蒸发量的预测仍存在很大的不确定性，尤其是在季节和区域尺度上。

5.3　冰冻圈变化

5.3.1　海冰

1. 北极海冰

观测到的北极海冰面积减少是气候变化的一个关键指标。根据 SROCC 的评估，自 1979 年以来，海冰面积在每个月都呈现出减少的趋势。夏末秋初的海水面积减少，2010～2019 年 8～10 月的北极海冰面积比 1979～1988 年减少了约 200 万 km^2（约 25%）（高信度）。

在 SSP2-4.5、SSP3-7.0 和 SSP5-8.5 情景下，预计 2081～2100 年，北冰洋在 9 月可能会成为无冰区（海冰覆盖面积低于 100 万 km^2）（高信度）。CMIP6 模拟预测，在未来 CO_2 排放量低于 1000Gt 时，所有排放情景下均显示北冰洋将在 2050 年之前首次出现整个 9 月几乎无冰的情况。这与基于观测数据的预测结果一致，即在 2018 年之后，当有（800±330）Gt 的额外人为 CO_2 排放时，北冰洋将在 9 月几乎无冰（IPCC，2021）。

2. 南极海冰

南极海冰厚度长期演变的预测存在高度不确定性。ASPeCt 和 ICESat-1 的测量表明，厚冰区测量值系统性偏低（Kern and Spreen，2015），这一结论与再分析及自主水下航行器的观测数据一致。来自 Cryosat-2 的海冰厚度预测并没有显著降低不确定性，主要原因是雪厚度和雪冰界面上方的雷达散射均未知（Kern and Spreen，2015）。再分析资料表明，1980～2010 年，海冰厚度和体积总体上不断增加。威德尔海的高纬度海湾和公海罗斯海的海冰变厚，贝林斯豪森海和南极半岛海岸线的海冰变薄，这与气候模式模拟的历史时期南极海冰量减少形成了鲜明对比。

5.3.2 冰盖

格陵兰岛与南极洲的冰盖目前均在加速消融，并导致海平面不断上升。多项对过去和未来气候情景的模拟研究表明冰盖融化向海洋输入淡水会引发局地和全球气候响应（高信度），但响应的强度可能取决于这些模式中所包含的过程（IPCC，2021）。

1. 格陵兰冰盖

SROCC 对格陵兰冰盖（GrIS）对全球平均海平面（GMSL）的贡献进行评估时，从 1986～2005 年到 2081～2100 年，RCP2.6 情景下 GMSL 可能的范围是 4～10 cm，而 RCP8.5 情景下是 7～21 cm（Church et al.，2013）。这是多个气候和冰盖模式得到的一致性的模拟结果。14 个冰盖模式，包括 1 个 RCP2.6 情景、6 个 RCP8.5 情景、1 个 SSP1-2.6 情景和 4 个 SSP5-8.5 情景，表明上述 4 个情景下到 2100 年的海平面贡献分别为（0.031±0.016）m、（0.089±0.051）m、（0.057±0.045）m 和（0.153±0.038）m。对 ISMIP6 集合的统计表明了气候模式情景中更大的不确定性，得出 2100 年海平面贡献的中位数［5，95 百分位］分别为：SSP1-1.9 情景为 0.02 m（可能范围为–0.06～0.13 m），SSP1-2.6 情景为 0.03 m（可能范围为–0.05～0.13 m），SSP2-4.5 情景为 0.05 m（可能范围为–0.03～0.15 m），SSP3-7.0 情景为 0.08 m（可能范围为 0～0.18 m），SSP5-8.5 情景为 0.09 m（可能范围为 0.01～0.20 m）。大气–冰盖耦合 ESM2-CISM2 模式预测，在 SSP5-8.5 情景下，2100 年相对于 2015 年有 0.104m，在理想化的 1%的 CO_2 增长情景下也有类似的贡献（Muntjewerf et al.，2020）。

Clark 等（2016）研究发现，当温度升高不超过 2.7℃时，格陵兰冰盖（GrIS）对全球平均海平面（GMSL）的贡献约为 0.4 m/℃，且这一过程持续约 10000 年。然而，当温度升高超过 2.7℃时，这种贡献显著增加，达到约 3 m/℃。在温度升高约 5℃的情况下，格陵兰冰盖可能在 10000 年内完全消失。其消失速度在很大程度上取决于变暖的程度：在温度升高 5.5℃时，完全消失需要约 8000 年；而在温度升高 8.6℃时，完全消失则仅需约 3000 年。

2. 南极冰盖

SROCC 评估显示，在 RCP8.5 情景下，2100 年南极冰盖（AIS）对全球海平面上升的贡献为 0.16m（可能范围为 0.02～0.37m）。相比之下，在 RCP2.6 和 RCP8.5 情景下，南极洲的预测中值分别为 0.04m（可能范围为 0.01～0.1m）和 0.12m（可能范围为 0.03～0.28m）。RCP2.6 和 RCP8.5 情景下，到 2100 年 AIS 对海平面上升的贡献中位数（5%～95%范围）分别为 0.09m（可能范围为 0.08～0.53m）和 0.21m（可能范围为–0.11～1.32m）。2100 年 AIS 对海平面上升的贡献在 RCP2.6 情景下为–0.01～0.16m，在 RCP8.5 情景下为–0.08～0.3m，SSP1-2.6 和 SSP2-4.5 情景下的中值为–0.12～0.33m，SSP5-8.5 情景下的中值为–0.12～0.32m。这些结果表明，预测的南极洲质量损失对不同情景的依赖性较小。Seroussi 等（2020）指出，这是由于降雪量增加带来的质量增加和冰架基底融化（以及随之而来的冰川流速加快）带来的质量损失之间存在复杂的相互作用。Edwards 等（2021a）将预测中 2/3 的不确定性归因于气候模式和冰盖模型（ISMs）的结构不确定性，1/3 归因于海洋驱动的融化。基于 ISMIP6 的预测是相对于 2015 年而言的。2015 年以前的气候变化所导致的冰盖变化已被纳入考虑。然而，这些历史趋势可能并不完全反映真实的物理变化，而更多的是由于用于初始化冰盖模型的程序的局限性所导致的（Seroussi et al.，2020）。LARMIP-2 从 ISMIP6 模式中可以推导出线性响应函数（没有去除冰原模拟中的历史趋势），并探讨了海洋强迫中的巨大不确定性所产生的南极冰盖的不确定性。与 ISMIP6 不同，LARMIP-2 没有考虑冰盖对地表质量平衡变化的响应，导致冰盖基底融化率的范围更大，产生的海平面预测值比 ISMIP6 大得多。

5.3.3　冰川

IPCC AR5 和 SROCC 认为，由于近几十年的气候变暖，目前冰川处于不平衡状态（高信度）。观测到的冰川退缩只是对变暖的部分响应，即使气温没有进一步变化，冰川在未来也会失去相当大的质量。由于过去的温室气体排放，全球冰川质量已经损失了（36±8）%。虽然累积和消融瞬间决定了表面物质平衡，但冰川的几何形状会在较长时间内根据大气条件的变化进行调整。调整时间通常称为响应时间，不同冰川的响应时间各不相同，取决于冰川的几何形状（厚度和陡度）、表面物质平衡和坡度：较小且较陡的冰川需要数年，较大且坡度较缓的冰川则需要数十年甚至数百年。冰川与当前大气条件（1995～2014 年）之间的不平衡会减小，然后在 2070 年左右消失。因此，随着气候变暖的持续，冰川的不平衡将持续存在，而且由于冰川的滞后反应，即使全球温度稳定下来，冰川的质量也将继续损失至少几十年。

相较于 2015 年，到 2100 年，RCP2.6 情景下全球冰川质量损失将达 18%（可能范围为 11%～25%），RCP8.5 情景下将达 36%（可能范围为 26%～47%），而且无论排放情景如何，许多冰川都将消失（高信度）。针对 RCP2.6 和 RCP8.5 情景，冰川在 2015～2100 年将分别失去 29000Gt（可能范围为 9000～49000Gt）和 58000Gt（可能范围为 28000～88000Gt）（中等信度），分别占其 21 世纪初期质量的 18%（可能范围为 5%～31%）和 36%（可能范围为 16%～56%）（表 5.1）。这些数据在不确定性范围内与 SROCC 的估计值一致。然而，由于纳入了一些对气候条件变化敏感性较低的模型，冰川质量损失的预测值略微偏低。在 21 世纪中叶之前，冰川质量损失的最大不确定性主要来源于不同冰川模型之间的差异；而到 21 世纪末，排放情景的差异成为产生不确定性的主要原因。

尽管 GlacierMIP 的预测是由 RCP 情景驱动的，但两个全球冰川模式（OGGM 和 GloGEM）也使用了 13 个 GCM 和 SSPs 情景进行了运行（表 5.1）。为了能够在所有 SSPs 情景下估算冰川对未来海平面上升的贡献，使用高斯过程模型对 GlacierMIP 结果进行了模拟。模拟预估的范围比大致等效的 RCP 预测范围更小，这可能是因为没有考虑区域不确定性中的协方差，以及模式将每个区域的海平面贡献上限设定为估计的高于浮动的体积。对模拟和评估的区域海平面贡献的比较为这一解释提供了支持。此外，变化率和 2100 年后海平面预估是根据应用于 GlacierMIP 结果的 IPCC AR5 参数拟合来估计的，这些结果也在表 5.1 中进行了比较。

表 5.1 基于 RCPs 和 SSPs 情景下 2100 年全球冰川（包括格陵兰和南极的边缘冰川）对海平面上升的贡献（相对于 2015 年）

情景	项目	RCP2.6	RCP4.5	RCP8.5	说明
RCPs	IPCC AR5 和 SROCC(Oppenheimer et al., 2019)	0.10m（0.04~0.16m）	0.12m（0.06~0.19m）	0.17m（0.09~0.25m）	相对于 1995~2014 年，2100 年冰川贡献的中位数（第一个值）和 66%的可信区间（括号内的值）
	GlacierMIP（Hock et al., 2019）	0.094m（0.069~0.119m）	0.142m（107~177m）	0.200m（0.156~0.240m）	冰川贡献均值（第一个值）和±1 标准差范围（括号内的值）
	GlacierMIP(Marzeion et al., 2020)	0.079m [0.023~0.135m]	0.119m [0.053~0.185m]	0.159m [0.073~0.245m]	冰川贡献中位数（第一个值）和 90%可信区间（方括号内的值）
情景	项目	SSP1-2.6	SSP2-4.5	SSP5-8.5	说明
SSPs	结合 CMIP6 强迫数据的 GlacierMIP(Marzeion et al., 2020)	0.111m（0.077~0.145m）[0.05~0.167m]	0.136m（0.096~0.176m）[0.07~0.201m]	0.190m（0.133~0.247m）[0.09~0.283m]	使用 13 个 GCM 和 2 个冰川模式的冰川贡献均值（第一个值）、66%可信区间（括号内的值）和 90%可信区间（方括号内的值）
	GlacierMIP(Marzeion et al., 2020)	0.102m（0.076~0.134m）[0.059~0.154m]	0.128m（0.095~0.167m）[0.076~0.192m]	0.171m（0.124~0.224m）[0.098~0.259m]	相对于 1995~2014 年，根据 IPCC AR5 参数拟合方法，结合 GlacierMIP 预测的冰川贡献中位数（第一个值）、66%可信区间（括号内的值）和 90%可信区间（方括号内的值）
	模拟(Marzeion et al., 2020; Edwards et al., 2021b)	0.080m（0.059~0.101m）[0.046~0.116m]	0.115m（0.093~0.137m）[0.077~0.155m]	0.170m（0.144~0.196m）[0.124~0.218m]	基于 GlacierMIP6 模式，结合气候强迫情景下，相对于 2015 年，2100 年的冰川贡献中位数和可信区间（同上）

注：资料来源于 IPCC AR6 第 9 章的表 9.4。

不同地区的冰川质量损失率各不相同，不同的情景模式也截然不同。全球模式一致认为，在 RCP8.5 情景下，冰川覆盖面积相对较小的地区（如中欧、高加索、加拿大西部和美国、北亚、斯堪的纳维亚和新西兰）到 2100 年将失去几乎所有（>80%）的冰川质量，但它们对海平面上升的相应贡献很小。一项针对欧洲阿尔卑斯山最大冰川——大阿莱奇冰川的详细冰动力学研究预测，在 RCP2.6

情景下，预计到 2100 年现有冰量的 60%将会消失，而在 RCP8.5 情景下冰量将几乎全部损失。北极和南极地区（如南极、加拿大北极群岛、阿拉斯加、格陵兰岛、斯瓦尔巴群岛和俄罗斯北极）的冰川尽管相对质量损失最小，但由于其质量较大，对海平面上升的贡献最大，预计其在 2100 年后仍将继续对海平面上升产生影响。

具有中等冰川质量的地区（如安第斯山脉南部、亚洲高山和冰岛），在整个 21 世纪 RCP2.6 情景下的质量损失率不断下降，而 RCP8.5 情景下的质量损失率则不断上升，并在 21 世纪中后期达到峰值。质量损失率达到峰值后随之降低的原因是冰川体积减小，质量平衡趋于稳定。瓦特纳冰川是冰岛最大的冰川，预计到 2300 年，在 RCP4.5 情景中，其质量将损失约 50%；在 RCP8.5 情景中，质量将损失 80%～100%。总之，全球和区域研究一致认为，所有地区的冰川质量都将继续损失，且在高排放情景下的质量损失更为显著（高信度）。

在 IPCC AR5 和 SROCC 中，2100 年以后的冰川质量损失是通过对现有模式模拟的参数拟合被计算出来的。Marzeion 等（2020）的预测采用了相同的参数拟合方法，在 SSP5-8.5 情景下，预计到 2300 年冰川将完全消融；而在 SSP1-2.6 情景下，冰川将失去 40%～100%的质量。Clark 等（2016）模拟了未来 10000 年不同变暖水平下的冰川质量演变，其中不包括南极冰盖外围的冰川。研究发现，在持续升温 1.5～2℃的情况下，预计有 50%～60%冰川将会保留，主要集中在极地地区（低信度）。如果持续升温 2～3℃，南极洲以外 50%～60%的冰川将会消失；而如果持续升温 3～5℃，南极洲以外 60%～75%的冰川将会消失。Marzeion 等（2020）认为，在中欧、高加索、加拿大西部和美国、北亚、斯堪的纳维亚半岛和新西兰，在如此高的变暖水平下，几乎所有冰川都将融化消失。

5.3.4 多年冻土

IPCC AR5 和 SROCC 均表示，在未来全球变暖的情况下，泛北极地区的解冻深度将会增加，近地表多年冻土范围将会缩小（高信度），但由于模式存在缺陷和结果的巨大差异，模拟变化幅度的可信度为中等。

在全球平均地表气温增加低于 3℃的情况下，冻土范围对全球平均变暖的平衡敏感性（通过对 CMIP5 输出的冻土观测现今空间分布与气温之间的诊断关系加以约束）被推断约为 4.0×10^6 km^2/℃。这一平衡多年冻土敏感性与评估稳定变暖水平下的长期多年冻土变化相关，相较于直接分析 CMIP5 瞬时百年尺度近地表多年冻土范围敏感性（从季节性融化到 3m 深度）高出约 20%。与其他研究相比，基于理想化模拟的全球地表气温变化的平衡范围敏感性约为 1.5×10^6 km^2/℃。

现有的 CMIP6 模式一致表明，地表以下 3m 的多年冻土体积对瞬时温度具有很强的敏感性。相对于当前体积，地表以下 3m 的冻土体积对全球平均地表气温变化的瞬时敏感性（相对于 1995～2014 年的平均水平，最高可增加 3℃，即相对于工业革命前水平约增加 4℃）约为（25±5）%/℃，但由于模式限制，该数值只有中等信度和 1 个标准差的不确定性范围。值得注意的是，多年冻土流失并不局限于顶部 3m，更深层的多年冻土也会出现延迟响应。在 SSP1-2.6 情景中模拟的冻土体积对瞬时温度的敏感性略强于其他 SSPs 情景，这是因为随着大气升温速率的增加，地下温度滞后也会增加，特别是在地表冰融化引起额外延迟的情况下。

气温是冻土变化中的主要驱动因素，SROCC 报告预计高山地区的冻土将在 21 世纪出现越来越多的融化和消退，在温室气体排放较高的情况下后果会更加严重。最近发表的研究也支持了 SROCC 的这一评估。

综上所述，CMIP6 和旧模式预测的结果高度一致，几乎可以确定的是，多年冻土范围和体积都将随着全球气候变暖而缩小。

5.3.5　季节性积雪

IPCC AR5 指出，在高排放情景下，21 世纪末北半球春季积雪很可能大幅减少。根据 CMIP5 降尺度或区域气候模式的输出（直接或通过由此类输出驱动的积雪模式），SROCC 报告称，21 世纪许多山脉低海拔地区的降雪量可能会减少，高海拔地区未来降雪量变化较小的可信度较高。

在北半球大部分地区，预计积雪持续时间的减少将会超过自然变化。在北美洲东部和西部以及欧洲，强迫积雪持续时间变化在 2020 年的春季和秋季将会超过自然变化。在北极地区，特别是在 RCP8.5 情景下，相关信号往往在 2060 年后才会显现出来，在东西伯利亚则更晚。由于温度和积雪范围之间的紧密耦合与积雪–冰冻反馈有关，因此可以通过改进对春季变暖的模拟来减小预测的春季积雪范围的模式差异。

在所有排放情景中，CMIP6 模式模拟的北半球积雪覆盖在 21 世纪对未来全球升温潜力变化的响应是一致的，其情景依赖性可忽略不计。模拟的积雪范围减少在所有月份都接近全球温度变化的线性函数（中等信度，全球平均地表气温每增加 1℃，平均敏感性约减小 8%），但雪盖消失时除外。在 7 月和 8 月，当全球平均地表气温变化比 1995～2014 年水平高出约 2℃时（即比工业革命以前高出约 3℃）会出现这种情况；在 6 月和 9 月，当全球平均地表气温变化比 1995～2014 年水平高出约 3℃时会出现这种情况。

总之，根据全球气候模式的一致性预测、对基本过程的理解以及雪盖与温度在多个时间尺度上的强烈协变关系，几乎可以肯定的是，随着全球气候持续变暖，未来北半球的雪盖范围和持续时间将会继续减少，这同样适用于南半球的季节性雪盖（高信度）。

季节性积雪具有明确的年周期，通常在春季和夏季完全消失，在秋季或冬季重新形成。因此，目前和预测的季节性积雪覆盖变化具有可逆性，这一结论的可信度非常高。在全球或区域变冷的情况下，由于强烈的雪–反照率反馈，大规模的积雪覆盖会突然发生变化，从季节性积雪覆盖过渡到持久性积雪覆盖，这是冰川期的一个典型特征，并且由于这种反馈，这些变化在百年或更长的时间尺度上是不可逆的。总之，在当前和预测的变暖背景下，如果没有同时发生的大气突变作为驱动因素，未来季节性积雪覆盖的大范围突然变化似乎不太可能发生。

5.4 海平面变化

当前的研究对 2050 年 GMSL 的预测结果存在高度的一致性，而 2100 年的预测结果一致性很低。SROCC 的结论表明，到 2050 年，GMSL 对情景的依赖呈现出降低的现象（高信度）。在 SSP1-2.6 情景下，相对 1996～2014 年，2050 年的海平面可能上升 0.15～0.23 m，而在 SSP5-8.5 情景下则上升 0.16～0.26 m。到 2050 年以后，不同情景表现出很大的差异性。相对于 1996～2014 年，到 2100 年，在 SSP1-2.6、SSP2-4.5、SSP3-7.0 和 SSP5-8.5 情景下，GMSL 可能分别上升 0.47 m（可能范围为 0.33～0.64 m）、0.55m（可能范围为 0.40～0.71 m）、0.65m（可能范围为 0.51～0.81 m）和 0.73m（可能范围为 0.60～0.90 m），极有可能会上升 0.21～0.84 m、0.28～0.89 m、0.41～1.00 m 和 0.50～1.07 m。冰盖预测的差异，尤其是南极冰盖方面，是 RCP2.6、RCP4.5、RCP8.5 情景预测结果存在差异的主要因素。SROCC 采用一致性冰盖以及更新的热膨胀、冰川和陆地储水，RCP2.6、RCP4.5 和 RCP8.5 情景下的 GMSL 预测可能分别为 0.41 m（可能范围为 0.33～0.53 m）、0.51 m（可能范围为 0.41～0.68 m）和 0.80 m（可能范围为 0.64～1.09 m）。这些与 SROCC 中一致的冰盖预测和 GMSL 预测相差无几，根据基线变化进行调整后，分别为 0.40 m（可能范围为 0.26～0.56 m）、0.52 m（可能范围为 0.36～0.69 m）和 0.81 m（可能范围为 0.58～1.07 m）。

SSP1-2.6 和 SSP2-4.5 情景下 GMSL 的极有可能范围（分别为 0.21～0.84 m 和 0.28～0.89 m）与 RCP2.6 和 RCP4.5 情景（分别为 0.14～0.81 m 和 0.19～0.94 m）的最低第 5 百分位和最高第 95 百分位的范围一致，这不包括纳入海洋冰崖不稳定（MICI）的研究。然而，SSP5-8.5 情景下 GMSL 的可能范围相较于 RCP8.5 情景的范围窄得多（0.50～1.07 m 相较于 0.34～1.57 m）。SSP5-8.5 情景的预测与采用机构化专家判断（SEJ）方法的冰盖预测之间的差异（可能范围为 0.71～1.63 m）再次凸显了在最高排放情景下存在的巨大的不确定性。这种不确定性促使我们研究在高排放情景下可能导致 GMSL 显著上升的物理过程，这种上升幅度大大超过主要预测的可能范围。

与全球瞬时地表气温相比，GMSL 上升与全球累计地表气温的关联更为密切。在给定升温情景下，不同的 GSAT 增加方式会影响海平面变化因素的演变。例如，到 2100 年，冰盖和冰川对升温的响应会因升温路径的不同而有所差异。如果在

2050 年迅速升温至 2℃峰值，随后保持稳定或降温，与逐步达到相同升温水平的情况相比，冰盖和冰川的响应将有所不同。与基准态（1995～2014 年）相比，到 2100 年，在全球变暖 2℃的情景下，GMSL 可能会上升 0.40～0.69 m，介于 SSP1-2.6 情景和 SSP2-4.5 情景的预测范围之间（中等信度）。在气候变暖 4℃情景下，GMSL 可能上升 0.58～0.92 m，类似于 SSP3-7.0 情景的预测。对高于 3℃的变暖情景的预测存在很大的不确定性，冰盖变化预测方法的不同可能会严重影响在 4℃和 5℃变暖情景下预测 GMSL 上升的结果。

5.5 碳循环和其他生物地球化学循环

5.5.1 碳循环

在 SSP1-2.6 和 SSP5-8.5 情景中，CMIP6 地球系统模式（ESM）对 21 世纪全球海洋碳汇的演变具有一致性。SSP5-8.5 情景下，海洋碳汇预计在 2080 年左右达到峰值，为（5.5±0.4）Pg C/a；SSP1-2.6 情景下，2100 年海洋碳汇降至（0.5±0.3）Pg C/a。预计在 SSP5-8.5 情景下，从 2014 年开始的海洋累积碳吸收量到 2100 年将达到（355±35）Pg C，而在 SSP1-2.6 情景下将达到（140±25）Pg C 的饱和状态。

陆地和海洋碳汇的集合平均变化在量级上相近，但陆地碳吸收量的年际变化较大，且模式对陆地碳储存变化的预测也存在显著的差异。在 SSP5-8.5 情景下，陆地碳汇的合计平均值预计在（5±3）Pg C/a 左右达到饱和；SSP1-2.6 情景下，到 2100 年将下降至低于（0.3±0.8）Pg C/a。在 SSP5-8.5 情景下，从 2014 年开始的累积陆地碳吸收量预计到 2100 年达到（280±130）Pg C；而在 SSP1-2.6 情景下将达到约（160±35）Pg C。相较之下，CMIP 5 和 CMIP 6 的气候系统模式集合平均值是（110±170）Pg C 和（60±90）Pg C。未来的全球陆地碳汇仍有很大的不确定性，但从 CMIP5 到 CMIP6 模式的离散度显著降低。

总体而言，随着大气中 CO_2 浓度的增加，海洋和陆地碳汇将持续增加，但被陆地和海洋吸收的碳排放部分会出现下降趋势（高信度）。集合平均的 ESMs 结果显示，在每种 SSP 情景下，全球陆地和海洋碳吸收量大致相等，但是模式对陆地碳汇的预测范围要大得多。尽管模式的响应范围很大，直到 2100 年，大气中 CO_2 的不确定性主要源自未来的人为排放，而不是碳–气候相互反馈引起的（高信度）。

5.5.2　其他生物地球化学循环

1. CH_4

CH_4 可能来自不断变化的湿地排放（包括水稻种植）、与多年冻土融化等有关的新排放源，以及大气化学过程对气候变化的响应。湿地的 CH_4 排放通常会随着气候变暖而增加，这是因为随着温度升高，分解作用增强，从而有可能提供 CH_4 正反馈。模式模拟结果一致表明，湿地对未来气候变化的响应在十年到几十年的时间尺度上增强了大气中 CH_4 浓度，但对 CH_4 辐射强迫的相应影响很低，原因在于：①额外的 CH_4 排放有限；②CH_4 辐射强迫对其大气浓度的亚线性依赖。

2. N_2O

陆地和海洋的 N_2O 排放都会对气候变化产生响应。陆地生物圈模式表明，长期的全球变暖将随着陆地生态系统 N_2O 排放而增强。这些模式没有考虑到北方和北极生态系统潜在有力的增长，这些生态系统与气候变暖和多年冻土融化有关。陆地 N_2O 排放对 CO_2 的响应主要取决于氮的可利用性。富含氮的生态系统中（如高肥田）存在正反馈，尽管这种反馈尚未大规模量化（Tian et al.，2019）。气候变化还将通过生产力的变化、更强的垂直分层以及海洋脱氧影响海洋中的 N_2O 产生。在 RCP8.5 情景下，模式预测表明由于海洋分层加剧、海洋生产力下降及大气中 N_2O 浓度增加对海气通量的影响等综合因素，21 世纪海洋 N_2O 的排放量可能减少 4%～12%。由于海洋脱氧和再矿化的长期增加，海洋 N_2O 排放可能会在更长的时间尺度上恢复，导致 N_2O 排放和气候在数千年的时间尺度上呈现正相关。相互补

偿的陆地和海洋 N_2O 反馈，加上 N_2O 在大气中的长寿命，意味着它们在 22 世纪对辐射强迫的影响将很小，但如果陆地排放变化持续到该时间尺度之后，可能会变得很重要（IPCC，2021）。

尽管存在上述不确定性，但在数十年至数百年的时间尺度上，由气候-CH_4 和气候-N_2O 反馈产生的额外辐射强迫总量为（0.05±0.02）W/（m^2·℃），与 21 世纪的人为强迫相比还是很小的（中等信度到高信度）。

5.5.3 可能的气候突变点和临界点

线性反馈框架表明，大规模的生物地球化学反馈在 CO_2 和气候变化的强迫作用下呈现近似线性关系。然而，从区域层面来看，已知生物圈可能产生突变甚至达到“临界点”。与地球系统反馈有关的可能突变包括一些与生态系统和生物地球化学有关的变化，包括热带和北方森林的枯萎、撒哈拉以南非洲的绿化、多年冻土的碳释放以及海洋酸化和脱氧。这些突变本质上是具有多个稳态的系统的临界分岔点。当越过分岔点导致一个新的稳定状态出现时，这一状态被称为“不可逆”，且这个稳定状态不会因为仅仅越过分岔点而失去稳定性。此外，对于快速变化的气候（如人类活动强迫下的第 21 次气候预测），系统惯性可能会导致速率诱发的倾覆。

5.5.4 2100 年后的长期反馈

IPCC AR5 以极高的可信度评估出海洋和陆地碳循环将继续对气候变化和 21 世纪大气 CO_2 浓度上升做出响应。碳循环反馈的强度取决于系统状态、所遵循的具体情景以及所关注的时间尺度。从理想化的每年 CO_2 增长 1%的实验中估计的反馈可能与 2100 年以后更长时间尺度上的反馈有所不同。自 IPCC AR5 发布以来，在 RCP8.5 情景下，到 2300 年的试验表明，陆地和海洋的碳–气候反馈会随着时间的推移而加强，而陆地和海洋的碳浓度反馈减弱，海洋碳汇相对于陆地碳汇的重要性增加。在高排放情景下，这种相对增强的陆地碳–气候反馈导致陆地生物圈

2100年后的某个时间在所有CMIP5 ESMs和CMIP5时代的中等复杂程度地球系统模式（EMICs）中从汇转变为源。在高排放情景下，预计2100年以后，碳–气候反馈的整体加强抵消了对CO_2增加的气候敏感性的下降，从而导致从一个世纪到下一个世纪的碳循环反馈的净加强。

图5.3显示在SSP5-8.5、SSP5-3.4-overshoot和SSP1-2.6情景下，到2300年的碳循环变化情况，五个模式都预测陆地碳循环从吸收汇逆转为吸收源。然而，在极高排放和低/负排放的情况下，逆转的原因截然不同。在SSP5-8.5情景下，预计陆地碳–气候反馈将会加强，而在2100年排放达到峰值后，碳浓度反馈将会减弱，这共同促使陆地在2100年后成为一个净碳源。在该情景下，整个集合中这种转变的时间和程度都存在差异，因此陆地从净汇转变为净源的可能性评估为中等可信度，而对时间和强度评估为低信度。在所有可用模式高度一致的基础上，在长期高排放情景下，海洋碳汇强度将会减弱，但不会发生逆转（高信度）。在SSP5-3.4-overshoot情景下，当净人为CO_2排放为负且CO_2浓度下降时，陆地和海洋库在超额期间都充当瞬时的碳源，然后在大气CO_2稳定后恢复为近零（陆地）或弱汇（海洋）通量。SSP1-2.6情景以较低的CO_2浓度峰值、较小的超额以及更少的土地利用变化导致陆地生物圈趋于中性，海洋则是持续弱汇。

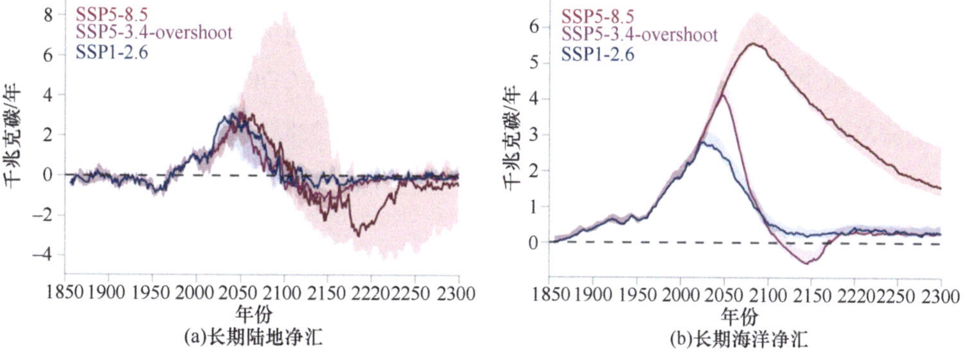

图5.3 2100年以后各个模式中的碳循环变化情况

来自四种ESM模式（CanESM5、UKESM1、CESM2-WACCM、IPSL-CM6a-LR）和一种EMIC模式（UVIC-ESCM）。实线为整个集合的通量中位数，阴影为整个集合的第15～第85百分位数

5.6 减排与百年气候预估

5.6.1 减排

在低排放情景 SSP1-1.9 和 SSP1-2.6 中，减排措施肯定会限制 21 世纪后半叶的全球地表变暖，但由于还受到自然内部变率的影响，减排措施对近期（2021～2040 年）全球平均变暖速率的影响将难以观测到（高信度）。与之前的 IPCC 报告相比，现在可以使用大型初始条件集合来量化这种影响的程度。但是由于内部变率，即使在减排的情况下，近期的全球平均升温率也可能大于前 20 年（中等信度）。相反，在高排放情景下，全球个别地区可能出现不升温甚至降温的趋势（中等信度）。对于全球平均值而言，地表气温缓解效益的检测时间为 25～30 年，在区域尺度上，检测时间可能接近 21 世纪末（中等信度）。

人为气候变化既可以通过减少温室气体排放进行缓解，也可以通过对气候系统进行有意的大规模干预（称为地球工程、气候工程或气候干预）加以限制。两类截然不同的气候干预措施包括：二氧化碳去除（carbon dioxide removal，CDR）和太阳辐射修正（solar radiation modification，SRM）。CDR 是指从大气中去除 CO_2 并将其长久储存在地质、陆地、海洋或产品中的人为活动。SRM 是指有意改变地球短波辐射以减缓地表变暖。大部分严格减排的情景都是在减排的基础上假设 CDR，如 RCP2.6 情景明确包括 2025 年左右以后的直接 CDR，并通过生物能源和碳捕获与储存的结合，到 2070 年实现净负排放。与之类似地，SSP1-1.9 情景的特点是 CO_2 排放量迅速下降至零，并且长期呈现负排放（IPCC，2021）。

1. 气候对减缓措施的响应

与 SSP5-8.5 等高排放情景相比，减少温室气体排放最终将减缓并限制气候变化的程度（极高信度）。即 CO_2 排放量虽有减少，但只要排放量超过碳汇的清除量，大气中的 CO_2 浓度就会继续增加。同样，在排放减少的情景下，地表变暖最初也会持续增加，从而导致 CO_2 排放峰值与变暖峰值之间出现大幅度的滞后（高信度）。排放峰值与变暖峰值之间的滞后既取决于峰值之前的排放历史，也取决于随后的减排速度。由于气候变暖峰值取决于累积碳排放量（Matthews et al.，2018），到 2100 年达到净零排放的缓解措施将避免超过更高的变暖阈值，而延迟缓解措施则可能会导致其超标。

因为 CO_2 在大气中的寿命较长，在减少排放的情景下，CO_2 排放峰值与大气中 CO_2 浓度峰值之间存在明显的滞后性，并且因为气候系统的热惯性，峰值温度将进一步滞后大约 10 年（高信度）（Zickfeld and Herrington，2015）。

减缓措施虽然会减少 CO_2 的排放，但只要排放量超过碳汇的清除量，大气中的 CO_2 浓度将会继续增加。由于热惯性，即使当碳排放被碳汇补偿掉并且大气中的 CO_2 浓度稳定时（高信度），温度仍然会继续升高。由于存在寿命较长的温室气体浓度引起的辐射强迫，以及因此产生的地表温度的变化，即便现在停止人为温室气体的排放，在未来也只会缓慢下降，而其下降速度取决于温室气体的寿命。零排放承诺（zero emissions commitment，ZEC）是指在完全停止排放条件下产生的气候变暖量，而不同的地球系统模式在排放 1000Pg C 后停止 CO_2 排放条件下模拟的 ZEC 在符号和量级上都有所不同。

气候系统模式在所有情景下，都呈现出全球变暖将持续的趋势。然而，在 SSP1-2.6 和 SSP5-8.5（5%～95%范围）情景下，2081～2100 年的 GSAT 相对于 1995～2014 年分别增加了 0.5～1.7℃和 2.4～5.5℃，清楚地表明了缓解政策的潜在益处。CMIP6 模式模拟表明，到 21 世纪末，在 SSP2-4.5、SSP3-7.0 和 SSP5-8.5 情景下，北极将在 9 月永久无冰，但在 SSP1-1.9 和 SSP1-2.6 情景中则不会出现此类情况。当前全球变暖温度高于工业革命前 0～1.5℃。这些差异包括大多数陆地和海洋区域的平均温度升高（高信度）、大多数有人居住区域的极端高温（高信度）、区域的强降水（中等信度）以及部分区域出现干旱和降水不足的可能性（中等信度）（IPCC，2021）。

模式模拟结果更加清晰地表示了缓解措施对极端气候的影响，极端气候影响的大小与模拟的全球变暖几乎呈现线性关系（高信度）。Sanderson 等（2018）研究发现，在 2℃气候条件下超过历史记录温度的频率比全球增暖 1.5℃气候条件下高出 60%，且极端降水强度在 2.0℃气候条件下明显高于 1.5℃气候条件下。在极端温度和降水的情况下，缓解措施已表现出明显的效益。Tebaldi 和 Wehner（2018）发现，到 2050 年，在 RCP4.5 和 RCP8.5 情景下，全球范围内所有陆地地区在极端温度方面的统计显著差异普遍存在。从 RCP8.5 到 RCP4.5 情景的缓解，也可以降低与热带气旋相关的极端降水事件的频率。

短期气候预测对排放途径不敏感，短期内的不同情况下的气候变化程度和模式较为相似。例如，2021～2040 年，所有 SSPs 情景的升温几乎相同。然而，在更长的时间尺度上，升温速率开始更多地依赖特定的温室气体浓度途径，在最高排放情景 SSP5-8.5 中升温速率最高，2081～2100 年为（3.9±1.6）℃，在 SSP1-1.9 情景中显著较低［（0.7±0.6）℃］。在 RCP2.6 和 RCP8.5 情景下，暖季温度的多模式集成分析表明，对于许多地区来说，在开始减排后，极端季节性变暖需要大约 20 年的减排量才能减少一半以上。虽然内部变化是 2050 年前不确定性的重要组成部分，但在 2061～2080 年，大多数地区的年平均温度和降水量在很大程度上呈现出独立的联合分布。因此，21 世纪后半叶，即使考虑到内部变率，RCP8.5 情景预测的区域气候状态与 RCP4.5 情景下当前的气候状态相比，显示出未来区域气候状态将发生显著变化（高信度）。

检测气候对缓解措施的响应并非微不足道，一部分原因是内部变率强烈影响年代际尺度的趋势，而另一部分原因一旦缓解措施开始实施后，就不再可能知道没有缓解措施条件下的气候会呈现何种形态。另外，由系统惯性造成的滞后性也会影响缓解措施条件下检测的时间尺度。对于全球平均温度而言，由于气候系统中的热滞后性，缓解措施的中位检测时间为 25～30 年。

2. 气候对 CO_2 去除的响应

到 2100 年，或许有更好的排放途径将全球变暖限制在 2℃，包括 CDR——通常在 2100 年约为 10 Gt CO_2/a，或在 21 世纪为 200～400 Gt CO_2/a（van Vuuren et al.，2016）。《全球升温 1.5℃特别报告》（SR1.5）的评估结果表明，到 2100 年将变暖限制在 1.5℃的途径包括在一定程度上使用 CDR 来中和人为活动的排放。CDR 所需的去除规模从 2050 年起每年从 1 Gt CO_2 到每年 20 Gt CO_2。因此，CDR 在低排放情景下减少气候变暖方面发挥着关键作用。

然而，由于 CDR 方法将变暖限制在 1.5℃或 2℃的水平下是固有的，因此地球系统模式中对 CDR 方法的气候响应评估通常在 RCP8.5 等高排放情景下进行分析，这些模式结果表明，CDR 的冷却作用有限，因为其有效性取决于背景排放情景——对于背景 CO_2 浓度较大的情况，特定量 CO_2 去除的有效性较小，原因在于 CO_2 辐射强迫与 CO_2 浓度的对数成比例。

因为碳循环的时间尺度以及气候系统的热惯性，大气中的 CO_2 和物理气候系统响应（如温度和降水的变化）在实施 CDR 之后会呈现出明显的滞后性（高信度）。实施 CDR 之后，大气中的 CO_2 含量会从工业革命之前以每年 1%的增速先增加到 4 倍浓度，然后再降低到工业革命之前的水平。同样，地表温度、降水、海冰面积等关键气候变量的变化在实施 CDR 过程中也存在明显的滞后现象。

CDR 缓解人为变暖的潜力将取决于当前 CO_2 的排放背景以及实施 CDR 之前的缓解强度。因此，当前缓解措施越多，对于后期更大规模的 CDR 实施的需求就越低，并且 CDR 在高排放情景下所发挥的作用可能有限。在 CO_2 高排放情景（RCP8.5）下，当前被广泛讨论的 CDR 项目，如植树造林、海洋铁肥化、表层海洋碱性化等，也会出现个别项目相对失效的情况，或者对减缓变暖现象的效果十分有限，再或者这些项目会存在潜在的副作用。

3. 气候系统对太阳辐射干预的响应

太阳辐射干预（solar radiation modification，SRM）的一个关键特征是它有可能使地球迅速冷却；在突然引入 SRM 的高度理想化场景中，冷却所需的时间约 5 年。更现实的方法是缓慢增加 SRM 以抵消进一步变暖所带来的影响。理想化的建模研究也一致表明，SRM 有可能显著且迅速地减少温室气体增加对全球以及区域气候的影响（IPCC，2021）。然而，SRM 可以在全球和区域尺度上抵消一部分温室气体增加造成的气候变化（高信度），但是无法在全球和区域尺度上完全抵消温室气体增加引起的气候变化（高信度）；有可能通过适当的 SRM 设计，同时实现多个温度变化减缓的目标（中等信度）；在高强度温室气体排放情景下，如果SRM实施后突然终止，并且这种终止长时间持续，将会造成快速的气候变化（高信度）；如果在减排和CO_2移除的情况下，SRM的实施强度逐渐减小至零，将显著降低SRM突然终止产生的快速气候变化风险（中等信度）。与SRM相关的重要气候过程（如云–气溶胶–辐射过程的相互作用和微物理过程）也可能存在很大的不确定性。同时，目前对平流层气溶胶注入、海洋低云亮化、高层卷云变薄等SRM方法的冷却潜力和气候效应的认知仍存在诸多不确定性，这些不确定性也会影响气候变化预测。不同的SRM方法可以产生相同的全球平均冷却效果，但在温度和降水的空间格局中却具有实质性不同的影响。每种SRM方法都能够抵消相同数量的CO_2所引起的全球平均变暖，但温度和降水变化的空间模式不同。此外，气候系统模式的响应将取决于SRM使用时的选择设计（高信度）。

CO_2的累计排放量与全球平均地表温度响应的关系是接近和近似线性的。这意味着，CO_2的持续排放将导致气候系统的所有组分进一步变暖，与任何特定的情景或途径无关。根据IPCC第一工作组的评估，除了强烈的气候变化缓解情景（RCP2.6）外，在所有RCP情景下，21世纪将继续变暖，并且2100年以后将继续变暖。同时，由于海洋变暖的加剧以及冰川和冰盖消失的加剧，海平面上升的速度将很可能超过1971～2010年观测到的速度。大气中CO_2的进一步增加也将导致海洋对碳的进一步吸收，从而加剧海洋酸化。SRM会通过降温作用，促进陆地和海洋对大气CO_2的吸收（中等信度），但是SRM无法缓解海洋酸化（高信度）。到21世纪中叶，不同情景的选择会极大地影响预测的气候变化幅度。

5.6.2 2100年后的气候变化

本节主要评估了2100年后的气候变化。与IPCC AR5主要基于中等复杂程度地球系统模式的分析相比，主要提供了2100年后情景的ESM结果，以及更长时间的模拟结果。

在多世纪时间尺度上，探讨由长期承诺引起的变化是很常见的，主要分为以下几个方面。

（1）基础设施排放响应。排放温室气体的基础设施无法立即改变，导致温室气体排放在未来数年内继续存在。基础设施排放承诺应由 IPCC 第三工作组评估。

（2）恒定排放的气候响应。一些 2100 年后的情景扩展假设了恒定排放（正排放或负排放）。

（3）恒定大气成分下的气候变化。关于辐射强迫稳定后气候如何继续变化的研究比比皆是，包括对 CO_2 加倍引起的气候长期响应的诊断。自 IPCC AR5 发布以来，更多大气环流模式已经运行了多个世纪的稳定强迫模拟，从而对其长期行为有了新的认识。

（4）致力于零排放响应。如果停止所有排放，气候将如何继续演变。SR1.5 评估了所有温室气体和气溶胶排放停止后气候的变化情况，这是计算剩余碳收支的一个重要因素。

（5）不可逆性。有些变化不会因为强迫因素的消失而发生逆转，从而给系统留下一个既定的变化。

（6）突变。如果气候系统中的某个临界点被突破，那么即使导致这些临界点的作用力被移除，某些要素可能还会继续做出反应。

参 考 文 献

Byrne M P, O'Gorman P A. 2018. Trends in continental temperature and humidity directly linked to ocean warming. Proceedings of the National Academy of Sciences of the United States of America, 115(19): 4863-4868.

Church J A, Monselesan D, Gregory J M, et al. 2013. Evaluating the ability of process based models to project sea-level change. Environmental Research Letters, 8(1): 014051.

Clark P U, Shakun J D, Marcott S A, et al. 2016. Consequences of twenty-first-century policy for multi-millennial climate and sea-level change. Nature Climate Change, 6: 360-369.

Donohoe A, Battisti D S. 2013. The seasonal cycle of atmospheric heating and temperature. Journal of Climate, 26(14): 4962-4980.

Edwards T L, Nowicki S, Goelzer H, et al. 2021a. Quantifying uncertainties in the land ice contribution to 21st century sea level rise. Nature.

Edwards T L, Nowicki S, Marzeion B, et al. 2021b. Projected land ice contributions to twenty-first-century sea level rise. Nature, 593(7857): 74-82.

Fu Q, Solomon S, Pahlavan H A, et al. 2019. Observed changes in Brewer-Dobson circulation for 1980–2018. Environmental Research Letters, 14(11): 114026.

Hock R, Bliss A, Marzeion B, et al. 2019. GlacierMIP–A model intercomparison of global-scale glacier mass-balance models and projections. Journal of Glaciology, 65(251): 453-467.

Holmes C R, Woollings T, Hawkins E, et al. 2016. Robust future changes in temperature variability under greenhouse gas forcing and the relationship with thermal advection. Journal of Climate, 29(6): 2221-2236.

IPCC. 2019. Summary for policymakers//Pörtner H O, Roberts D C, Masson-Delmotte V, et al. IPCC Special Report on the Ocean and Cryosphere in A Changing Climate. Cambridge: Cambridge University Press: 3-35.

IPCC. 2021. Climate Change 2021: The Physical Science Basis. Contribution of Working Group Ⅰ to the Sixth Assessment Report of the Intergovernmental Panel on Climate Change. Cambridge: Cambridge University Press.

Kent C, Chadwick R, Rowell D P. 2015. Understanding uncertainties in future projections of seasonal tropical precipitation. Journal of Climate, 28(11): 4390-4413.

Kern S, Spreen G. 2015. Uncertainties in Antarctic sea-ice thickness retrieval from ICESat. Annals of Glaciology, 56(69): 107-119.

Marzeion B, Hock R, Anderson B, et al. 2020. Partitioning the uncertainty of ensemble projections of global glacier mass change. Earth's Future, 8(7): e2019EF001470.

Matthews H D, Zickfeld K, Knutti R, et al. 2018. Focus on cumulative emissions, global carbon budgets and the implications for climate mitigation targets. Environmental Research Letters, 13(1): 010201.

Muntjewerf L, Sellevold R, Vizcaino M, et al. 2020. Accelerated Greenland ice sheet mass loss under high greenhouse gas forcing as simulated by the coupled CESM2.1-CISM2.1. Journal of Advances in Modeling Earth Systems, 12(10): e2019MS002031.

Norris J, Chen G, Neelin J D. 2019. Changes in frequency of large precipitation accumulations over land in a warming climate from the CESM large ensemble: The roles of moisture, circulation, and duration. Journal of Climate, 32(17): 5397-5416.

Oppenheimer M, Glavovic B C, Hinkel J, et al. 2019. Sea level rise and implications for low lying islands, coasts and communities//Pörtner H O, Roberts D C , Masson-Delmotte V, et al. IPCC Special Report on the Ocean and Cryosphere in a Changing Climate. Cambridge: Cambridge University Press: 321-445.

Richardson T B, Forster P M, Andrews T, et al. 2018. Drivers of precipitation change: An energetic understanding. Journal of Climate, 31(23): 9641-9657.

Sanderson B M, Oleson K W, Strand W G, et al. 2018. A new ensemble of GCM simulations to assess avoided impacts in a climate mitigation scenario. Climatic Change, 146(3): 303-318.

Seroussi H, Nowicki S, Payne A J, et al. 2020. ISMIP6 Antarctica: A multi-model ensemble of the Antarctic ice sheet evolution over the 21st century. The Cryosphere, 14(9): 3033-3070.

Tebaldi C, Wehner M F. 2018. Benefits of mitigation for future heat extremes under RCP4.5 compared to RCP8.5. Climatic Change, 146(3): 349-361.

van Vuuren D P, van Soest H, Riahi K, et al. 2016. Carbon budgets and energy transition pathways. Environmental Research Letters, 11(7): 075002.

Vicente-Serrano S M, McVicar T R, Miralles D G, et al. 2020. Unraveling the influence of atmospheric evaporative demand on drought and its response to climate change. Wiley Interdisciplinary Reviews: Climate Change, 11(2): e632.

Zickfeld K, Herrington T. 2015. The time lag between a carbon dioxide emission and maximum warming increases with the size of the emission. Environmental Research Letters, 10(3): 031001.

第 6 章 1.5℃和 2℃温升情景下的气候变化

6.1 大气和地表的变化

6.1.1 气温与地表温度

与工业革命前相比，2006~2015 年的全球平均地表温度（Global Mean Surface Temperature，GMST）增幅达（0.87±0.10）℃（高信度）。同时，1880~2012 年全球平均气温增幅约为 0.85℃（可能范围为 0.65~1.06℃），全球变暖很大一部分归因于人为强迫（Bindoff et al.，2013；Hartmann，2013）。虽然新的证据指出取样偏差和全球平均地表温度估算方法的选择（如使用海温、气温以及使用模式模拟结果）可能会影响全球平均地表温度的预测，但目前的评估结果与 IPCC AR5 中关于人为强迫对全球气温变化趋势起主导作用的评估结果相一致（IPCC，2021）。

与工业革命前相比，全球变暖 1.5 ℃包括陆地和海洋在内的几乎所有地区的平均温度升高 1.5 ℃（高信度）（图 6.1）。此外，在全球变暖 1.5 ℃和 2 ℃时，陆地和海洋上平均温度的变化存在显著差异（高信度）。其中，陆地上的温度变化尤为显著，大多数陆地区域的平均升温超过 1.5 ℃（高信度），升温幅度最大的区域位于北半球高纬度地区（高信度）。

与工业革命前相比，在全球变暖 1.5 ℃和 2 ℃时，北半球高纬度地区的平均降水量均呈现大幅增加（高信度）（图 6.1）。强降水的差异在网格单元尺度上通常并不显著，但在大多数地区表现出一致的增加态势（图 6.2）。

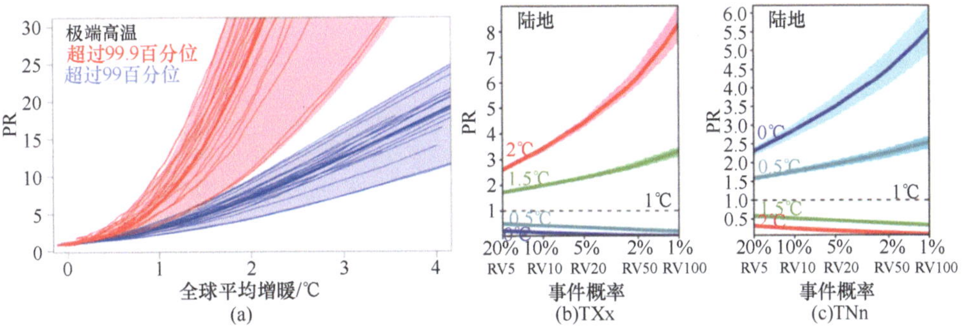

图 6.1　极端温度概率比（PR）与全球变暖和事件概率的函数关系

（a）PR 超过给定变暖水平下工业革命前每日温度陆面平均值的 99%（蓝色）和 99.9%（红色）；（b）一年中白天最高温度（TXx）的 PR；（c）当前气候（全球变暖 1 ℃）下不同事件一年中最冷夜晚（TNn）的 PR（RV 指示返回值）。阴影显示四分位（25%~75%）范围。（a）根据 Fischer 和 Knutti（2015）的研究绘制，（b）和（c）根据 Kharin 等（2018）的研究绘制

采样不足可能导致全球平均地表温度变化估计存在偏差（尤其是在两极和非洲），还会影响区域平均温度和极端温度未来预估的可信度。自 20 世纪中期以来，人为影响对大陆区域和多个次大陆区域的地表温度升高有重大贡献（Bindoff et al.，2013）。

在全球范围内，总体上陆地寒冷日夜数减少，温暖日夜数增加，这些极端温度变化可归因于人为强迫（高信度）（Bindoff et al.，2013）。在 0.5 ℃的升温情景下，与 1960~1979 年相比，1990~2010 年与极端冷热有关的指数及暖期持续时间指标均产生了明显变化。其中，1/4 地区经历了极端高温（一年中最热一天的最高温度，TXx）升高超过 1 ℃，极端低温降低超过 2.5 ℃（一年中最冷夜晚的最低温度，TNn）。此外，全球一半的陆地经历了超过 6 天的持续指数变化以

及超过自然变化范围之外的极端事件（Schleussner et al.，2017）。

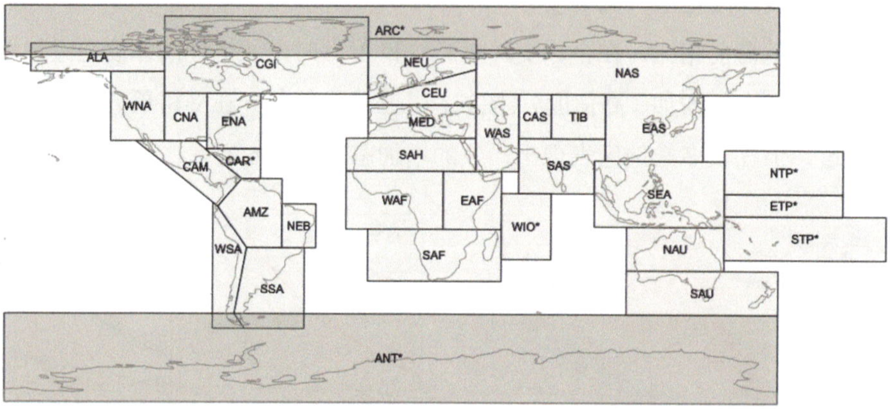

简写	地区	简写	地区	简写	地区	简写	地区
ALA	阿拉斯加/加拿大西北部	CNA	北美洲中部	NEU	欧洲北部	TIB	青藏高原
AMZ	亚马孙	EAF	非洲东部	NTP*	太平洋岛屿	WAF	非洲西部
ANT*	南极	EAS	亚洲东部	SAF	非洲南部	WAS	亚洲西部
ARC*	北极	ENA	北美洲东部	SAH	撒哈拉	WIO*	西印度洋
CAM	中美/墨西哥	ETP*	太平洋岛屿	SAS	亚洲南部	WNA	北美洲西部
CAR*	加勒比岛屿	MED	南欧/地中海	SAU	南澳/新西兰	WSA	南美洲西海岸
CAS	亚洲中部	NAS	亚洲北部	SEA	东南亚		
CEU	欧洲中部	NAU	澳大利亚北部	SSA	南美洲东南部		
CGI	加拿大/格陵兰/冰岛	NEB	巴西东北部	STP*	太平洋南部地区		

图 6.2　用于区域分析的地区

区域的选择基于 IPCC 第五次评估报告（Christensen et al.，2013）和 IPCC 发布的《管理极端事件和灾害风险推进气候变化适应特别报告》（SREX）（Seneviratne et al.，2012），并选择了未列入 IPCC SREX 报告的北极的另外七个区域（用星号表示）

有多种方法可用于对比全球变暖 1.5 ℃和 2 ℃的温度升值和极端值变化的预测及区域评估，基于经验标度关系的现有气候模拟来研究分析全球变暖下极端事件的变化情况（Dosio and Fischer，2018）：全球变暖 1.5 ℃与 2 ℃的专用模拟，如基于 0.5 ℃额外增温影响计划和预测影响实验（Mitchell et al.，2017）或 CESM 模式专门模拟计划；基于统计模式缩放方法的分析（Kharin et al.，2018）。不同方法得到了关于温度平均值和极端值变化在全球变暖 1.5 ℃和 2 ℃时一致的定性结果。

全球平均和大多数陆地的温度（平均值和极端值）在全球变暖 1.5 ℃和 2 ℃时

存在显著差异（Wartenburger et al.，2017；Dosio et al.，2018；Kharin et al.，2018），海洋温度在平均值和极端值方面显著增加。对 IPCC SREX 区域（图 6.2）极端温度变化的分析也表明，气候模式中极端温度强度与全球平均温度变化的响应近似为线性关系，与具体排放情景无关（Seneviratne et al.，2016；Wartenburger et al.，2017）。尽管如此，如果天数的变化超过给定的阈值，变化则大致呈指数型，并且罕见事件的发生率增加（Fischer and Knutti，2015；Kharin et al.，2018），这种现象与极端阈值超标情况下绝对温度的线性增加一致（Whan et al.，2015）。

在全球气候变化背景下，陆地–海洋变暖形成了对比，其中陆地变暖程度更为强烈（Christensen et al.，2013；Collins et al.，2013；Seneviratne et al.，2016）。在全球平均变暖 1.5 ℃时，陆地变暖通常会超过 1.5 ℃，且这种特征在极端温度方面的表现更加显著（Seneviratne et al.，2016），其中北美洲中部和东部、中欧和南欧、地中海、西亚和中亚以及非洲南部的变暖程度最为强烈（中等信度）。在这些地区中，土壤水分–温度耦合较强且土壤趋于干燥，蒸发冷却作用减弱。部分地区还表现出对极端温度的广泛响应，尤其是中欧和北美洲中部地区。受到与“极地放大”机制相关的大量冰雪反照率温度反馈的影响，北半球高纬度地区平均温度升高和极端寒冷的变暖最强（高信度）（IPCC，2013）。极端高温的绝对变化在中纬度地区最为显著（高信度），热带地区年际温度变化较小，但其热日数的差异最大（高信度）（Mahlstein et al.，2011）。因此，在全球变暖 1.5 ℃的情景下，预计极端热浪最早出现在热带地区，并在这些地区扩散（高信度）。

除了大多数地区的温度日较差、霜冻日和生长季长度，以及极少数地区日最高气温的年最小值外，大多数温度指数的响应在所有区域都呈现出显著变化。极端温度变暖的强度、频率和持续时间都有所增加［如所有地区 TXx 升高，所有地区最高温度高于第 90 百分位的天数比例增加，所有地区暖日持续时间长度增加］，而极端寒冷天气的强度、频率和持续时间都有所下降［如所有地区 TNn 升高，最低温度低于第 10 百分位的天数比例下降，所有地区的寒冷天气持续时间长度减少］。因此，尽管极端高温的天气会加剧，但受影响地区的极端寒冷天气会减弱（Wartenburger et al.，2017；Mitchell et al.，2017）。

总体而言，无论是变暖情景与工业革命前气候和现代气候相比，还是全球平均气温与变暖 2 ℃与 1.5 ℃相比，许多人口密集地区极端热事件大幅增加。在全球变暖 1.5 ℃的情景下，13.8%的世界人口将至少每 5 年遭受一次“严重热浪”；而在全球变暖 2 ℃的情景下，这一比例将增加三倍（36.9%）。这意味着两种全球变暖情况之间，受影响人数的差异约为 17 亿人。与全球平均气温上升 2 ℃相比，将全球变暖限制在 1.5 ℃以内，经常暴露在极端热浪中的人数将减少约 4.2 亿人，暴露在“异常热浪”中的人数将减少约 6500 万人（中等信度）（Dosio et al.，2018）。

综上所述，在全球变暖 1.5 ℃和 2 ℃时，全球平均温度以及几乎所有陆地预测的温度（包括平均值和极端值）之间均存在稳定且显著的差异（高信度）。相比于 1.5 ℃，全球变暖 2 ℃极有可能导致所有陆地出现更频繁和强烈的极端高温事件以及更长的温暖期。这将对许多人口稠密地区产生重大影响，并预计会使极端高温事件的发生频率出现最为显著的增长趋势。另外，极端寒冷很可能会变得不那么强烈和频繁，寒冷期会更短。陆地平均温度很可能会比全球平均温度升高的幅度更大。中纬度地区极端炎热天气的变暖程度将是平均地表温度升高的两倍，即当全球变暖 1.5 ℃时，中纬度地区平均地表温度升高 3 ℃（高信度）。极端炎热天气变暖最强烈的地区预计出现在美国中部和东北部、中欧和南欧、地中海、西亚和中亚以及南部非洲（中等信度）。当全球平均地表温度升高 0.5 ℃时，高纬度地区最低温度升高 1 ℃，变暖强度增加 2 倍（高信度）。热带地区的高温日数显示出 1.5 ℃和 2 ℃之间存在最大差异，因为那里的年际温度变化较小（高信度）。因此，预计极端热浪最早会在这些地区出现，并在全球变暖 1.5 ℃时扩大区域范围（高信度）。相较于 2 ℃而言，将全球变暖限制在 1.5 ℃，可使约 4.2 亿人免于经常暴露于极端热浪，同时使约 6500 万人免于暴露于异常热浪。

6.1.2 季风系统

全球季风系统（包括所有季风系统在内）的面积和强度增加，而季风环流则会减弱（Christensen et al.，2013）。一些研究提供了对高排放情景下季风响应的最新评估（Sylla et al.，2016）。然而，全球变暖 1.5 ℃和 2 ℃的情景所涉及的辐射强迫比 IPCC AR5 和最新研究中评估的辐射强迫要小得多。因此，目前的评估结果是，季风的变化与全球变暖水平联系并不紧密，在全球变暖 1.5 ℃和 2 ℃的水平下季风的差异也是如此。

6.1.3 热带气旋与温带风暴

对热带气旋属性趋势的研究主要集中在 1979 年开始的卫星时代，但该时期遥感技术的不断发展和仪器的多样性使得研究变得更为复杂。许多研究指出了全球热带气旋数量和全球累积的气旋能量呈减少趋势（Holland and Bruyère，2014）。同时，遥感记录显示全球气旋活动未呈现显著的变化趋势（Holland and Bruyère，2014），也有研究提供了全球变暖背景下气旋能量减少的理论物理基础（Kang and Elsner，2015）。这些研究结论的相互矛盾，再加上近 40 年的遥感观测周期仍然相对较短，导致难以区分人为引起的趋势与年代际和多年代际变化，使得过去 40 年全球变暖背景下全球热带气旋数量变化的研究结果的可信度很低。

近几十年来，对发展非常强烈的热带气旋（萨菲尔–辛普森飓风等级的 4 级和 5 级飓风）发生趋势的研究出现了相互矛盾的结果。大多数研究指出了这些系统的增加趋势（Holland and Bruyère，2014），特别是在北大西洋、北印度洋和南印度洋盆地（Holland and Bruyère，2014）。在北印度洋的阿拉伯海上空，极强的气旋和风暴频率增加，并将其归因于人为的影响（Murakami et al.，2017）。然而，在孟加拉湾以东，热带气旋和强热带气旋在 2004 年呈现减少趋势。大量研究深入讨论了 1961~2010 年 1.5 ℃全球变暖对自然和人类系统的影响，指出强热带气旋占所有热带气旋的比例在增加（Mohapatra et al.，2016）。此外，有些研究受限于 20~25 年相当短的时期内，并未发现这些系统的全球数量在统计上有显著的趋势（Klotzbach and Landsea，2015）。同样，CMIP5 模式对历史时期的模拟结果也没有展现出发展非常强烈的热带气旋有人为诱导的变化趋势（Christensen et al.，2013；Klotzbach and Landsea，2015）。因此，“全球超强气旋数量正在增加”这一观点的可信度很低。

在高温室气体强迫水平（全球变暖 3~4 ℃）下，一般环流模式对热带气旋属性变化的预估表明，全球热带气旋数量减少（Christensen et al.，2013）。然而，少数基于统计降尺度方法的研究与这些发现相矛盾，认为气候变化导致全球热带气旋数量增加（Emanuel，2017）。多数研究还表明，在高强度的全球变暖情况下，全球发展非常强烈的热带气旋数量会增加（Knutson et al.，2015），这与动力学理论一致（Kang and Elsner，2015）。因此，在升温 3~4 ℃的情景下，全球热带气旋的数量将会减少，而极强气旋的数量将会增加（中等信度）。

在全球变暖 1.5 ℃与 2 ℃情景下，热带气旋性质的变化已得到广泛的研究（Mitchell et al.，2017）。与大多数针对全球变暖程度较高的研究相一致，预计在全球变暖的情况下，热带气旋的总数将会减少，而最强烈的（4 级和 5 级）气旋将更频繁地发生。相较于变暖 1.5 ℃，预计这些非常强烈的风暴在变暖 2 ℃情景下会有更高的峰值风速和更低的中心气压。当全球变暖从 1.5 ℃升高至 2 ℃时，全球累计气旋能量将会减少，并伴随全球变暖程度的升高和全球热带气旋数量的减少。IPCC SREX 中评估的与热带气旋相关的暴雨在全球变暖加剧的情况下可能会增加。在目前的全球变暖水平（约 1 ℃）下，与 2017 年飓风“哈维”相关的强降水量增加了约 15%（van Oldenborgh et al.，2017）。因此，在线性动力学假设下可以推断，在全球变暖 1.5 ℃、2 ℃和更高的变暖水平下，强降水将会增加（中等信度）。预计在 1.5 ℃和 2 ℃这两种情景下，热带气旋的频率都会降低。在全球变暖 2 ℃时，气旋频率的下降幅度略大于 1.5 ℃条件，但与 3 ℃条件相比不会进一步下降。至少在这些模拟中，2 ℃的变暖代表了西南印度洋热带气旋形成和南部非洲登陆的一种稳定水平。因此，有限的证据表明，在全球变暖 2 ℃情景下全球热带气旋的数量将低于 1.5 ℃情景，但强气旋数量增加（低信度）。

在全球变暖 1.5 ℃情景下，北美洲风暴活动减弱，北太平洋急流出口向赤道移动；在全球变暖 2 ℃情景下，北大西洋急流出口的向极移动预计变得更加明显，地中海风暴路径减弱（预计减弱程度较低）。在高度温室气体强迫（全球变暖 3 ℃或 4 ℃）下，对于北半球风暴路径的向极移动预测而言，其可信度较低，而南半球风暴路径的向极移动预测的可信度较高。

6.2　水循环变化

6.2.1　降水

与温度变化相比，全球水循环变化（包括降水），其不确定性更大（Hartmann，2013）。自 1951 年以来，北半球中纬度陆地上的平均降水量一直在增加（Hartmann，2013）。而其他纬度带，由于数据质量差、数据不完整或现有研究结果不一致，区域平均降水长期变化趋势的可信度较低（Hartmann，2013）。20 世纪后半叶，全球范围内强降水事件的加剧可归因于人为强迫（中等信度）（Bindoff et al.，2013）。

图 6.3 总结了全球变暖 1.5 ℃和 2 ℃时平均降水响应的时空分布。与 1861~1880 年相比，1.5 ℃和 2 ℃变暖水平下的平均降水量变化存在显著差异。CMIP5 多模式集合平均结果指出，在全球变暖 1.5 ℃和 2 ℃情景下，一些地区的平均降水量将发生显著变化，如南欧、阿拉伯半岛和埃及等地区。Déqué 等（2017）研究了全球变暖 2 ℃对非洲降水量的影响，发现平均降水量并没有表现出明显的响应，这是

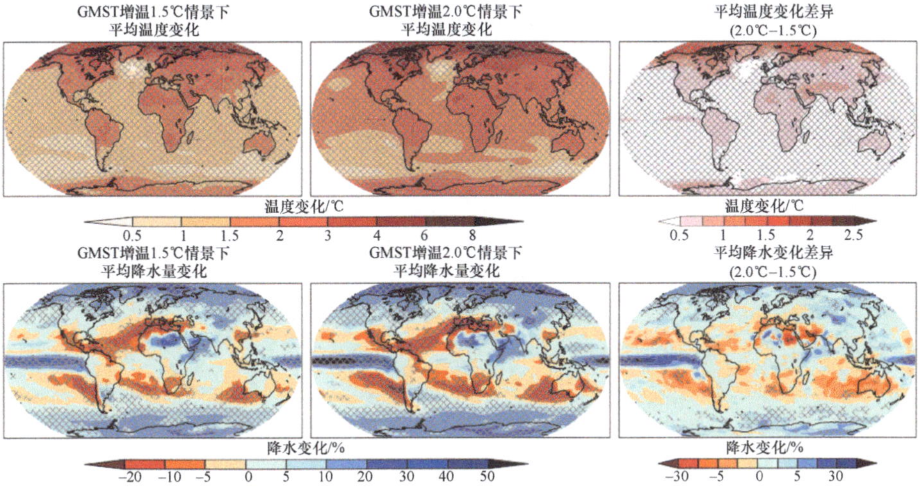

图 6.3　平均温度（上）和平均降水量（下）的预估变化（Seneviratne et al.，2016；Wartenburger et al.，2017）

图中网格状区域表示至少 2/3 的模式结果通过了显著性检验（26 个模式中有 18 个及以上）。该图引自 IPCC 发布的《全球升温 1.5 ℃特别报告》的图 3.3

由两种现象的共同作用导致的：①降水天数减少，而降水强度增加；②雨季的开始时间推迟，初夏降水少，而夏末降水多。Déqué 等（2017）还指出，非洲地区在变暖 2 ℃与 1.5 ℃情景下降水量变化没有显著差异。对于欧洲地区而言，全球变暖 2 ℃与中欧和北欧冬季平均降水量的大幅增加有关，同时与中欧、南欧夏季平均降水量的减少有关（Vautard et al.，2014；Jacob et al.，2018）。预计变暖 2 ℃情景下，部分地区降水量变化将达到 20%（Vautard et al.，2014），总体上比 1.5 ℃情景下降水量变化更为显著（Jacob et al.，2018）。

与工业革命前相比，在全球变暖 1.5 ℃和 2 ℃情景下，强降水量发生了剧烈的变化（图 6.4）。分析强降水变化的不同指标发现，欧洲大陆的结果基本保持一致。

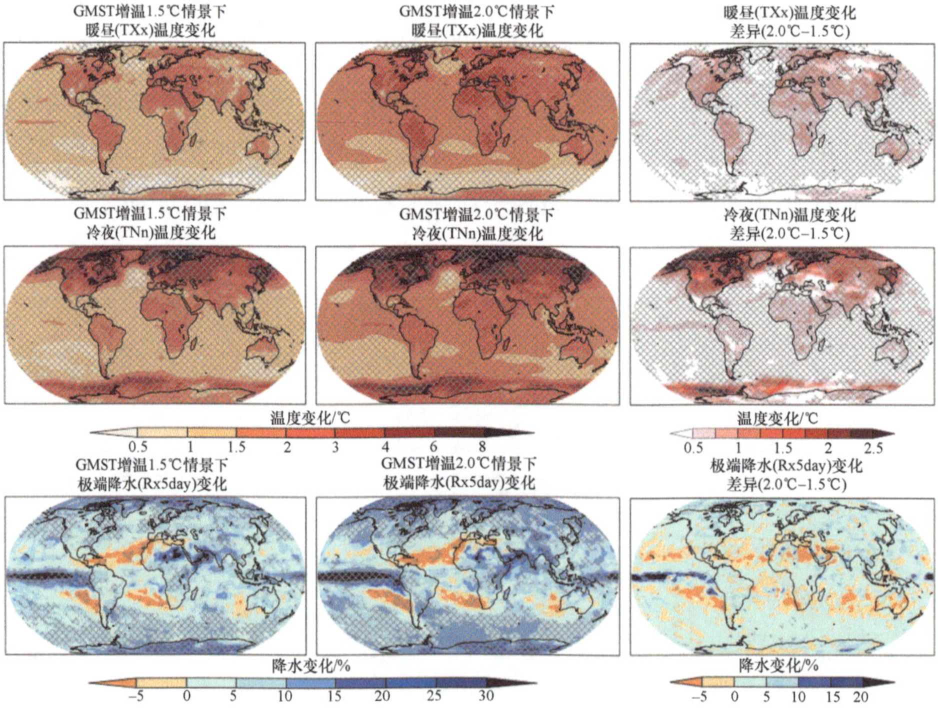

图 6.4 全球变暖 1.5 ℃（左）和 2 ℃（中）时极端降水的变化及其差值（右）的分布（Wartenburger et al.，2017）

该图显示与 1961~1980 年相比，全球变暖时 TXx、TNn 与极端降水的变化。图中网格状区域表示至少 2/3 的模式结果通过了显著性检验（26 个模式中有 18 个及以上）。上行为年最高温度 TXx；中行为年最低温度 TNn；下行为年最大 5 日降水量 Rx5day。该图引自 IPCC 发布的《全球升温 1.5℃特别报告》的图 3.4

Vautard 等（2014）发现，与 1971~2000 年相比，除了南欧夏季 2 ℃情景下的强降水量外，欧洲所有季节的强降水量都在大幅度增加。这与 Jacob 等（2014）使用 EURO-CORDEX 所得到的研究结果一致。但 Teichmann 等（2018）认为其变化并不显著，而对于欧洲大部分地区在 1.5 ℃情景下的强降水变化上存在共识（Jacob et al.，2018）。

图 6.5 显示了年最大 5 日降水量（Rx5day）的变化。与极端温度相比，强降水的预测结果，其不确定性更大。极端温度对于全球变暖的响应基本上是独立于排放情景的（如 RCP2.6 与 RCP8.5），而强降水量的变化范围与全球变暖具有某种情景依赖性。

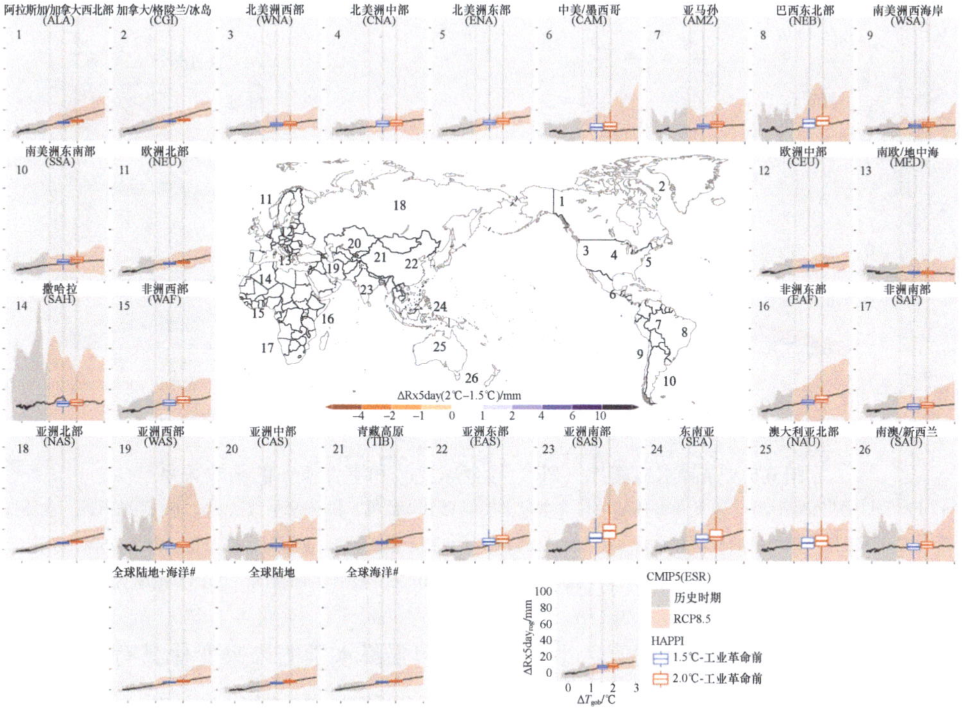

图 6.5　全球变暖 1.5℃和 2℃情景下 Rx5day 预测的响应

区域分析条形图和中心图引自 Mitchell 等，2017

在全球变暖 1.5℃与 2℃情景下，强降水量差异较小（图 6.4 和图 6.5）。一些地区的强降水量大幅增长，如南亚，但只有2/3的CMIP5模式可以得到这种结论（图6.4）。Wartenburger等（2017）认为，东亚地区强降水量在1.5℃与2℃情景下有实质性的不同。总体而言，虽然各地区之间存在差异，但与变暖1.5℃情景相比，2℃情景时的强降水量在全球范围内有明显的增加趋势（Fischer and Knutti，2015；Kharin et al.，2018；Betts et al.，2018）。

图6.6是根据Wartenburger等（2017）的方法，对强降水指数中按区域细分的“热点”/关键风险进行了客观识别。在全球变暖1.5 ℃和2 ℃下，高纬度（阿拉斯加/加拿大西部、加拿大东部/格陵兰岛/冰岛、北欧、北亚）和高海拔（如青藏高原）地区，以及东亚（包括中国和日本）和北美洲东部热点地区强降水，显示出统计学上的显著变化，但其他地区的结果则不太一致。

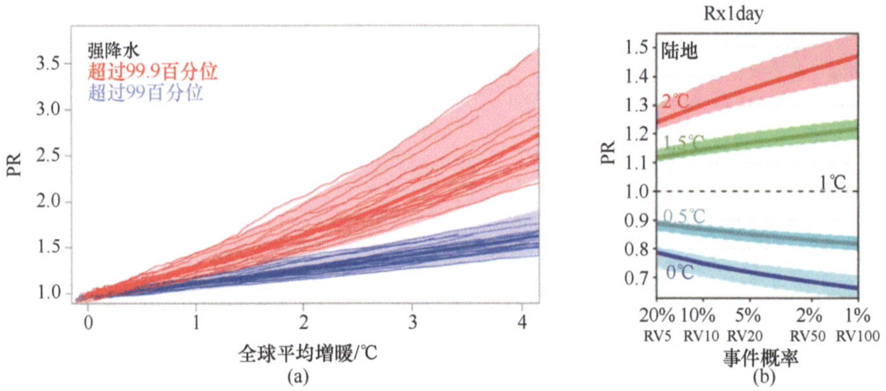

图6.6 强降水概率比（PR）与全球变暖和事件概率的函数关系

（a）PR超过给定变暖水平下工业革命前陆地日降水量平均值99%（蓝色）和99.9%（红色）。（b）当前气候（全球变暖1 ℃）下不同事件概率的极端降水量（Rx1day）的PR（RV指示返回值）。阴影显示四分位（25%~75%）范围。（a）根据Fischer和Knutti（2015）的研究绘制，（b）和（c）根据Kharin等（2018）的研究绘制

相对温度平均值和极端值，平均降水量和强降水量的未来变化具有较大的不确定性（高信度）。在频率、强度和数量方面，强降水增加的区域比减少的区域多（高信度）。全球变暖2 ℃时，强降水发生频率增加。在变暖1.5 ℃和2 ℃时全球陆地强降水量呈现增加趋势（高信度）。总体而言，全球变暖1.5 ℃和2 ℃时，强降水量在高纬度地区（阿拉斯加/加拿大西部、加拿大东部/格陵兰岛/冰岛、北欧、

北亚）和高海拔地区（如青藏高原），以及东亚（包括中国和日本）和北美洲东部（中等信度）变化显著，而其他地区强降水量变化的可信度较低。

6.2.2　径流与河流洪水

相比全球变暖 2 ℃，变暖 1.5 ℃年平均径流量出现增加的区域较小（Betts et al.，2018）。Döll 等（2018）发现，全球只有 11%的陆地面积（格陵兰岛和南极洲除外）在变暖 2 ℃时显示出洪水显著增加的风险，而该趋势在变暖 1.5 ℃时并未如此显著。在两种变暖水平下，全球 13%陆地区域的径流量有显著减少的趋势，而在 1.5 ℃情景下，预计 21%陆地区域有显著增加趋势，并在 2 ℃情景下上升至 26%~50%（Döll et al.，2018；Betts et al.，2018）。

在区域尺度上，径流变化通常与降水量变化的空间分布基本一致。在全球变暖 2 ℃时，北半球高纬度地区、东南亚、东非、印度以及奥地利、中国、匈牙利、挪威、瑞典、巴尔干西北部和萨赫勒地区的径流将增加（Donnelly et al.，2017）。此外，地中海地区、澳大利亚南部和南美地区的径流将减少（Donnelly et al.，2017）。对比在变暖 1.5 ℃和 2 ℃下，径流的差异在地中海地区最为显著，在变暖 1.5 ℃时，该地区年平均径流量将减少约 9%（可能范围为 4.5%~15.5%）；而变暖 2 ℃时，径流可能减少 17%（可能范围为 8%~25%）（Schleussner et al.，2016）。与上述研究结论相一致，Döll 等（2018）发现，当全球变暖情景从 1.5 ℃变为 2 ℃时，地中海地区多年平均径流量在统计上变化并不显著，在这两种增温阈值之间下降 10%~30%。Donnelly 等（2017）发现，随着变暖程度的增加，伊比利亚和巴尔干海岸径流量都大幅减少。

大量研究对不同变暖水平下河流径流的流域规模进行了预估。Betts 等（2018）评估了全球变暖 1.5 ℃和 2 ℃全球 21 个主要河流流域的径流变化（图 6.7），发现除了亚马逊河、奥兰治河、多瑙河和瓜迪亚纳河流域的平均流量减少外，其他流域的径流将普遍增加。当变暖 2 ℃时，亚马逊地区平均流量预计下降 25%（Betts et al.，2018）。

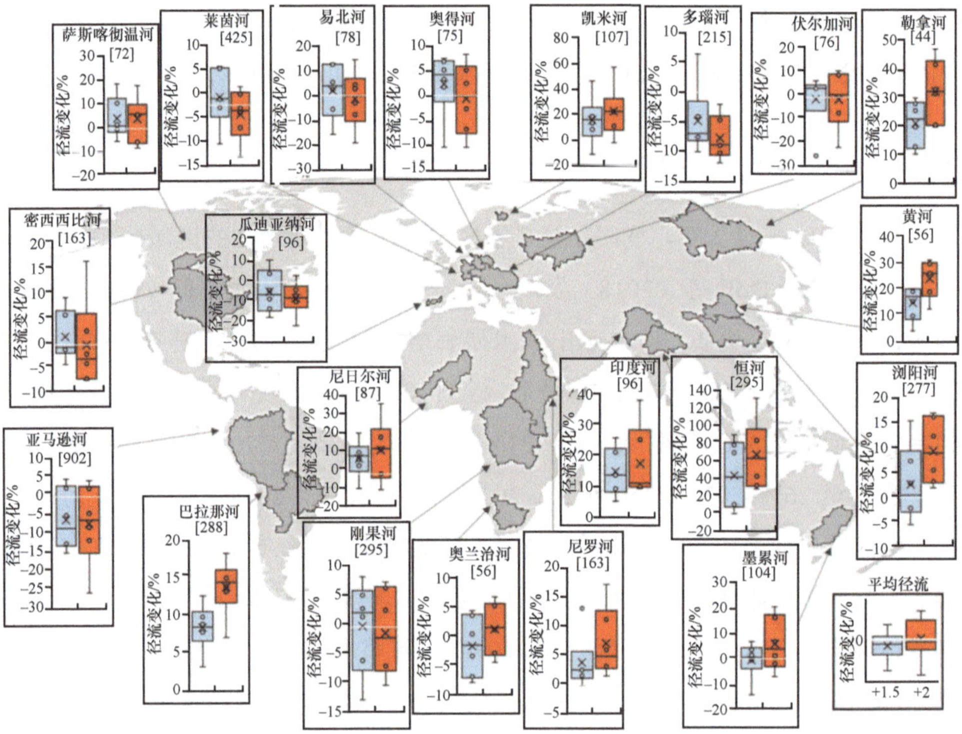

图 6.7 全球变暖为 1.5 ℃（蓝色）和 2 ℃（橙色）时全球 21 条主要河流流域的径流变化（Betts et al.，2018）

由联合英国陆地环境模拟器（JULES）生态系统–水文模型在六个气候预测组合下进行模拟。方框显示第 25 个和第 75 个百分位的变化，线段显示范围，圆圈显示不定义范围端点的四个投影，“×”显示整体平均值。方括号中的数字显示了基线中的整体平均流量

Gosling 等（2017）分析了全球变暖 1 ℃、2 ℃和 3 ℃对流域范围内河流径流的影响，重点关注陆地的 8 条主要河流：亚马逊河上游、达令河、恒河、莱纳河、密西西比河上游、尼日尔河上游、莱茵河和塔古斯河。研究结果发现，亚马逊河上游、达令河、恒河、尼日尔河上游和密西西比河上游的变化尚不清楚，莱茵河和塔古斯河的径流可能会减少，而莱纳河的径流可能会增加。Donnelly 等（2017）分析了欧洲 6 条主要河流（格洛马河、维斯拉河、吕勒河、埃布罗河、莱茵河和多瑙河）对不同变暖水平的响应。与预计的北欧大部分地区平均径流增加的结论相一致，其中格洛马河、维斯拉河和吕勒河的流量可能会随着全球变暖而增加，

而埃布罗河的流量可能会减少。与基准期相比，中国北方伊洛河流域的年平均径流量预计在变暖 1.5 ℃时减少 22%，在变暖 2 ℃时减少 21%，而中国南方北江流域的年平均径流量预计在变暖 1.5 ℃时增加不到 1%，在变暖 2 ℃时增加不到 3%（Liu et al.，2017）。

Chen 等（2017）评估了长江上游流域水资源在不同变暖水平下未来变化情况，发现在变暖 1.5 ℃时年流量略微减小，但在变暖 2 ℃时略有增加。Montroull 等（2018）研究了南美洲拉普拉塔盆地主要河流（位于巴拉圭、巴拉那、伊瓜苏和乌拉圭境内）在全球变暖 1.5 ℃和 2 ℃的 RCP4.5 和 RCP8.5 情景下的水文响应。除 RCP8.5 情景下全球变暖 1.5 ℃时，其他排放情景与变暖水平的组合下乌拉圭盆地的径流量均呈现出增加趋势。其中，在 RCP4.5 情景下全球变暖 2 ℃时，相较于 1981~2000 年增加约 15%。而其他三条河流平均流量的变化在很大程度上取决于使用的 RCP 和 GCM。

Marx 等（2018）分析了不同全球变暖水平（1.5 ℃、2 ℃和 3 ℃）对欧洲水文低流量的影响。阿尔卑斯地区的低流量呈现出显著的增加趋势，从 1.5 ℃的 22% 增加至 2 ℃时的 30%，这是因为融雪量相对较大；而在地中海，由于预计该地区的年降水量减少，其低流量将减少。Döll 等（2018）发现，热带亚马孙、刚果和印度尼西亚盆地的极低流量在变暖 1.5 ℃时可能减少 10%。而在同样的变暖水平下，俄罗斯西南部的极低流量可能会上升 30%。在变暖 2 ℃时，预计极低流量的显著增加将发生在北部高纬度地区、东非、印度和东南亚，而在亚马孙河流域、美国西部、加拿大中部、南欧和西欧，低流量将加剧减少。在刚果盆地和印度尼西亚地区，存在模式模拟结果不一致的现象。

诸多研究对不同全球变暖水平下的河流洪水、极端径流和流量变化特征进行了相应的预估分析。Alfieri 等（2017）评估了河流洪水在全球变暖 1.5 ℃、2 ℃和 4 ℃下的频率和规模，发现在这几种变暖水平下，所有地区的洪水发生时间间隔均超过当前防洪措施的重现期，导致洪水灾害普遍增加。在变暖 1.5 ℃和 2 ℃时，全球 11%和 21%的陆地区域出现了高流量的显著增加（Döll et al.，2018）。在南亚、东南亚和中非地区，当变暖 1.5 ℃时预计出现高流量的显著增加，在 2 ℃时这种趋势加剧，并且范围扩展至南美洲部分地区。

Donnelly 等（2017）和 Thober 等（2018）探讨了在全球变暖 1.5 ℃、2 ℃和 3 ℃背景下气候变化对欧洲高流量和洪水的影响。在地中海地区，当变暖 1.5 ℃和 2 ℃时，其流量将分别减少 11%和 13%，这主要归因于降水量的减少（Thober et al.，2018）。在欧洲北部地区，由于降水量增加，预计在 1.5 ℃和 2 ℃时高流量将分别增加 1%和 5%，但由于融雪量的减少，预计两种情况下洪水可能减少 6%。随着变暖水平的增加，欧洲大陆大部分地区的高径流可能会在强度、稳定性以及空间范围上显著上升（Donnelly et al.，2017）。在变暖 2 ℃时，欧洲 60°N 以南地区的洪水风险将显著上升，但保加利亚、波兰和西班牙南部地区除外；除瑞典南部和挪威部分沿海地区的洪水强度可能增加外，预计在高纬度地区（如芬兰大部分地区、俄罗斯西北部和瑞典北部）洪水强度将下降（Roudier et al.，2016）。在流域尺度上，Mohammed 等（2017）研究表明孟加拉国贾木纳河（在中国境内称雅鲁藏布江）地区的洪水在变暖 2 ℃时比 1.5 ℃时发生更频繁，洪水级别也将升高。在沿海地区，与热带气旋相关的强降水量增加以及海平面的上升，都可能会造成洪水风险的增加。

综上所述，与全球变暖 1.5 ℃相比，变暖 2 ℃时将导致径流显著增加，受洪水灾害影响的区域呈现扩大趋势（中等信度）。全球变暖 1.5 ℃还将导致径流显著增加的陆地区域扩大（中等信度），部分地区的洪水风险增加（中等信度）。

6.3 其　他

6.3.1 海平面变化

与人为气候变化相关的政策制定不仅在 21 世纪内，还将在未来数千年对海平面产生持续性影响。在长时间尺度上，海平面有可能上升 50m。几乎可以肯定的是，海平面将在 2100 年以后持续上升，但上升幅度取决于未来的累积排放量（Church et al.，2013）以及它们随时间的变化情况（Bouttes et al.，2013）。在当前气候条件下，28%~44%的冰川体积将会消融，即使没有进一步的气候变化，它们最终也会在几个世纪内融化（Marzeion et al.，2018）。影响海平面上升的因素，如热膨胀在百年时间尺度内是可逆的，而冰盖变化可能在任何合理的未来情景下都不可逆。

对于格陵兰岛来说，已有充分的证据证明冰盖的不稳定性，即越来越薄的冰盖在升温的背景下进一步融化、变薄。与这种不稳定性相关的一个有效指标是冰盖每年因表面融化的损失超过因降雪增加质量的阈值温度。先前的估计认为这一阈值比工业革命前的温度高 1.9~5.1 ℃（Gregory and Huybrechts，2006）。然而，也有分析表明这一阈值位于 0.8~3.2 ℃，最佳估计值为 1.6 ℃（Robinson et al.，2012）。在超过这一阈值后，冰盖的持续下降高度依赖未来气候，损失幅度从 1 万年后的约 80%到 2000 年后的 100%[对海平面上升（Sea Level Rise，SLR）的贡献约为 6m]。Church 等（2013）认为无法量化这一阈值的可能范围，他们认为大于 2 ℃但小于 4 ℃的范围具有中等信度，对约 1 ℃的阈值则为低信度，目前尚无足够的新研究论证这一评估范围。

相比之下，南极冰盖损失的质量主要来源于冰川流出并随后融化到海洋，这些质量一部分直接来自漂浮冰架的底部，另一部分则来自冰山融化的间接影响。该冰盖的长期存在还将受到潜在不稳定性［海洋冰盖不稳定性（Marine Ice Sheet Instability，MISI）］的影响。这种不稳定性将冰盖的质量损失与接地线的水深（即在这一点上搁浅的冰开始漂浮并成为冰架）退缩到更深的水中（南极洲大部分地区的基岩向下倾斜到冰盖的中心）相联系，从而导致冰川质量损失进一步增加，以及接地线的水深进一步退缩（Schoof，2007）。最近，这一机制被假设为冰崖在接地线上形成，并通过断裂和冰山崩解迅速退缩（DeConto and Pollard，2016）。越来越多的证据表明，只有在 RCP 2.6 等低排放情景下，才有可能避免冰川大规模退缩，但在高排放 RCP 情景下，则可能导致南极西部冰盖和南极洲东部冰川的损失（DeConto and Pollard，2016）。尽管这种冰盖崩解的持续时间（数百年或数千年）和质量损失量在很大程度上依赖模式，但是目前尚未达成共识。Schoof（2007）认为，尽管还需要进行严格的测试，但这种退缩或许是不可逆转的。Church 等（2013）指出，南极冰盖海洋部分的崩解可能导致 GMSL 上升，并且这一额外贡献“在 21 世纪不会超过零点几米”（中等信度）。

DeConto 和 Pollard（2016）探讨了南极冰盖的百年演化历程，他们都认为RCP2.6 情景是唯一对 GMSL 的长期贡献小于 1.0 m 的。南极洲在未来 2100 年对GMSL 的长期贡献是复杂的，需要进一步细化建模过程。总之，相对于工业革命前，格陵兰岛和南极冰盖对 GMSL 长期贡献的阈值为 1.5~2 ℃。

海平面在长时间和空间尺度上发生的变化，主要分为三大类：GMSL 上升、GMSL 的区域变化，以及与风暴潮和潮汐相关的海平面极端情况。过去 20 年海平面上升速率的减缓，可能归因于卫星系统中的仪器漂移和火山活动的增加。1993~2014 年中期的海平面上升速率是 2.6~2.9mm/a。热膨胀、冰川和冰盖质量的相对贡献以及陆地淡水储存的相对贡献较为明确，自 1970 年以来，其主要是因为人为强迫［1950 年以前为（15±55）%，1970 年以后为（69±31）%］。

自 IPCC AR5 发布以来，研究工作取得了重大进展，其中包括将半经验模型（SEMs）发展为更广泛的仿真方法（Kopp et al.，2014；Nauels et al.，2017），该方法侧重于更为详细的、基于过程的模拟结果。Church 等（2013）认为 SEMs 的可信度较低，主要是因为这些模型假设气候强迫和 GMSL 之间的关系在过去（校准）和未来（预估）是相同的。未来热膨胀、冰川特别是冰原的相对贡献可能发生变化，使这一假设无效。然而，通过分别考虑 GMSL 贡献的单独因素克服了这一缺点。

有关全球变暖 1.5 ℃和 2 ℃时 GMSL 基于过程的研究相对较少。Marzeion 等（2018）基于 RCP2.6 的具有温度标度方案的全球冰川模型，研究发现不同情景下 2100 年冰川对 GMSL 的贡献差异不大（在 1.5 ℃时，相对于现在的水平增加54~97mm，2 ℃时为 63~112mm，通过 90%的置信区间）。这是因为在 21 世纪剩余的时间里，冰川融化主要是对工业革命以来变暖的响应，这也反映出冰川对气候变化的滞后性。Fürst 等（2015）采用区域大气模式，针对格陵兰冰盖对 GMSL 的贡献进行了预估。他们使用范围为 24~60 mm（1 个标准偏差）的 RCP2.6，研究时段到 21 世纪末（与 2000 年相关），但其预估并未对全球变暖 1.5 ℃和 2 ℃之间的差异进行评估。

南极冰盖可能通过流出量的增加（固体冰直接流入海洋）和降雪量的增加（由于较暖的大气水分含量提高），对未来 GMSL 上升产生正面影响。Frieler 等（2015）

认为，南极冰盖的流出量和降雪量的增加对未来 GMSL 上升的影响范围为每摄氏度 3.5%~8.7%。对南极洲阿蒙森海区进行研究的结果表明，近几十年来，与接地线后退和相对温暖的绕极深水流入相关的流出量有所增加（Mouginot et al., 2014）。关于这些变化归因于人为强迫的研究仍处于起步阶段。基于 RCP2.6 情景的南极流出量预估（包括降雪变化）（DeConto and Pollard，2016）与 Church 等（2013）对 RCP2.6 情景下 21 世纪末 GMSL 的评估一致。但是仍存在对这些模式精确度的担忧，这可能会影响其预估的准确度。

虽然有一些关于 2100 年前全球监测和土地利用的基于过程的预估研究，但这些研究不足以区分全球变暖 1.5 ℃和 2 ℃。这些研究与 Church 等（2013）的评估一致认为，2100 年（相对于 1986~2005 年）GMSL 可能的上升范围为 0.28~0.61m。

表 6.1 显示了全球变暖 1.5 ℃和 2 ℃时对 GMSL 上升的影响。在全球变暖 1.5 ℃和 2 ℃下，置信区间为 17%~84%的预估范围分别为 0.26~0.77m 和 0.35~0.93m（置信区间为 5%~95%时分别为 0.20~0.99m 和 0.24~1.17m）。然而，存在

表 6.1 RCP2.6 情景下全球变暖 1.5 ℃和 2 ℃时 2100 年海平面上升预估 （单位：cm）

参考文献	年份	RCP2.6		1.5 ℃		2 ℃	
		17%~84%置信区间	5%~95%置信区间	17%~84%置信区间	5%~95%置信区间	17%~84%置信区间	5%~95%置信区间
IPCC AR5	1986~2005	28~61					
Kopp 等（2014）	2000	37~65	29~82				
Nauels 等（2017）	1986~2005	35~56					
Goodwin 等（2017）	1986~2005		31~59 45~70 45~72				
Schaeffer 等（2012）	2000		52~96		54~99		56~105
Schleussner 等（2016）	2000			26~53		36~65	
Bittermann 等（2017）	2000				29~46		39~61
Jackson 等（2018）	1986~2005			30~58 40~77	20~67 28~93	35~64 47~93	24~74 32~117
Nicholls 等（2018）	1986~2005				24~54		31~65
Rasmussen 等（2018）	2000			35~64	28~82	39~76	28~96

一种共识，即置信区间为17%~84%时，相较于变暖1 ℃，变暖2 ℃下2100年的GMSL高0.04~0.16m（置信区间为5%~95%时，此值为0~0.24m）（中等信度）。由于模拟研究中南极对GMSL贡献的预估存在不确定性，以及之前在SEMs中发现的问题（Church et al.，2013），该评估的可信度为中等信度。

将GMSL预估转化为海岸线和岛屿的范围还需两个步骤：第一步，考虑与不断变化的水和冰负荷相关的区域变化（如地球引力场和旋转，以及垂直陆地运动），以及海洋吸热和环流的空间差异。第二步将区域海平面映射到特定洪水事件重现期的变化，以考虑全球气候模式未包含的因素，如潮汐、风暴潮、波浪形成和上升等。Kopp等（2014）提出了实现上述方法的框架，并给出了位于美国、日本、北欧和智利9个站点的应用示例。其中，相较于未来无海平面上升情景而言，在RCP2.6情景下，有7个站点（除北欧以外）在21世纪经历百年一遇洪水的数量至少是前者的四倍。Rasmussen等（2018）对比变暖1.5 ℃和2 ℃发现，百年一遇的洪水频率有所减少，减少幅度最大的区域位于美国东部和欧洲，极端海平面（Extrme Sea Level，ESL）事件频率放大率降低约一半，而小岛屿发展中国家的降低幅度较小。上述结果与Vitousek等（2017）的发现形成对比，即极端水位变化率低的地区（如热带小岛屿发展中国家）对GMSL上升特别敏感，即使是很小的（0.1~0.2m）上升，洪水频率也可能会加倍。Schleussner等（2011）利用CMIP多模式模拟结果表明2100年（相对于2000年）大气径向翻转环流（AMOC）强度中值下降11%，纽约市海岸线动态海平面上升0.04m。

综上所述，到21世纪末，变暖1.5 ℃比2 ℃下GMSL上升量少0.1m（置信区间为17%~84%时范围为0~0.20m）（中等信度）。相较于1986~2005年，全球变暖为1.5 ℃和2 ℃时预测GMSL变化范围分别为0.20~0.80m和0.30~1.00m（中等信度）。大量研究表明，海平面上升的态势将持续到2100年以后（高信度）。

6.3.2 冰冻圈变化

海冰常被称为气候变化的临界点（Lenton，2012）。20世纪末和21世纪初，夏季海冰在人工移除后几年内可能会再次出现（Schröder and Connolley，2007）。

进一步的研究（Ridley et al.，2012）模拟了利用提高 CO_2 浓度来去除海冰的过程，并通过降低 CO_2 来研究随后的海冰再生。然而，北极海冰的变化既不是不可逆转的，也不会表现出分叉行为。因此，北极海冰的范围可能很快重新达到平衡。

多年冻土融化的缓慢速度在近地表多年冻土的瞬态退化和当代气候之间引入了一个滞后作用，因此预计平衡响应比气候模式中模拟的瞬态响应大 25%~38%（Slater and Lawrence，2013）。Chadburn 等（2017）分析了全球变暖导致的北极多年冻土长期平衡损失。他们使用最近的年平均气温与多年冻土分布区域之间的经验关系，并与 CMIP5 相耦合，在 RCP2.6 和 RCP4.5 情景下稳定预估至 2300 年。他们估计多年冻土对变暖的敏感性为 2.9×10^6~5.0×10^6 km^2/℃（1 个标准差置信区间），相较于 2 ℃，将气候稳定在 1.5 ℃将使多年冻土损失面积减少 1.5×10^6~2.5×10^6 km^2。这项工作与 Collins 等（2013）对全球变暖与多年冻土损失之间关系的评估相结合，得出的评估结果是：与全球变暖 2 ℃相比，全球变暖 1.5 ℃下多年冻土面积明显更大（低信度至中等信度）。

6.3.3　生态系统功能、生物量和碳储量的变化

与工业革命前相比，全球范围内的陆地生态系统净生产力有很大提高，且大气中 CO_2 浓度的增加通过刺激光合作用推动了这一趋势。然而，目前尚无明确的证据表明气候变化对这一变化的贡献。北半球生产力的变化速度低于变暖速度，可能是因为资源匮乏和植被的适应机制。陆地生态系统中的生物量和土壤碳储量目前正在增加，但由于未来风暴、野火、土地退化和虫害暴发的强度可能增加，它们向大气的碳排放量可能增加。预计这些损失可能导致陆地碳汇减少。全球范围内的生态系统总呼吸随着夜间温度的升高而增加［1Pg C/（a·℃），P=0.02］（IPCC，2021）。

温度的升高导致春季和秋季生态系统总呼吸增加，这可能会将北方森林从碳汇转化为碳源（Hadden and Grelle，2016）。例如，在北部泥炭地地区，温度的升高可能会减少碳储量，并减弱泥炭的稳定性（Dieleman et al.，2016）。此外，Yang 等（2015）指出，火灾使全球碳储量较大的陆地生态系统的碳汇减少了 0.57Pg C/a，

如泥炭地和热带森林。因此，有必要提升森林的碳汇功能，因为森林是水、能源和碳循环的主要调节器。土壤也可能是大量碳固存的关键区域（Minasny et al.，2017），这取决于生物群落的净生产力和土壤质量。

大多数气候系统模式模拟了四种 RCP 情景下的持续陆地碳吸收，从分析结果来看，未来陆地碳循环仍存在很大的不确定性（Ciais et al.，2013）。即使到 2100 年，不同模式之间的分歧也仍然大于情景之间的差异。大气 CO_2 浓度的增加将推动陆地碳汇的进一步增加（Ciais et al.，2013），这种情况可能持续几个世纪。氮、磷和其他营养物质将限制陆地碳循环对 CO_2 升高和气候变化的响应（Ellsworth et al.，2017）。气候变化可能加速植物对碳的吸收（Gang et al.，2015），同时也会加快分解速度。在温带地区有碳的净损失，而在热带地区，碳的净损失量达到最大（Ahlström et al.，2012）。预计气候变化的净影响是在 CO_2 单独增加时减少预期的碳汇。考虑到气候变化和 CO_2 升高的影响，未来情景下植被会大量增加对碳的吸收（IPCC，2021）。

有关 1.5 ℃变暖下模拟土地碳变化的文献数量相对较少，使用现有 CMIP5 模式和公布的数据得到的结论是：对于具有显著惯性的系统，如植被或土壤碳储量，其碳储量的变化取决于强迫变化的速率，而这一速率又取决于情景的选择（Ciais et al.，2013）。为了避免情景选择产生的影响，往往侧重模式对总初级生产力（GPP）的响应，即光合碳吸收率，而不是碳储量的变化。

图 6.8 显示了全球及 3 个纬度地区的 GPP 对气候变化的响应。可见，GPP 在大约 2 Gt C/（a·℃）的温带地区一致增加。同样，Gang 等（2015）预估温带森林的净初级生产力（NPP）将显著增加。然而，Ahlström 等（2012）认为，这种影响可以通过分解的增加来抵消或逆转。在全球范围内，大多数模式预估 GPP 将增加或大致保持不变。Sakalli 等（2017）研究指出，2034~2063 年，在全球变暖 2 ℃的条件下，使用 EURO-CORDEX 区域模式对欧洲进行的模拟结果支持了这一预估结果，即土壤和植被中的蓄水量将分别增加 5%和 20%。然而，Jacob 等（2018）使用相同的模式进行研究发现，将变暖限制在 1.5 ℃而不是 2 ℃可以避免生态系统脆弱性增长 40%~50%（与无气候变化的情况相比）。

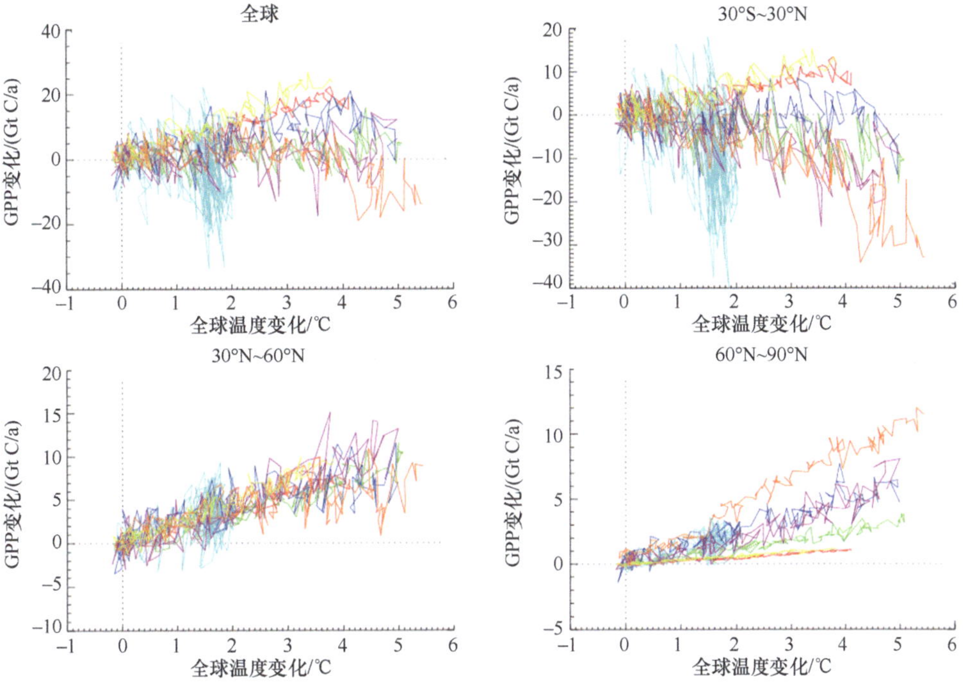

图 6.8　全球及 3 个纬度地区的 GPP 对气候变化的响应

引自 IPCC 发布的《全球升温 1.5℃特别报告》的图 3.17。

全球（左上）和 3 个纬度地区（30°S~30°N、30°N~60°N 和 60°N~90°N）的陆地生产力（GPP）对气候变化的响应数据来自 CMIP5。使用了 7 个地球系统模式，分别为：NorESM-ME（黄色）；CESM（红色）；IPLS- CM5-LR（深蓝色）；GFDL（淡蓝色）；MPI-ESM（粉红色）；HadGEM2-ES（橙色）；CanESM2（绿色）。根据全球平均气温高于工业革命前水平的模拟值绘制

在全球层面，净初级生产、生物质燃烧以及地表径流的线性尺度是可以被接受的，预计 2 ℃对陆地碳储量的影响要大于 1.5 ℃。如果全球 CO_2 浓度和温度趋于稳定，或者达到峰值并下降，那么陆地和海洋的碳汇（主要由大气中 CO_2 的持续增加驱动）也将下降，甚至可能转变为碳源。因此，如果从大气中去除一定数量的人为 CO_2，那么同样数量的陆地和海洋人为 CO_2 将被释放到大气中（IPCC，2021）。

山地生态系统、生物多样性高的热带干湿森林、沙漠、淡水以及沙丘等受到威胁的系统，已得到了广泛的关注。受威胁的系统包括欧洲的地中海地区、

亚洲的西伯利亚、热带和沙漠生态系统、澳大利亚的雨林、南非的针叶灌丛群落和卡鲁地区的多肉植物，以及埃塞俄比亚、马拉维、赞比亚和津巴布韦的湿地。这些系统受影响的幅度将随着变暖程度的加剧而增加，预计升温 2 ℃的影响将大于 1.5 ℃（中等信度）。

综上所述，预计生态系统的呼吸作用随着温度的升高而增加，从而减少土壤碳储量。如果将全球变暖限制在 1.5 ℃，预计土壤碳储量会更大，不过可以通过提高 CO_2 浓度（即“施肥效应”）和更高的温度（尤其是在中高纬度地区）来提高初级生产力，最终可使土壤碳储存量有所降低（中等信度）。

参 考 文 献

Ahlström A, Schurgers G, Arneth A, et al. 2012. Robustness and uncertainty in terrestrial ecosystem carbon response to CMIP5 climate change projections. Environmental Research Letters, 7(4): 044008.

Alfieri L, Bisselink B, Dottori F, et al. 2017. Global projections of river flood risk in a warmer world. Earth's Future, 5(2): 171-182.

Anderegg W R L, Ballantyne A P, Smith W K, et al. 2015. Tropical nighttime warming as a dominant driver of variability in the terrestrial carbon sink. Proceedings of the National Academy of Sciences of the United States of America, 112(51): 15591-15596.

Betts R A, Alfieri L, Bradshaw C, et al. 2018. Changes in climate extremes, fresh water availability and vulnerability to food insecurity projected at 1.5℃ and 2℃ global warming with a higher-resolution global climate model. Philosophical Transactions Series A, Mathematical, Physical, and Engineering Sciences, 376(2119): 20160452.

Bindoff N L, Stott P A, Achutarao K M, et al. 2013. Detection and attribution of climate change: From global to regional //Climate Change 2013: The Physical Science Basis. Contribution of Working Group Ⅰ to the Fifth Assessment Report of the Intergovernmental Panel on Climate Change. Cambridge: Cambridge University Press: 867-952.

Bittermann K, Rahmstorf S, Kopp R E, et al. 2017. Global mean sea-level rise in a world agreed upon in Paris. Environmental Research Letters, 12(12): 124010.

Christensen J H, Kanikicharla K K, Aldrian E, et al. 2013. Climate phenomena and their relevance for future regional climate change//Climate Change 2013: The Physical Science Basis. Contribution of Working Group Ⅰ to the Fifth Assessment Report of the Intergovernmental Panel on Climate Change. Cambridge: Cambridge University Press: 1217-1308.

Church J A, Clark P U, Cazenave A, et al. 2013. Sea level change//Climate Change 2013: The Physical Science Basis. Contribution of Working Group Ⅰ to the Fifth Assessment Report of the Intergovernmental Panel on Climate Change. Cambridge: Cambridge University Press: 1137-1216.

Collins M, Knutti R, Arblaster J, et al. 2013. Long-term climate change: Projections, commitments, and irreversibility//Climate Change 2013: The Physical Science Basis. Contribution of Working Group Ⅰ to the Fifth Assessment Report of the Intergovernmental Panel on Climate Change. Cambridge: Cambridge University Press: 1029-1136.

DeConto R M, Pollard D. 2016. Contribution of Antarctica to past and future sea-level rise. Nature, 531(7596): 591-597.

Déqué M, Calmanti S, Christensen O B, et al. 2017. A multi-model climate response over tropical Africa at +2℃. Climate Services, 7: 87-95.

Dieleman C M, Lindo Z, McLaughlin J W, et al. 2016. Climate change effects on peatland decomposition and porewater dissolved organic carbon biogeochemistry. Biogeochemistry, 128(3): 385-396.

Döll P, Trautmann T, Gerten D, et al. 2018. Risks for the global freshwater system at 1.5℃ and 2℃ global warming. Environmental Research Letters, 13(4): 044038.

Donnelly C, Greuell W, Andersson J, et al. 2017. Impacts of climate change on European hydrology at 1.5, 2 and 3 degrees mean global warming above preindustrial level. Climatic Change, 143(1): 13-26.

Dosio A, Fischer E M. 2018. Will half a degree make a difference? Robust projections of indices of mean and extreme climate in Europe under 1.5℃, 2℃, and 3℃ global warming. Geophysical Research Letters, 45(2): 935-944.

Ellsworth D, Anderson I, Crous K, et al. 2017. Elevated CO_2 does not increase eucalypt forest productivity on a low-phosphorus soil. Nature Climate Change, 7: 279-282.

Emanuel K. 2017. A fast intensity simulator for tropical cyclone risk analysis. Natural Hazards, 88(2): 779-796.

Fischer E M, Knutti R. 2015. Anthropogenic contribution to global occurrence of heavy-precipitation and high-temperature extremes. Nature Climate Change, 5: 560-564.

Frieler K, Clark P U, He F, et al. 2015. Consistent evidence of increasing Antarctic accumulation with warming. Nature Climate Change, 5(4): 348-352.

Fürst J J, Goelzer H, Huybrechts P. 2015. Ice-dynamic projections of the Greenland ice sheet in response to atmospheric and oceanic warming. The Cryosphere, 9(3): 1039-1062.

Gang C C, Wang Z Q, Zhou W, et al. 2015. Projecting the dynamics of terrestrial net primary productivity in response to future climate change under the RCP2.6 scenario. Environmental Earth Sciences, 74(7): 5949-5959.

Goodwin P, Haigh I D, Rohling E J, et al. 2017. A new approach to projecting 21st century sea-level changes and extremes. Earth's Future, 5(2): 240-253.

Gosling S N, Zaherpour J, Mount N J, et al. 2017. A comparison of changes in river runoff from multiple global and catchment-scale hydrological models under global warming scenarios of 1℃, 2℃ and 3℃. Climatic Change, 141(3): 577-595.

Gregory J M, Huybrechts P. 2006. Ice-sheet contributions to future sea-level change. Philosophical Transactions of the Royal Society A: Mathematical. Physical and Engineering Sciences, 364(1844): 1709-1732.

Hadden D, Grelle A. 2016. Changing temperature response of respiration turns boreal forest from carbon sink into carbon source. Agricultural and Forest Meteorology, 223: 30-38.

Hartmann D L. 2013. Observations: Atmosphere and surface//Climate Change 2013: The Physical Science Basis. Contribution of Working Group Ⅰ to the Fifth Assessment Report of the Intergovernmental Panel on Climate Change. Cambridge: Cambridge University Press: 159-254.

Holland G, Bruyère C L. 2014. Recent intense hurricane response to global climate change. Climate Dynamics, 42(3): 617-627.

IPCC. 2013. Climate Change 2013: The Physical Science Basis. Working Group Ⅰ Contribution to the Fifth Assessment Report of the Intergovernmental Panel on Climate Change. Cambridge: Cambridge University Press: 1535.

IPCC. 2021. Climate Change 2021: The Physical Science Basis. Contribution of Working Group I to the Sixth Assessment Report of the Intergovernmental Panel on Climate Change. Cambridge: Cambridge University Press.

Jackson L P, Grinsted A, Jevrejeva S. 2018. 21st century sea-level rise in line with the Paris accord. Earth's Future, 6(2): 213-229.

Jacob D, Kotova L, Teichmann C, et al. 2018. Climate impacts in Europe under +1.5℃ global warming. Earth's Future, 6(2): 264-285.

Jacob D, Petersen J, Eggert B, et al. 2014. EURO-CORDEX: New high-resolution climate change projections for European impact research. Regional Environmental Change, 14(2): 563-578.

Kang N Y, Elsner J B. 2015. Trade-off between intensity and frequency of global tropical cyclones. Nature Climate Change, 5: 661-664.

Kharin V V, Flato G M, Zhang X, et al. 2018. Risks from climate extremes change differently from 1.5℃ to 2.0℃ depending on rarity. Earth's Future, 6(5): 704-715.

Klotzbach P J, Landsea C W. 2015. Extremely intense hurricanes: Revisiting Webster et al. (2005) after 10 years. Journal of Climate, 28(19): 7621-7629.

Knutson T R, Sirutis J J, Zhao M, et al. 2015. Global projections of intense tropical cyclone activity for the late twenty-first century from dynamical downscaling of CMIP5/RCP4.5 Scenarios. Journal of Climate, 28(18): 7203-7224.

Kopp R E, Horton R M, Little C M, et al. 2014. Probabilistic 21st and 22nd century sea-level projections at a global network of tide-gauge sites. Earth's Future, 2(8): 383-406.

Lenton T M. 2012. Arctic climate tipping points. AMBIO, 41(1): 10-22.

Liu L, Xu H M, Wang Y, et al. 2017. Impacts of 1.5 and 2℃ global warming on water availability and extreme hydrological events in Yiluo and Beijiang River catchments in China. Climatic Change, 145(1): 145-158.

Mahlstein I, Knutti R, Solomon S, et al. 2011. Early onset of significant local warming in low latitude countries. Environmental Research Letters, 6(3): 034009.

Marx A, Kumar R, Thober S, et al. 2018. Climate change alters low flows in Europe under global warming of 1.5, 2, and 3℃. Hydrology and Earth System Sciences, 22(2): 1017-1032.

Marzeion B, Kaser G, Maussion F, et al. 2018. Limited influence of climate change mitigation on short-term glacier mass loss. Nature Climate Change, 8: 305-308.

Minasny B, Malone B P, McBratney A B, et al. 2017. Soil carbon 4 per mille. Geoderma, 292: 59-86.

Mitchell D, AchutaRao K, Allen M, et al. 2017. Half a degree additional warming, prognosis and projected impacts (HAPPI): Background and experimental design. Geoscientific Model Development, 10(2): 571-583.

Mohammed K, Islam A S, Islam G T, et al. 2017. Extreme flows and water availability of the Brahmaputra River under 1.5 and 2℃ global warming scenarios. Climatic Change, 145(1): 159-175.

Mohapatra M, Srivastava A K, Balachandran S, et al. 2016. Inter-annual variation and trends in tropical cyclones and monsoon depressions over the North Indian Ocean//Observed Climate Variability and Change over the Indian Region. Singapore: Springer Singapore: 89-106.

Montroull N B, Saurral R I, Camilloni I A. 2018. Hydrological impacts in La Plata basin under 1.5, 2 and 3℃ global warming above the pre-industrial level. International Journal of Climatology, 38(8): 3355-3368.

Mouginot J, Rignot E, Scheuchl B. 2014. Sustained increase in ice discharge from the Amundsen Sea embayment, West Antarctica, from 1973 to 2013. Geophysical Research Letters, 41(5): 1576-1584.

Murakami H, Vecchi G A, Underwood S. 2017. Increasing frequency of extremely severe cyclonic storms over the Arabian Sea. Nature Climate Change, 7: 885-889.

Nauels A, Meinshausen M, Mengel M, et al. 2017. Synthesizing long-term sea level rise projections–The MAGICC sea level model v2.0. Geoscientific Model Development, 10(6): 2495-2524.

Nicholls R J, Brown S, Goodwin P, et al. 2018. Stabilization of global temperature at 1.5℃ and 2.0℃: Implications for coastal areas. Philosophical Transactions Series A, Mathematical. Physical, and

Engineering Sciences, 376(2119): 20160448.

Rasmussen D J, Bittermann K, Buchanan M K, et al. 2018. Extreme sea level implications of 1.5℃, 2.0℃, and 2.5℃ temperature stabilization targets in the 21st and 22nd centuries. Environmental Research Letters, 13(3): 034040.

Ridley J K, Lowe J A, Hewitt H T. 2012. How reversible is sea ice loss? The Cryosphere, 6(1): 193-198.

Robinson A, Calov R, Ganopolski A. 2012. Multistability and critical thresholds of the Greenland Ice Sheet. Nature Climate Change, 2: 429-432.

Roudier P, Andersson J C M, Donnelly C, et al. 2016. Projections of future floods and hydrological droughts in Europe under a +2℃ global warming. Climatic Change, 135(2): 341-355.

Sakalli A, Cescatti A, Dosio A, et al. 2017. Impacts of 2℃ global warming on primary production and soil carbon storage capacity at pan-European level. Climate Services, 7: 64-77.

Schaeffer M, Hare W, Rahmstorf S, et al. 2012. Long-term sea-level rise implied by 1.5 ℃ and 2 ℃ warming levels. Nature Climate Change, 2: 867-870.

Schleussner C F, Frieler K, Meinshausen M, et al. 2011. Emulating Atlantic overturning strength for low emission scenarios: Consequences for sea-level rise along the North American east coast. Earth System Dynamics, 2(2): 191-200.

Schleussner C F, Lissner T K, Fischer E M, et al. 2016. Differential climate impacts for policy-relevant limits to global warming: The case of 1.5 ℃ and 2 ℃. Earth System Dynamics, 7(2): 327-351.

Schleussner C F, Pfleiderer P, Fischer E M. 2017. In the observational record half a degree matters. Nature Climate Change, 7(7): 460-462.

Schoof C. 2007. Ice sheet grounding line dynamics: Steady states, stability, and hysteresis. Journal of Geophysical Research: Earth Surface, 112(F3): F03S28.

Schröder D, Connolley W M. 2007. Impact of instantaneous sea ice removal in a coupled general circulation model. Geophysical Research Letters, 34(14): L14502.

Seneviratne S, Nicholls N, Easterling D, et al. 2012. Changes in climate extremes and their impacts on the natural physical environment//Managing the Risks of Extreme Events and Disasters to

Advance Climate Change Adaptation. A Special Report of Working Groups I and II of the Intergovernmental Panel on Climate Change (IPCC). Cambridge: Cambridge University Press: 109-230.

Slater A G, Lawrence D M. 2013. Diagnosing present and future permafrost from climate models. Journal of Climate, 26(15): 5608-5623.

Sylla M B, Elguindi N, Giorgi F, et al. 2016. Projected robust shift of climate zones over West Africa in response to anthropogenic climate change for the late 21st century. Climatic Change, 134(1): 241-253.

Teichmann C, Bülow K, Otto J, et al. 2018. Avoiding extremes: Benefits of staying below +1.5 ℃ compared to +2.0 ℃ and +3.0 ℃ global warming. Atmosphere, 9(4): 115.

Thober S, Kumar R, Wanders N, et al. 2018. Multi-model ensemble projections of European river floods and high flows at 1.5, 2, and 3 degrees global warming. Environmental Research Letters, 13(1): 014003.

van Oldenborgh G J, van der Wiel K, Sebastian A, et al. 2017. Attribution of extreme rainfall from hurricane Harvey, August 2017. Environmental Research Letters, 12(12): 124009.

Vautard R, Gobiet A, Sobolowski S, et al. 2014. The European climate under a 2℃ global warming. Environmental Research Letters, 9(3): 034006.

Vitousek S, Barnard P L, Fletcher C H, et al. 2017. Doubling of coastal flooding frequency within decades due to sea-level rise. Scientific Reports, 7(1): 1399.

Wartenburger R, Hirschi M, Donat M G, et al. 2017. Changes in regional climate extremes as a function of global mean temperature: An interactive plotting framework. Geoscientific Model Development, 10(9): 3609-3634.

Whan K, Zscheischler J, Orth R, et al. 2015. Impact of soil moisture on extreme maximum temperatures in Europe. Weather and Climate Extremes, 9: 57-67.

Yang Z Q, Wang T P, Voisin N, et al. 2015. Estuarine response to river flow and sea-level rise under future climate change and human development. Estuarine, Coastal and Shelf Science, 156: 19-30.

第 7 章 气候经济模型和综合评估模型

7.1 气候经济模型

7.1.1 气候经济模型发展回顾

气候变化科学作为典型的跨学科研究领域，其研究范式正经历从单一学科纵深发展向多学科协同创新的范式转型。气候变化科学、气候经济学与气候政策的协同研究即是典型交叉领域，其研究范畴横跨大气物理学、生态动力学直至社会经济博弈论等多维知识体系。随着各学科认知的深化，构建融合多领域知识的耦合模型已成为解析跨学科领域间相互作用机制的关键路径（Nordhaus，2017），这一方法论创新在气候政策模拟领域尤为突出——诺贝尔经济学奖得主威廉·诺德豪斯开创性地构建了气候-经济综合评估模型框架，为量化分析提供了基准范式。随着气候变化影响逐渐深入人类社会经济的多个领域，如何对气候变化政策进行成本和效益评估，成为气候经济学家所关注的焦点（杨世莉等，2019）。

应对全球变暖的复杂性源于其固有的跨学科特征——既涉及地球系统各圈层的物理化学过程，又深度嵌套于人类社会经济活动之中。典型表现为：生态学家关注生物多样性阈值突破风险，海洋学家追踪碳泵机制失衡引发的酸化效应，冬季体育产业则直面积雪期时空压缩带来的经济冲击。这种多维度影响对科研范式提出双重挑战：一方面要求构建涵盖地球物理过程、能源经济系统与地缘政治博弈的交叉研究方法论（Nordhaus, 2017）；另一方面揭示出气候-经济耦合系统的本质关联——碳减排成本函数、气候损害函数与政策响应函数三者间存在动态博弈关系（图 7.1）。这些要素通过非线性反馈机制形成具有涌现特性的复杂适应系统，亟需发展耦合自然-社会过程的综合建模体系以解析其演化规律。

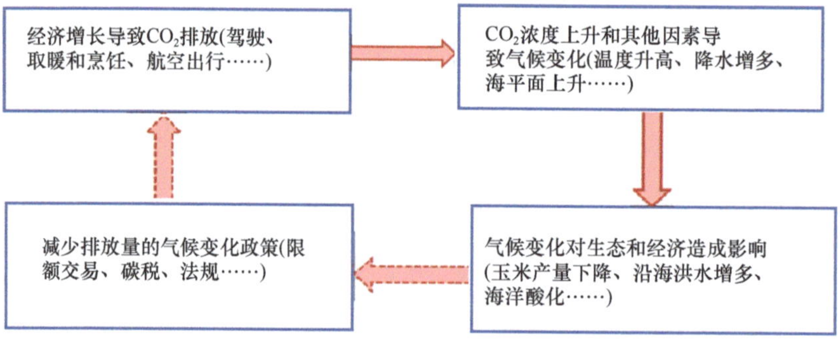

图 7.1　全球变暖科学、影响和政策的示意图（Nordhaus，2018）

气候经济模型起源于能源系统的建模理论——诺贝尔经济学奖得主 Tjalling Koopmans 提出的生产函数线性规划理论，与“市场最优化”原理共同奠定了现代能源模型的理论内核。20 世纪 70 年代，该领域实现关键突破：耶鲁大学 William Nordhaus 教授提出的动态综合评估模型（dynamic integrated assessment model）体系成为学科范式标杆。其早期构建了部门均衡能源模型，而碳排放轨迹评估模型（CETA）首次将能源系统与宏观经济增长理论耦合，标志着气候-经济耦合建模的里程碑。尽管初期模型仅考虑了 CO_2 浓度、平均温升等核心气候变量及人为碳排放，但后续发展逐步整合了地球碳循环动力学、土地利用碳排放机制、非 CO_2 温室气体及局地污染物排放等多维度环境参数，并完善了气候-经济双向反馈机制。至 20 世纪 90 年代，Nordhaus 在新古典 Ramsey 增长框架基础上，通过引入气候损害函数、减排成本函数，建立了 GDP 增长–碳排放–温升响应的动态耦合系统，由此发展出气候与经济动态综合评估模型（DICE，1992）。同期，温室效应综合评估模型（IMAGE1.0）实现了从排放源到气候影响的完整过程模拟，其方法论创新为后续 ESCAPE 模型等第二代综合评估体系奠定了基础。

自 20 世纪 90 年代以来，综合评估模型（IAMs）研究呈现快速发展，已形成包含动态综合气候经济（DICE）模型、不确定性模型、谈判-分配气候框架（FUND）模型、综合气候评估（ICAM）模型、温室效应政策分析（PAGE）模型、区域综合气候-经济（RICE）模型等 20 余种典型模型的方法论谱系。在空间维度表征方面，主流模型采用多区域递归动态结构：PAGE 模型将全球划分为 8 个社会经济区（如欧盟、北美等），RICE 模型则构建 6 区域系统（含中国、美国等主体经济体）。模型发展揭示其学科范式转换轨迹——从新古典经济学理论出发，经与地球系统科学交叉融合，最终回归气候经济政策优化这一核心命题。

以 DICE 模型为代表的早期最优增长模型框架，聚焦气候政策成本效益的跨期均衡分析（Grubb et al.，2021）。其核心算法通过比较基准情景排放路径与气候损害函数，求解社会福利最大化的减排策略。但随着研究深化，该类模型因缺乏技术细节刻画能力，逐渐被纳入能源系统模块的复合型 IAMs 替代（详见 7.2 节）。本节重点解析 Nordhaus 创立的 DICE 模型框架及其理论突破。

7.1.2 DICE 模型简介

William Nordhaus 开创气候-经济综合评估研究的学术历程始于 20 世纪 70 年代，当时全球科学界对化石能源碳排放引致温室效应有了系统性关注。该研究面临典型交叉学科困境：自然科学可精准刻画气候系统演变机制，却难以量化社会经济响应；经济学虽擅长政策效应评估，但对地球物理过程表征存在局限。Nordhaus 突破性地融合两大学科范式——在新古典索洛增长模型中内生化碳排放的负外部性，创新性地将碳循环动力学与气候损害函数嵌入新古典增长框架，构建了首个动态综合评估模型 DICE。该框架通过耦合经济生产函数与碳-气候响应函数，实现了多要素（资本积累、技术进步、气候反馈）的动态递归模拟，能够求解不同气候政策情景下的社会福利最优化路径，从而揭示经济-气候系统的双向耦合机制。

DICE 模型包含三个耦合的模块化框架：①碳循环模块追踪全球二氧化碳排放如何改变大气中的 CO_2 浓度，描述了 CO_2 如何在大气、海洋表层（含生物圈）、深海这三个主要碳库之间循环，计算出大气中 CO_2 浓度随时间的变化情况；②气候模块分析了 CO_2 等温室气体浓度变化如何打破地球吸收和释放的能量平衡，刻画了全球能量收支随时间的变化，构建了气候变化关键指标（例如全球气温）的时间曲线；③经济增长模块分析了经济主体如何运用资本、劳动和能源进行生产活动，描述了不同的气候政策（碳税或碳配额）如何影响经济增长和 CO_2 排放，构建了 GDP、社会福利和全球 CO_2 排放的时间曲线，以及气候变化造成的经济损失的时间曲线。这三个模块构成一个动态互动的模型系统，既可以模拟维持现有政策下的发展趋势，也能测试不同减排措施的实施效果。这种模拟能力为制定既能控制气候风险、又兼顾经济成本的碳排放管理方案提供了科学依据。

DICE 模型是首个将经济系统与气候变化相结合的综合分析工具，这项突破性研究为诺德豪斯获得 2018 年诺贝尔经济学奖奠定了基础。它的核心思路非常简单：通过数学模型同时模拟经济发展、碳排放、气候变化之间的相互作用，帮助人类找到既能保证经济增长、又能控制气候风险的最佳平衡点。该模型自 1992 年首次发布以来，历经多次升级，如 DICE-1992、DICE-2006、DICE-2007、DICE-2013、DICE-2016 等，这些版本的基本原理都一样，即社会福利最大化，其最大的差别在于参数的设置和更新。DICE 模型被广泛应用于最优化路径下的未来排放情景、气候变化对经济的影响以及政策干扰和碳价格等研究领域。该模型既能预估不同发展模式下的碳排放轨迹（图 7.2），又能评估各类气候政策对全球变暖的影响（图 7.3），还能推算出实现碳中和所需的最低碳价水平。

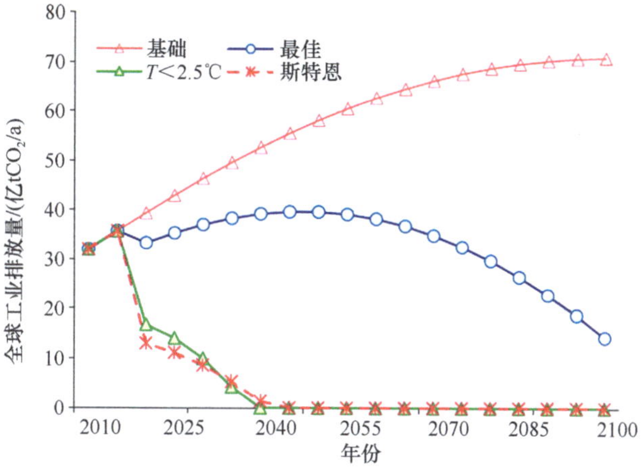

图 7.2　DICE 模型在不同情景中预估未来全球工业排放量随时间的变化路径（Nordhaus，2018）
斯特恩表示一种更为严格或激进的减排路径，与基础情景和最佳情景相比，它可能预估了更低的全球工业排放量。这种情景通常假设采取了更早、更积极的减排措施，以限制全球温度升高在 2℃以下。T<2.5℃表示温度升高低于 2.5℃的情景

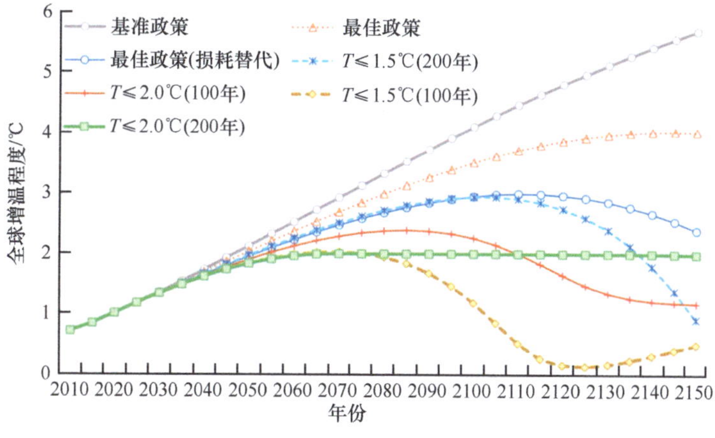

图 7.3　不同政策下的温度变化轨迹（Nordhaus，2018）

7.2　综合评估模型

7.2.1　发展历程回顾

综合评估模型（IAMs）用于研究气候系统和经济系统之间的相互影响过程，

是在气候经济模型的基础上发展起来的，是认识和理解全球气候变化应对的主要工具之一。综合评估模型涵盖了非常广泛的模型框架，用于探索对复杂系统的响应（Keppo et al.，2021）。综合评估模型的涵盖范围包括基于详细过程的全球能源系统计算 CO_2 排放的模型，包含不同领域和行业（如能源、交通运输和土地利用等），涉及温室气体排放和空气污染物、地表和水体的相互作用等物理过程。综合评估模型通常由经济学驱动，并具有优化或模拟等多种特征，以社会经济和技术变量等作为输入参数来代表不同的系统。目前先进的气候变化综合评估模型主要包括三个模块，分别是自然系统模块、人类活动模块和气候变化影响模块。在气候变化影响模块中，损失函数描述了经济产出与气候变量之间的函数关系，是研究气候变化不利影响的关键。它反映了经济系统对气候变量的影响机制以及气候变量对经济系统影响的反馈机制，同时还可以通过纳入适应变量研究适应气候变化的作用。在损失函数中，AC 为适应成本（adaptation costs），A 为适应行动（adaptation effort），T 为全球平均气温（global mean temperature），RD 为剩余损失（residual damages）。在考虑了减缓行动对经济损失的减缓作用后，最优的适应行动要在现有的适应行为和余下的损失中寻找平衡，使得气候损失降至最低。

IAMs 是研究气候变化与经济社会关系的工具，但它存在明显局限性。这类模型无法包含所有复杂变量，只能通过简化系统来分析问题。由于需要模拟几十年甚至上百年的变化，模型必须覆盖能源、经济、气候等多个领域。综合评估模型在显示排放路径的关键特征方面具备优势，适合用于研究短期和长期目标权衡、与非气候目标的相互作用、长期能源和土地利用特征以及不同总体技术和政策选择所产生的影响等相关问题。综合评估模型和行业模型的结果依赖于模型结构、经济假设、技术假设、减排目标制定以及对先前市场的干扰程度。但大多数模型未科学考虑“适应气候变化”的措施（如防灾建设），只有少数模型考虑了适应气候变化作用的综合评估模型，但又缺乏科学性和合理性，充分说明了现有的综合评估模型体系对于适应气候变化作用的认识不够全面、科学，难以体现适应政策在气候战略中的价值。此外，模型通常默认减排措施会发生在成本最低的地方，但这可能与现实中的责任分配冲突。例如，发达国家可能更倾向于资助发展中国家减排以节省成本，但实际操作中涉及公平性和资金分担问题。不同的模型框架可能得到不同的结论。综合评估模型可以提供非常有用的资料，但在决策过程中需要仔细解释这些资料，并与其他定量和定性的资料结合起来。

综合评估模型长期用于环境政策分析，尤其在 IPCC 报告中为全球气候行动提供关键数据支持（van Beek et al.，2020）。许多政策的制定也都参照综合评估模型的量化指标，如满足特定气候条件所需的减排率、净零能耗日期或技术部署等。国内研究团队研发的模型主要包括国家发展和改革委员会能源研究所的中国综合环境政策评价模型（IPAC）、中国科学院科技政策与管理科学研究所的多区域气候与经济综合模型（MRICES）、清华大学的全球可计算一般均衡模型（CGE）、北京理工大学的中国气候变化综合评估模型（C3IAM）。

国际上对综合评估模型的研究已经进入第三代大型复杂模型阶段，比较有代表性的包括全球环境综合评估模型（IMAGE）、全球变化评估模型（GCAM）、亚太地区综合评价模型（AIM）、能源供应系统及其环境影响模型（MESSAGE）、具有差异化制度的区域综合气候经济模型（ReMIND）等。第一代综合评估模型在 20 世纪 90 年代得到快速发展和广泛应用，被称为高集成度模型，该模型相对比较简单，覆盖了排放、浓度、升温、影响等方面。这些模型在分析全球是否要应对气候变化方面发挥了重要作用，主要结论是应对气候变化带来的效益要远大于成本，推动了 20 世纪 90 年代的气候变化国际合作进程，相关成果在 IPCC 第二次和第三次评估报告中得到体现。

第二代综合评估模型在 2000 年后得到迅速发展。随着全球治理进入减排实施阶段，第一代综合评估模型无法满足决策者的需求，综合评估模型开始向复杂化升级。其主要特征是在综合评估模型中的能源模型和土地利用模型大量纳入部门、技术经济分析，更多地和能源转型政策需求接近，技术参数越来越详细，针对国家和区域的研究越来越深入。气候模型较多采用简化的模型，如温室气体诱导气候变化评估模型（MAGICC）是一个单独分析排放后的浓度、辐射强迫以及升温的气候模型。相关研究成果主要在 IPCC 第三次和第四次评估报告中得到了体现。

2010年以来，综合评估模型进入第三代发展阶段，其核心特征在于实现“排放-浓度-辐射强迫-温升-影响-适应”全链条耦合建模。在方法论层面呈现双重发展，横向维度整合全球气候模式（GCM）、大气化学传输模型、海洋生物地球化学模型等多物理过程耦合系统；纵向维度发展0.25°×0.25°高分辨率网格化模拟技术，创新性地建立气候变化与大气污染物扩散、水资源承载力、劳动市场弹性及可持续发展目标（SDGs）的动态耦合机制。这一转型直接响应了IPCC第四次评估报告提出的温控目标量化需求，促使研究焦点转向1.5℃/2℃温升阈值的实现路径模拟，其成果体系为《巴黎协定》国家自主贡献（NDC）的基准设定提供了关键科学支撑。

由于综合评估模型日益大型化和复杂化，模型的参数和结果也变得愈加复杂，这使得模型的透明化成为一个难题，底层数据和方法的透明性对于用户理解至关重要（Robertson，2021）。为了能够更好地展示综合评估模型的结果，2011年成立了综合评估模型联盟（IAMC），旨在促进综合评估模型的系统发展。目前在提高模型结果的可信性和透明性方面，综合评估模型采取了对比和诊断、建立数据库以及设置专题研究等方法。研究工作的重点是提供透明且公开可获取的输入和输出数据库（Daioglou et al.，2020），同时提供开源代码和编写帮助文档，模型数据库的参数数量也从最初的约150个扩展到目前的700~1000个。IAMC的模型组在发表学术论文后，还需要在模型数据库中公开所用的模型数据。自2010年以来，国际上开始研究一些面向模型开发和应用的项目，如系统性风险与环境研究（ROSE）、低碳经济转型情景的气候发展与基础设施（CD-LINK）等，这些项目均由欧盟资助，并有国际IMAC成员的参加。为了提升国别研究水平，这些项目也邀请主要国家的模型组参与国别研究，并将国家模型组的研究结果和综合评估模型的研究结果进行对比。

综合评估模型的研究在支持全球气候变化合作进程中十分重要，主导了全球减排目标的设定。尽管一些综合评估模型可以模拟区域和行业的详细细节，但对于更具区域特色的问题（如区域政策实施等），局部区域和行业模型会更加准确。由于我国是全球最大排放国，国际上的综合评估模型通常将我国视为一个重要区域。在针对我国的综合评估模型研究中，越来越多地邀请我国模型组参与，并开展模型诊断和对比分析全球模型中有关我国的参数。然而我国研究团队在全球重大研究中的参与度仍然有限，特别是综合评估模型的大型化需要长期的巨额研究经费支持，未来还需要大力推动我国研究团队参与全球和区域排放途径的研究。

7.2.2　整合和构建方法

完整的综合评估模型应至少包括三个子模块：人类活动子模块、自然系统子模块和气候变化影响子模块。这三个子模块各自遵循特定的构建理论和方法，并通过一些关键的物理或经济因素（如排放量、气温、GDP 等）进行连接与整合。大多数子模块既可以独立运行，也可以与其他模块耦合后运行。图 7.4 展示了几种综合评估模型的整合思想和方法，下面我们将详细介绍综合评估模型各个模块的建模方法。

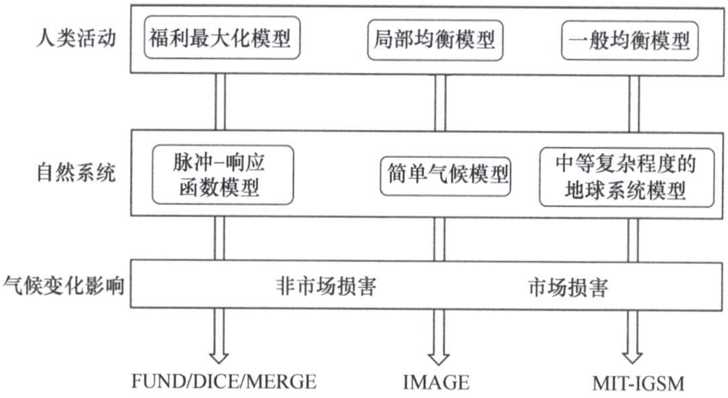

图 7.4　几种综合评估模型的整合方法（杨世莉，2015）

1. 人类活动子模块

人类活动子模块主要描述一定人口、经济、能源需求和供应以及农业经济与贸易等条件下的温室气体排放量。根据其建模的思想与理论，可以分为五大模型：福利最大化模型、一般均衡模型（CGE）、局部均衡模型、模拟模型和成本最小化模型（Stanton et al.，2009）。福利最大化模型通过由劳动力和资本等决定的经济增长模型来描述产出和消费（非控制性排放），采用简单的损害函数表示气候变化对经济产出产生的影响。在整个过程中，通过调节投资率、温室气体控制率等变量使贴现后的福利达到最大，并在动态优化模型中综合考虑福利最大化与成本最小化。一般均衡模型相对复杂，主要描述了从产品到服务再到最终消费的一般经济循环流，分析生产要素（劳动力和资本）的投入到生产商，再从生产商向最终消费提供产品和服务的过程。该模型中，消费者提供未来的劳动和资本投入以获得报酬，然后用所得报酬支付生产商提供的产品和服务。政府通过碳税、能源税、贸易许可等手段进行调控以实现社会福利最大化，该模型同样描述了产品在部门之间的流动。例如，麻省理工学院开发的排放预估与政策分析（EPPA）模型，以及国家发展和改革委员会能源研究所与美国太平洋西北国家实验室合作开发的针对能源系统的可计算一般均衡模型（IPAC-SGM）等（姜克隽等，2009）。局部均衡模型的典型代表是小型气候评估与政策模型（MiniCAM）中的能源相关排放模型（ERB），主要由供应、需求、能源平衡和温室气体排放四个模块组成。供应和需求模块由人口、劳动生产率、技术进步和能源价格等内生和外生变量决定，而能源平衡模块用于计算世界上每种能源市场的均衡，温室气体排放模块则在前三个模块计算的能源服务基础上得到。

2. 自然系统子模块

自然系统子模块在综合评估模型中的作用主要体现在以下四个方面：①在给定温室气体排放后计算大气中温室气体的浓度；②计算温室气体浓度下产生的辐射强迫；③计算气温对辐射强迫的响应；④计算其他变量（如冰雪覆盖、海平面等）对气温变化的响应。这四个方面主要涉及自然系统中的陆地和海洋碳循环、生物化学循环以及能量平衡等基本过程。根据模型对碳循环描述的复杂程度，又可将其分为脉冲-响应函数模型（Maier-Reimer and Hasselmann，1987）、简单气候模型（SCM）和中等复杂程度的地球系统模型（EMICs）三种类型。对于较为注重物理过程的综合评估模型，通常采用 SCM 来表达温室气体与气候变化之间的因果关系。这类模型主要集中于对特定过程的反馈与敏感性研究，如碳循环、土地利用和土地变化对气候变化的反馈等，同时较简单地描述了自然系统中各圈层及其相互作用和反馈过程。SCM 通常以全球或半球的形式代表陆地-海洋-大气系统，并利用能量平衡方程估算温升和海洋热吸收等基本特征。此处还可与简化的生物化学模型进行耦合，从而较为快速给出不同温室气体排放情景下全球平均气温和海平面的变化。通过选择和调试合适的参数（如气候敏感性参数等），SCM 可以在全球或半球尺度上表现出与 GCM 相似的特征（Raper et al.，2001）。在综合评估模型中应用最广泛的 SCM 是 MAGICC，IAMGE 和 MiniCAM 均采用 MAGICC 作为其自然系统子模块。MAGICC 采用上升流扩散能量平衡模型，结合简单的全球陆地碳循环和海洋碳循环模型反映温室气体所产生的气候变化。

EMICs 的复杂程度介于 SCM 和耦合模型之间，一方面，该模型尽可能多地描述和模拟自然系统中大气、海洋、陆地和海冰等模块的动力过程，以及模块之间的反馈作用；另一方面又通过参数化的方式适度简化各种过程和细节，因此，EMICs 的优势在于具备耦合模式基本特征，同时计算效率相对较高，成为模拟地球系统的有力工具。将 EMICs 与人类活动子模块成功耦合的典型代表是麻省理工学院综合全球系统模型（The MIT Integrated Global System Model，MIT-IGSM）。该模型的自然系统子模块包括大气、海洋和陆地三个模块。大气模块基于戈达德太空研究所（Goddard Institute for Space Studies，GISS）的大气环流模式建立一个 2D 动力模型，并在其中加入了全球大气化学循环和城市污染模块；陆地模块为通用陆面模式（CLM）；海洋模块采用水平分辨率为 4°×4°、垂直为 15 层的 MIT-3D 海洋环流模式，并且在海洋模块中加入了用于计算碳循环、海洋酸度和磷循环的生物化学模块，此外还包括一个两层的海冰子模块，用来计算海冰的厚度和覆盖率。大气与 CLM 的耦合过程是：大气模块向 CLM 提供基本的气象要素（如温度、压强、湿度、风速等），而 CLM 计算得出的表面热通量和动量通量反馈给大气，计算的土壤水热通量等则用于陆地生态模块和自然排放模块的计算，最终将 CO_2、CH_4、N_2O 等通量反馈到大气。大气/陆地与海洋的耦合步长为 1 天，大气计算的 24h 平均表面热量、淡水、动量通量以及基本气象要素等被传递给海洋和海冰模式，海洋和海冰模式积分 24h 之后将海表面温度、海冰温度、海冰覆盖以及海气 CO_2 通量等传递给大气，在整个过程中也涉及海气通量的调整问题，与耦合气候系统模式类似。

3. 气候变化影响子模块

气候变化对环境、生物及人类活动等方面产生了负面的影响（Parry et al.，2007）。综合评估模型中的气候变化影响模块相对简单，主要关注气候变化对社会经济的影响，因此该模块的输出结果通常与人类活动的社会经济模块相连接。综合评估模型将气候变化对人类社会的影响概括为两个层面：市场损害和非市场损害。市场损害是指能够通过市场价格直接或者间接衡量的损失，例如气候变化导致的农作物产量下降和海平面上升引起的损害；非市场损害则是指无法通过市场觉察的损失，如气候变化引起的生态系统和生物多样性损害。在综合评估模型中，评估气候变化对经济影响的理论方法主要包括：①计算在全球平均气温升高情况下，气候变化影响占 GDP 的百分比；②估算社会碳成本；③在一定经济发展和技术变化假设条件下，综合气候变化经济影响，并将其贴现到现在的值。而在数学表达方面主要有两种形式：物理单位表达和货币化表述。其中，货币化表述较为简单，分别为简单形式和基于过程的形式。简单形式通常由 1~2 个公式表述，大多数模型采用幂函数，例如 FUND 模型采用二阶多项式，而 MERGE 模型则采用曲棍球函数。大部分损害函数以全球平均气温作为输入变量，也有一些模型考虑了气温的幅度和变化速率的影响。基于过程的形式则考虑更多变量（如区域气温、降水、土壤湿度等），MiniCAM 便采用了这种形式。

7.2.3 分类和应用

由于综合评估模型整合了不同复杂程度的人类活动模块、自然系统模块和气候变化影响模块，因此可以根据其初始建模的思想和关注内容，将其应用分为政策优化模型和政策评估模型。政策优化模型通过优化主要控制参数（如碳税等），实现福利最大化或成本最小化，以达到特定的温室气体浓度。这类模型主要用于：①研究在一定温室气体浓度目标或者辐射强迫条件下的最佳政策或减排路径（van Vuuren et al.，2019），例如 van Vuuren 等（2019）发展了 2150 年辐射强迫达到 3.7~5.3 W/m^2 的多种路径，而 IPCC AR4 总结并描述了 2100 年达到 445~490ppm 的减排路径；刘嘉等（2011）利用 MAGICC 模型研究了将温室气体浓度稳定在 450 ppm 和 500 ppm CO_2 当量下排放路径的不确定性及影响，发现目标浓度的变化取决于该阶段内的累积排放量；姜克隽等（2009）利用 IPAC 模型设计了三个我国未来中长期能源和温室气体排放情景，并探讨了实现低碳路径情景所需的技术和路径。②模拟和衡量气候变化影响及减排政策的成本与效益（Golub et al.，2006），例如能源模型论坛利用 EMF-16 等多个综合评估模型研究和评价《京都议定书》的减排成本；利用自下而上的能源系统动态优化模型 MARKAL 与自上而下的宏观经济模型 MACRO 耦合的能源-环境-经济模型——中国 MARKAL-MACRO 模型对我国 CO_2 的边际减排成本以及减排对能源系统的影响的研究发现，当减排率在 0%~45%时，碳边际减排成本在 0~250 美元/t，而实施碳减排将导致化石能源等影子价格的上升和各种能源服务需求的下降。政策优化模型的优势在于形式简单、计算速度较快，但不足之处在于自然系统模块中往往采用最简单的响应函数，因此缺乏动力气候的模拟，忽略了气候系统中的各种反馈关系。

7.2.4 存在的不足

综上所述，国内外针对综合评估模型的相关研究和发展已具备一定基础，但从自然科学的角度来看，所有综合评估模型采用的自然系统模块都非常简化，尤其是在碳循环过程方面，陆地和海洋碳循环等过程被大幅简化。采用不同复杂程度的碳循环模块，会对气候变化的影响、政策的制定与有效性产生显著影响。例如，碳循环的不确定性可能导致目标浓度产生 100ppm 的差异，而不同强度的碳循环反馈过程则可能使达到特定温室气体浓度目标（如 550ppm）的经济成本相差万亿美元。因此，综合评估模型发展的一个主要方向应该是加入更为详细的自然系统模块。第 8 章介绍的耦合气候系统模式，将详细描述自然系统中各个圈层以及圈层之间的相互作用过程，如果用其替代综合评估模型中的自然系统模块，将会大大提高综合评估模型结果的准确性。

另外，在研究气候变化政策和指导地球系统研究优先事项设定方面，一些综合评估模型遭受了批评。这些批评通常集中于模型设计的选择，其限制因素在于评估气候变化和减排政策的影响时，不仅缺乏物理环境和社会经济环境方面的数据，也缺乏对这些数据中关键关系的理解。因此，这些批评既指出了当前模型的局限性，也提出了改进的要求。关于如何在气候政策领域进一步开发和使用综合评估模型的建议如下：①采用一套迄今为止最为全面的敏感性分析方法，包括对公平、风险偏好和技术乐观程度等概念的替代处理。通过这种方式，可以确定这些维度上的可靠数据和政策，并寻找更稳定、更准确的解决方案。②考虑到综合评估模型的输入、结构和参数值的不确定性，必须基于传统的综合评估模型开发决策支持工具，并将其作为综合评估模型的补充。例如，开发决策支持工具可以涵盖稳健的规划方法，并广泛使用敏感性分析，以确定输入假设或合理使用决策理论方法产生的良好决策结果，关注模型输入之间可能存在的依赖性和气候政策决策的序列性，并能够在做出决策后根据新的信息进行定期修正。

参 考 文 献

姜克隽, 胡秀莲, 庄幸, 等. 2009. 中国2050年低碳情景和低碳发展之路. 中外能源, 14(6): 1-7.

刘嘉, 陈文颖, 刘德顺. 2011. 对稳定浓度目标下温室气体排放路径的探讨. 中国人口·资源与环境, 21(8): 95-99.

杨世莉. 2015. 人-地系统模式BNU-HESM1.0的初步构建和应用. 北京: 北京师范大学.

杨世莉, 董文杰, 丑洁明, 等. 2019. 对地球系统模式与综合评估模型双向耦合问题的探讨. 气候变化研究进展, 15(4): 335-342.

Daioglou V, Rose S K, Bauer N, et al. 2020. Bioenergy technologies in long-run climate change mitigation: Results from the EMF-33 study. Climatic Change, 163(3): 1603-1620.

Golub A, Markandya A, Marcellino D. 2006. Does the Kyoto protocol cost too much and create unbreakable barriers for economic growth? Contemporary Economic Policy, 24(4): 520-535.

Grubb M, Wieners C, Yang P. 2021. Modeling myths: On DICE and dynamic realism in integrated assessment models of climate change mitigation. WIREs Climate Change, 12(3): e698.

Keppo I, Butnar I, Bauer N, et al. 2021. Exploring the possibility space: Taking stock of the diverse capabilities and gaps in integrated assessment models. Environmental Research Letters, 16(5): 053006.

Maier-Reimer E, Hasselmann K. 1987. Transport and storage of CO_2 in the ocean—An inorganic ocean-circulation carbon cycle model. Climate Dynamics, 2(2): 63-90.

Metz B. 2007. Climate Change 2007 Mitigation of Climate Change: Working Group Ⅲ Contribution to the Fourth Assessment Report of the IPCC. Cambridge: Cambridge University Press.

Nordhaus W D. 1992. An optimal transition path for controlling greenhouse gases. Science, 258(5086): 1315-1319.

Nordhaus W D. 2017. Integrated assessment models of climate change. The American Economic Review, 107(6): 1-34.

Nordhaus W D. 2018. Projections and uncertainties about climate change in an era of minimal climate policies. American Economic Journal: Economic Policy, 10(3): 333-360.

Parry M L Canziani O, Palutikof J, et al. 2007. Climate Change 2007: Impacts, Adaptation and Vulnerability. Contribution of Working Group Ⅱ to the Fourth Assessment Report of the Intergovernmental Panel on Climate Change. Cambridge: Cambridge University Press.

Petoukhov V, Claussen M, Berger A, et al. 2005. EMIC intercomparison project (EMIP-CO_2): Comparative analysis of EMIC simulations of climate, and of equilibrium and transient responses to atmospheric CO_2 doubling. Climate Dynamics, 25(4): 363-385.

Raper S C B, Gregory J M, Osborn T J. 2001. Use of an upwelling-diffusion energy balance climate model to simulate and diagnose A/OGCM results. Climate Dynamics, 17(8): 601-613.

Robertson S. 2021. Transparency, trust, and integrated assessment models: An ethical consideration for the intergovernmental panel on climate change. WIREs Climate Change, 12(1): e679.

Soergel B, Kriegler E, Weindl I, et al. 2021. A sustainable development pathway for climate action within the UN 2030 Agenda. Nature Climate Change, 11: 656-664.

Stanton E A, Ackerman F, Kartha S. 2009. Inside the integrated assessment models: Four issues in climate economics. Climate and Development, 1(2): 166-184.

Tol R S J, Fankhauser S. 1998. On the representation of impact in integrated assessment models of climate change. Environmental Modeling and Assessment, 3(1): 63-74.

van Beek L, Hajer M, Pelzer P, et al. 2020. Anticipating futures through models: The rise of integrated assessment modelling in the climate science-policy interface since 1970. Global Environmental Change, 65: 102191.

van Vuuren D P, Bijl D L, Bogaart P, et al. 2019. Integrated scenarios to support analysis of the food-energy-water nexus. Nature Sustainability, 2: 1132-1141.

Weyant J, Davidson O, Dowlabathi H, et al. 1996. Integrated Assessment of Climate Change: An Overview and Comparison of Approaches and Results. Cambridge: Cambridge University Press.

第 8 章 气候经济模型和综合评估模型与地球系统模式的耦合

8.1 气候经济模型与地球系统模式的耦合

8.1.1 耦合方法介绍

真实气候系统具有复杂性和非线性的特点，目前只有地球系统模式可以在一定程度上对其进行描述和刻画，这是 DICE 模型或者目前所有气候经济模型的不足之处，也是我们将气候经济模型与地球系统模式进行耦合的出发点。杨世莉（2015）依据历史碳排放的时空分布特征，定义了能反映碳排放时空分布的无量纲因子，将其作为连接气候经济模型 DICE 和地球系统模式 BNU-ESM 的桥梁，成功实现了 DICE 和 BNU-ESM 的耦合。具体的耦合思路见图 8.1，即气候经济模型为地球系统模式提供排放量，地球系统模式在排放的驱动下预测未来的气候变化；然后气候经济模型调用耦合模式的结果，计算出下一年的排放量，形成一个完整的双向循环过程。该过程相当于将图 8.1 中虚框内 DICE 模型的自然过程利用地球系统模式

BNU-ESM 来替代。除了要在建模思想上可行之外，两个模型在同一个程序框架下的互动运行还需要通过程序来实现，下面介绍具体的程序实现过程。

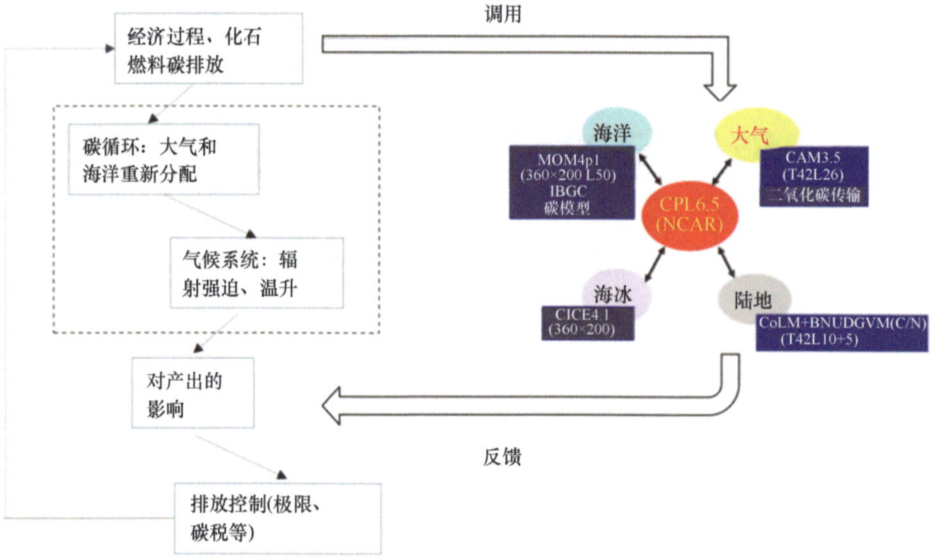

图 8.1 气候经济模型 DICE 和地球系统模式 BNU-ESM 的耦合方案设计（杨世莉，2015）

8.1.2 DICE 模型向地球系统模式传递全球碳排放的过程

1. DICE 模型步长调整

气候经济模型的时间步长为 5~10 年，远远低于地球系统模式中碳排放通量的时间分辨率（年或月）。DICE 模型的时间步长为 10 年，即每 10 年输出一次排放量。另外，气候经济模型的空间分辨率相对较低。例如，DICE 模型将全球视为一个整体，而分辨率较高的 RICE 模型则以区域或国家为整体。相比之下，地球系统模式的外强迫（如碳排放通量）具有较高的空间分辨率，通常为几十公里。因此，不仅需要将 10 年的总排放量换算成每年的排放量，还需要将每年的排放量分配在全球格点上，且需按照年内变率，将每年的碳排放通量分配到不同月份。根据 10 年总排放量换算成每年的排放量时，常用方法是线性插值，但该方法目前无法直接应用，因为线性插值过程中需要未来 10 年的排放量。

因此，当前尝试利用修改气候经济模型时间步长的方法来实现耦合过程中碳排放量传递。

DICE 模型设置的步长为 10 年，对应模型中所有与运行步长相关的参数都为 10 年，且 DICE 模型每年运行一次。另外，由于 DICE 模型中计算外生变量的公式为指数形式，如外生变量人口的计算公式［式（8.1）和式（8.2）］。

$$\mathrm{GL}(t)=\left(\frac{\mathrm{GL0}}{\mathrm{DLAB}}\right)\left[1.0-\mathrm{e}^{-\mathrm{DLAB}\times(t-1.0)}\right] \tag{8.1}$$

$$L(t)=\mathrm{LL0}\times\mathrm{e}^{\mathrm{GL}(t)} \tag{8.2}$$

式中，GL 为人口增长率；DLAB 为人口增长率的下降率；L 为累积量；t 为 t 时刻，t=0 为初始值。

因此，将每 10 年的变化量除以 10 得到每年的变化量。鉴于指数算法的特征，在不改变计算公式的前提下，根据每年的变化参数，可得到相应外生变量每年的时间变化序列。表 8.1 列出了具体修改的与气候经济模型计算步长相关的参数。

表 8.1　气候经济模型中与计算步长相关的参数

参数描述	每 10 年	每年
GL0（人口增长率）	0.223	0.0223
DLAB（人口增长率的下降率）	0.195	0.0195
DELA（技术的下降率）	0.11	0.011
GSIGMA（CO_2 当量排放的增长率）	–0.1168	–0.01168

注：不包括气候经济模型中描述自然物理过程的参数。

图 8.2 和图 8.3 分别给出以每 10 年和每年为步长的外生变量人口与 CO_2 当量排放产出率 δ（t）的变化结果。从图 8.4 可以看出，通过修改 DICE 模型中的相关参数，将模型的运行步长从原始的每 10 年修改为每年的方法是合理的，这不仅有利于将气候经济模型与地球系统模式进行耦合，还可以提高气候经济模型的运算精度。

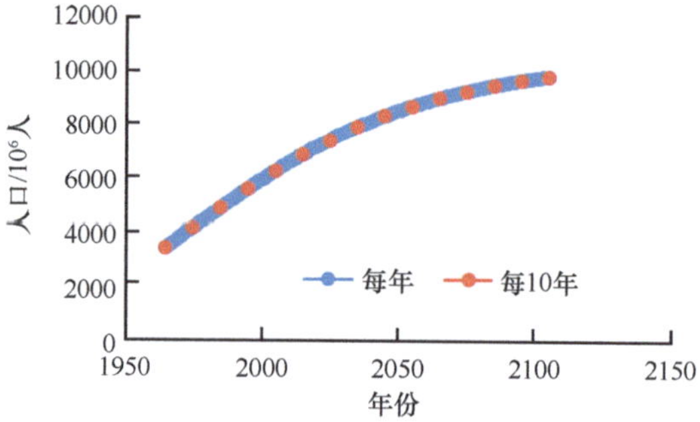

图 8.2　不同时间步长下的人口变化（杨世莉，2015）

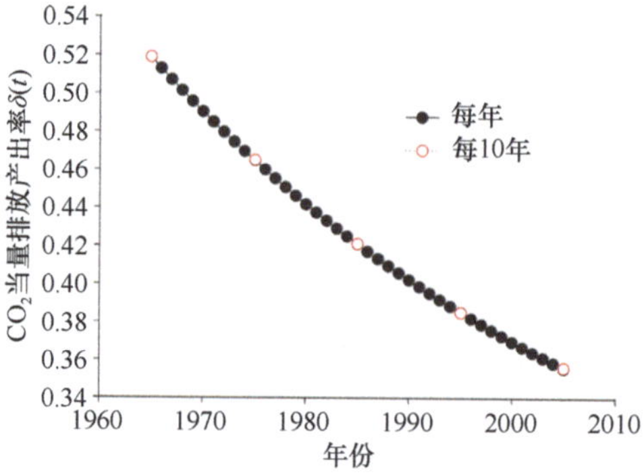

图 8.3　不同时间步长下的 δ（t）变化（杨世莉，2015）

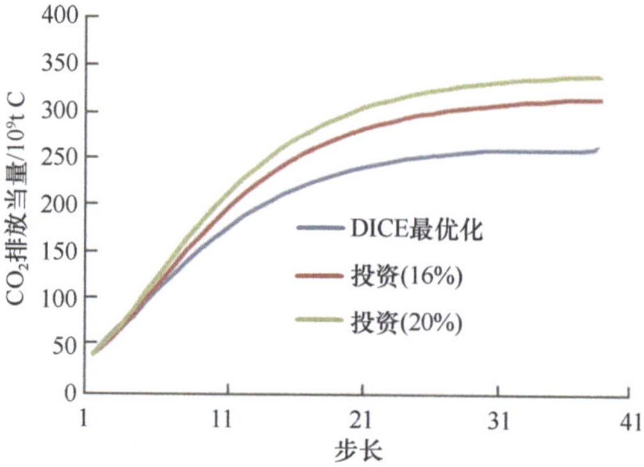

图 8.4　不同步长和方法下 CO_2 排放当量

2. 碳排放通量时空分布特征

通常而言，地球系统模式是利用观测或者一定情景下预估的化石燃料通量数据作为边界条件来强迫出人类活动对气候变化的影响，这些数据的空间分辨率为全球格点形式，而时间尺度为月，即具有一定的月变化率。图 8.5 展示了地球系统模式 BNU-ESM 多年平均碳排放通量的逐月变化情况，全球 CO_2 排放通量具有显著的月变化特征，年内排放高峰集中在 1 月和 12 月，这可能与北半球冬季中高纬度地区的集中供暖有关。

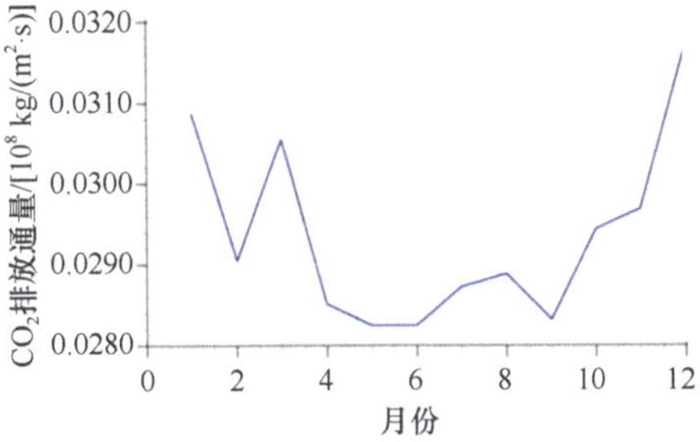

图 8.5　1751~2005 年全球 CO_2 排放通量的月平均变化（杨世莉，2015）

另外，由于全球的经济发展水平存在较大的区域差异，历史的碳排放通量也具有明显的空间差异特征。图 8.6 显示了历史 CO_2 排放通量在 1900~1949 年和

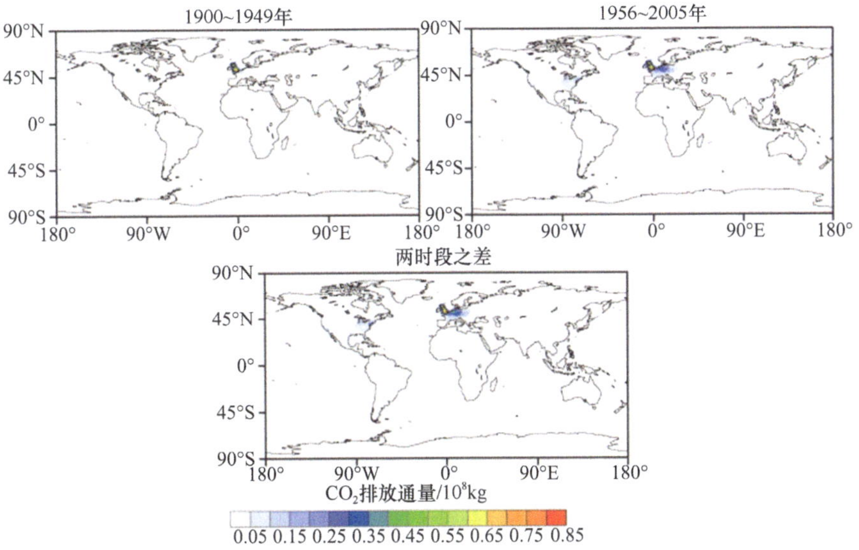

图 8.6　观测的 1900~1949 年和 1956~2005 年平均 CO_2 排放通量以及两段时间之差（杨世莉，2015）

1956~2005 年两个不同时间段的平均排放通量以及这两个时间段的差值，可以发现碳排放较多区域主要位于北半球中高纬度地区，如亚洲东部、北美洲东部和欧洲西部等。同样的变化特征在未来情景路径下也有所体现，如 RCP8.5 排放情景下 2010~2019 年以及 2090~2099 年两个时间段 CO_2 排放通量较多且增加明显的区域均位于东亚、北美洲东南部和欧洲（图 8.7）。基于 BNU-ESM 模式中化石燃料通量的时空变化特征，需要 DICE 模型为 BNU-ESM 模式提供具有相似特征的排放通量。

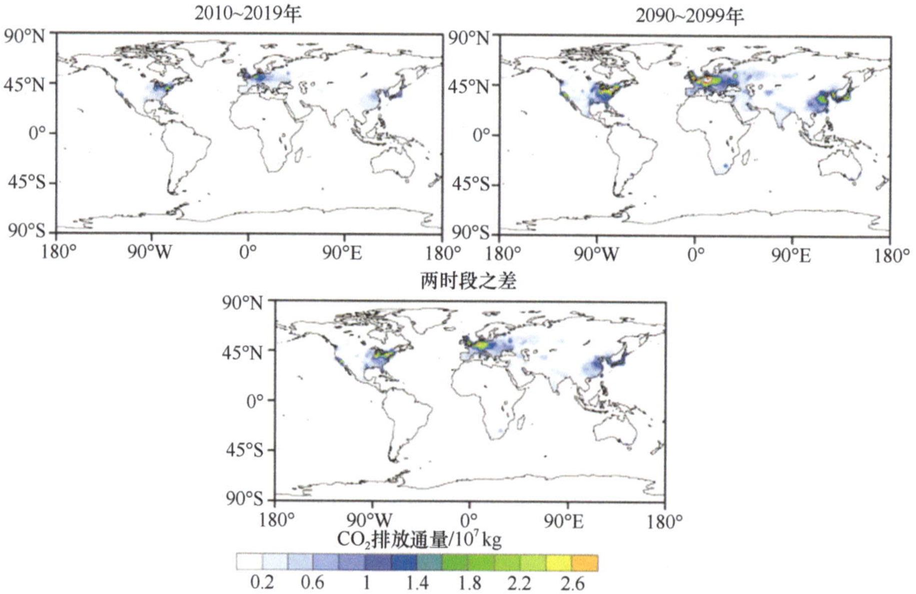

图 8.7　RCP8.5 情景下 2010~2019 年和 2090~2099 年平均 CO_2 排放通量以及两时段之差（杨世莉，2015）

8.1.3　DICE 模型调用 BNU-ESM 模式的程序设计

将气候经济模型与地球系统模式进行耦合的一个主要原因是气候经济模型中从碳排放到气候变化的过程过于简化，其得出的结果具有较大的不确定性和局限性，如无法模拟或者预知未来全球气温的空间分布，以及大气圈层中其他变量的变化等情况。基于此，将气候经济模型中计算气候变化的过程利用地球系统模式替代具有非常重要的科学意义。本章中采用的 DICE 模型在计算全球净总产出 $Y(t)$ 时考虑了气温升高对产出的影响，这需要调用当年的气温变化，具体见式（8.3）：

$$Y(t)=A(t)\times L(t)^{1-\gamma}\times\frac{K(t)^{\gamma}}{1.0+\frac{A1}{9.0}\times \mathrm{TE}(t)^{2}} \quad (8.3)$$

式中，$A(t)$、$K(t)$、$L(t)$ 分别为 t 时间的技术、资本和劳动力；γ 为资本弹性系数；$A1$ 为常数；$\mathrm{TE}(t)$ 为气温；$Y(t)$ 为扣除气温升高造成的经济损失之后的全球净总产出。

因此，需要计算全球的年平均气温，并且将其传递给 DICE 模型来计算当年的产出 $Y(t)$，进而计算下一年的资本量 $K(t+1)$。BNU-ESM 模式每个步长（1800min）计算一次结果，并且可以按照每 6 小时、每天、每月或者每年输出一次结果。因此，BNU-ESM 模式一年的计算结束，则计算该年内气温 TE 多个时间步长的平均值和全球格点的空间平均值，并将其反馈到式（8.3）。

此外，地球系统模式包含大气、陆地、海洋、海冰和陆冰等模块，分别描述不同圈层的物理过程。而在实际自然系统中，圈层之间存在相互作用。例如，大气模块中的气温、降水等不仅影响陆地模块的植被生长和碳循环，还影响海洋模块的海洋热通量及海冰模块的海冰变化等物理过程。因此，地球系统模式还需要完成圈层之间能量和参数的相互交换和传递过程，上述过程在计算机程序设计方面通过耦合器来完成。

在 BNU-ESM 模式中，我们所使用的耦合器是 CPL6。而大气模块中的 ccsm_msg.F90 程序模块除了包括读入化石燃料排放的程序，还负责处理大气模块中需要通过耦合器传出或者传入变量的运行过程，这也是我们进行 DICE 模型和 BNU-ESM 模式耦合程序设计的主要切入点（图 8.8）。因此，在 DICE 模型调用气温的结果程序设计方面，我们通过调用 ccsm_msg.F90 模块将大气模块中的气温传递到耦合器以达到目标，即 DICE 模型直接调用 ccsm_msg.F90 模块中的气温变量，具体的程序设计流程见图 8.8。根据以上的程序设计方法，可以将 DICE 模型与

BNU-ESM 模式进行双向耦合，最终完成人–地系统耦合模式 BNU-HESM1.0 的程序实现过程。

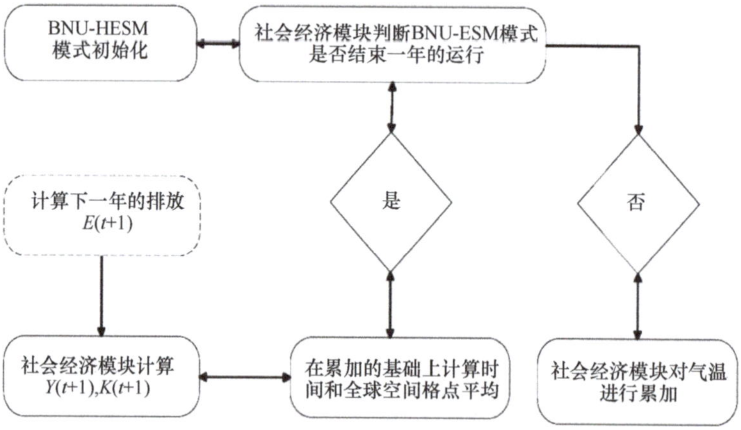

图 8.8 DICE 调用 BNU-ESM 模式结果的程序设计思路（杨世莉，2015）

8.2 综合评估模型与地球系统模式双向耦合的必要性

气候变化已经不再仅仅局限于气候系统，而是深入能源、政治、经济等诸多领域，且随着全球社会经济的不断发展，人类活动与气候系统的相互作用将会进一步加强。地球系统模式和综合评估模型是研究人类活动与气候变化关系的两个主要工具。前者描述了气候圈层以及圈层之间复杂的动力学、热力学和生物化学作用过程，经历了从大气环流模式、大洋环流模式、海–气耦合模式、海-陆-气耦合模式，以及海-陆-气-冰耦合模式的发展，其在研究气候变化的机理、归因以及预估等方面具有非常大的优势（王斌等，2008；赵宗慈等，2013）。而后者整合了能源、经济、政策、气候变化以及气候变化的影响等过程，在研究有关气候变化的政策、影响方面具有明显的优势（张雪芹和葛全胜，1999；Edmonds et al.，2012；张海玲等，2018）。

然而，随着人类社会与自然系统相互作用的增强，综合评估模型与地球系统模式逐渐显现出明显的不足。综合评估模型的经济模块复杂，但气候模块简化；

而地球系统模式的经济模块简化，气候模块复杂。两者均存在自然或人文系统发展不均衡的问题（van Vuuren et al.，2011；董文杰等，2016；杨世莉等，2019）。由于两类模型框架的差异，它们对同一问题的评估结论往往存在较大差异。例如，在 IPCC 评估报告中，第一工作组（主要应用地球系统模式）与第三工作组（主要应用综合评估模型）就“实现 2 ℃温控目标对应排放空间”这一问题所得出的结论存在较大出入。第一工作组认为：若实现 2 ℃温控目标，全球在 2010~2100 年的碳排放空间剩余 480~780 Gt CO_2（IPCC，2013）。而第三工作组认为：若控制温升在 1.3~1.7 ℃，剩余 1050~1500 Gt CO_2；若控制温升在 1.7~2.2 ℃，剩余 1550~2000 Gt CO_2（IPCC，2014）。这为国际社会和决策者把握全球总体减排目标、判断当前减排差距、制定减排计划以及把握减排力度等带来困难。

因此，非常有必要将地球系统模式和综合评估模型进行双向耦合，刻画自然环境与人类社会经济交互影响的机制，从而发展出更为综合的人–地系统模式。另外，从地球系统模式和国内外的各种重大研究计划的发展历程中也可以看出，将地球系统模式和综合评估模型进行双向耦合的必要性，特别是目前国际上提出了为期十年的未来地球（Future Earth）研究计划，该研究计划以“动态地球”、“全球发展”和“向可持续发展的转变”为主要研究目标，强调全球环境和人类福祉以及发展问题，重点关注自然系统和人类系统的相互影响。

8.3　双向耦合模式的模拟评估与预估

8.3.1　未来气候变化模拟预估

在人–地系统模式 BNU-HESM1.0 能够较好地模拟历史气候变化特征的基础上，杨世莉（2015）进一步将其应用于未来气候变化的预估。图 8.9 展示了 BNU-HESM1.0 预估的全球碳排放与 ABNB（发达国家和发展中国家均不减排）、ABNC（发达国家不减排，发展中国家减排）、ACNB（发达国家减排，发展中国家不减排）和 ACNC（发达国家和发展中国家均减排）这四种碳排放情景的比较结果。BNU-HESM1.0

预估的全球碳排放介于 ACNB 和 ABNC 情景之间，而低于 ABNB 情景。这说明根据 BNU-HESM1.0 中给定的 GDP、人口、技术等发展情况，在无任何减排措施的情况下，预估的全球碳排放低于其他方式计算得出的不减排情景。基于 BNU-HESM1.0 的预测，全球碳排放到 2100 年可以达到 13.7Gt CO_2。

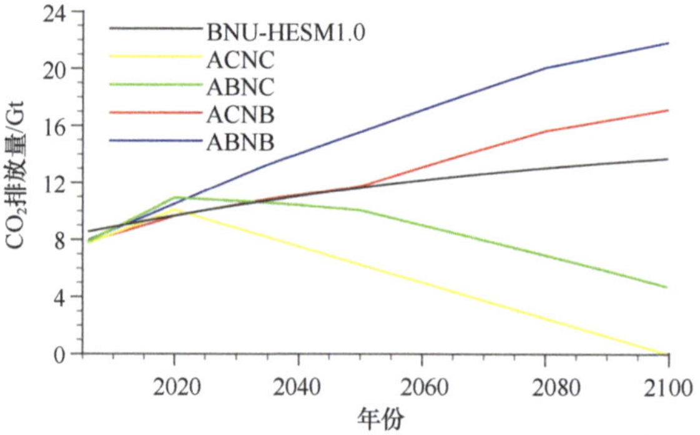

图 8.9 基于 BNU-HESM1.0 预估的未来碳排放和简单模型 MAGICC 预估的 ABNB、ABNC、ACNB 以及 ACNC 情景下的碳排放（杨世莉，2015）

BNU-HESM1.0 计算的全球 CO_2 浓度大小与 ABNC 结果相似（图 8.10），HESM-proj 试验计算的全球 CO_2 浓度到 2100 年为 570 ppm，与 ABNC 结果相差 30 个 ppm。由于 ABNB、ABNC、ACNB 和 ACNC 情景的全球碳排放是根据简单模型 MAGICC 计算得出的，而 MAGICC 模型本身并不包括完整的陆地和海洋碳循环过程。因此，尽管 HESM-proj 试验的碳排放处于 ACNB 和 ABNC 情景之间，但是其全球 CO_2 浓度却与 ABNC 情景接近。这说明在耦合气候系统模式中，陆地和海洋碳汇在决定大气 CO_2 浓度的平衡方面扮演非常重要的角色，未来的研究中有必要定量评估陆地和海洋对碳的吸收能力。另外，虽然 MAGICC 模型未包括完整的碳循环过程，在计算全球 CO_2 浓度方面仍具有较大的不确定性，但是并不影响用其来定量评估发达国家和发展中国家承诺减排对减缓未来气候变化的效果，因为四组情景的浓度都是利用 MAGICC 模型进行计算得出的，而四组情景下的气候变化预估也是利用同一个耦合气候系统模式完成的。

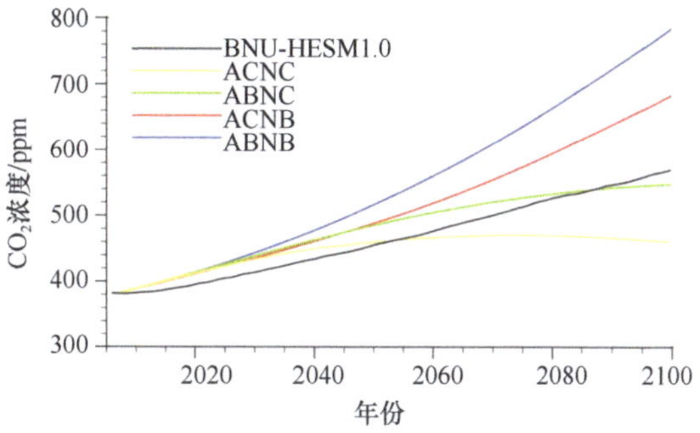

图 8.10　基于 BNU-HESM1.0 模式预估的 CO_2 浓度和简单模型 MAGICC 预估的 ABNB、ABNC、ACNB 以及 ACNC 情景下 CO_2 浓度的比较（杨世莉，2015）

图 8.11 给出了 BNU-HESM1.0 模式预估的 21 世纪全球平均气温的变化。HESM-proj 试验预估的气温呈现上升趋势，与其他四个情景类似，区别在于该试验的气温在 21 世纪前期的变化比较缓慢，而其他四个情景升温速度较快。HESM-proj 试验预估的全球平均气温在 21 世纪末比 2006~2035 年的平均值高出 1.8 ℃，其升温幅度介于 ABNB 和 ACNB 情景之间。

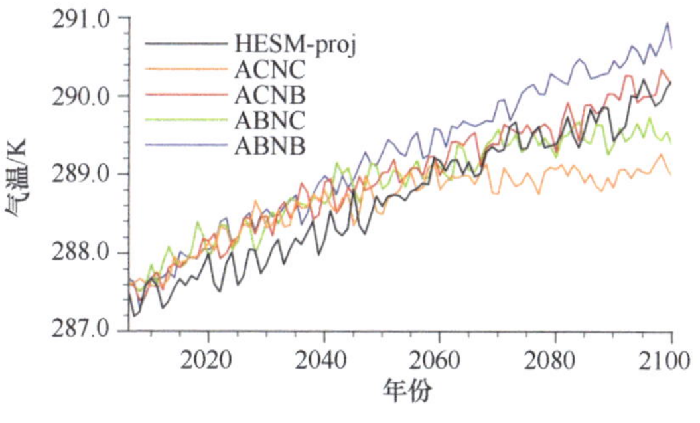

图 8.11　基于 BNU-HESM1.0 模式预估的全球平均气温和简单模型 MAGICC 预估的 ABNB、ABNC、ACNB 以及 ACNC 情景下全球平均气温的比较（杨世莉，2015）

8.3.2　美国退出《巴黎协定》对全球气候变化的影响

鉴于 BNU-HESM1.0 的中经济模型和气候变化影响模块较为简单，不能完全呈现复杂的社会系统以及气候变化对经济的反馈过程，Yang 等（2018）将综合评估模型（EMRICES）与地球系统模式（BNU-ESM）双向耦合起来，定量分析了美国退出《巴黎协定》对全球碳排放和气候变化的具体影响。该模型总共设置了三种排放情景：①国家自主贡献（NDC）情景，表示所有国家执行《巴黎协定》设置的 NDC 目标，且美国未来能源技术有进步；②NDC-NA 情景，表示美国不执行 NDC 目标，且美国未来能源技术有进步；③NDC-NA-NT 情景，表示美国不执行 NDC 目标，且美国未来能源技术无进步。图 8.12 展示了三种情景下碳排放的未来变化，在这三种情景全球碳排放下均在 2020 年左右达到峰值，2020~2030 年急剧下降，2030~2100 年则呈缓慢下降趋势。相比较而言，NDC 和 NDC-NA 情景下碳排放差异较小，表明美国退出《巴黎协定》的决定会通过减缓技术进步而对全球碳排放产生显著影响。但是，NDC-NA-NT 情景下碳排放量相较于另外两种情景明显偏多，尤其是在 2030 年以后，预计到 21 世纪末 NDC-NA-NT 情景相较于另外两种情景会额外产生 176.7 Gt CO_2 累积碳排放。

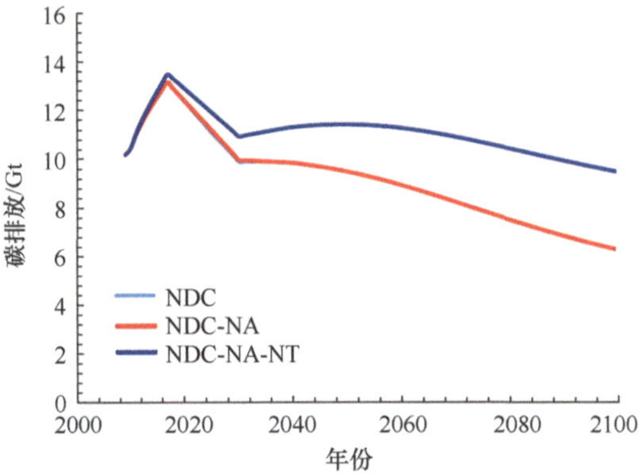

图 8.12　全球碳排放在 NDC、NDC-NA 和 NDC-NA-NT 情景下的未来变化
图中 NDC 和 NDC-NA 情景重叠

在 NDC 情景下，全球 CO_2 浓度将以每年 2.26 ppm 的速率增加，而在 NDC-NA-NT 情景下，其增加速率则达到每年 2.95 ppm。这两种情景下的上升速率均介于 RCP4.5（每年 1.83 ppm）和 RCP8.5（每年 5.96 ppm）排放情景之间。图 8.13 呈现了 NDC 和 NDC-NA-NT 情景下 2100 年全球碳排放通量的空间分布，以及二者差异。通过对比可以看出，尽管在两种情景下碳排放的高值区主要位于东亚、北美洲东南部和西欧，但在 NDC-NA-NT 情景下的这三个区域的碳排放均较 NDC 显著增加。相应

地，在 NDC 情景下，21 世纪末全球 CO_2 浓度达到 588 ppm，而在 NDC-NA-NT 则达到 644 ppm。因此，美国退出《巴黎协定》可以造成全球 CO_2 浓度额外升高 62 ppm。

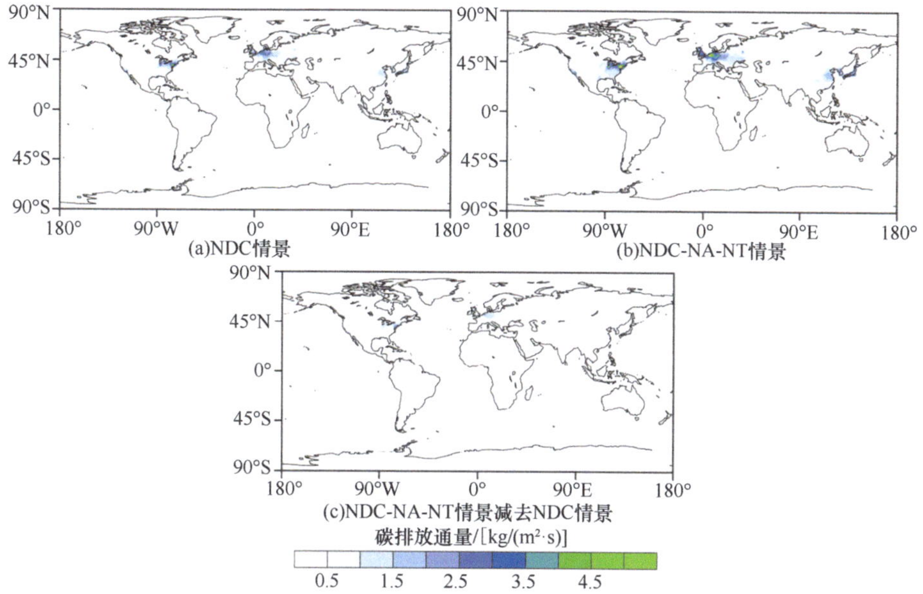

图 8.13　2100 年碳排放在不同情景下的全球空间分布（Yang et al.，2018）

进一步，图 8.14 展示了 NDC 和 NDC-NA-NT 情景下全球地表气温的未来变化。在 NDC 和 NDC-NA-NT 情景下，未来全球地表气温均表现出显著升高的趋势。其中，NDC 下 21 世纪末气温升高 2.7 ℃，而在 NDC-NA-NT 下升高 3.1 ℃。同样地，两种情景下的全球气温升高幅度均介于 RCP4.5（2.6 ℃±0.8 ℃）和 RCP8.5（5.2 ℃±1.2 ℃）排放情景之间。因此，美国退出《巴黎协定》可以造成全球气温额外升高 0.4 ℃。值得注意的是，由于目前国家承诺的减排目标不足以将升温控制在 1.5~2 ℃，未来需要更加严格的减排目标和更快速的技术进步。

最后，图 8.15 展示了 NDC 和 NDC-NA-NT 情景下，气候变化导致的经济损失占 GDP 比例的未来变化趋势。在 NDC 情景下，至 21 世纪末，由气候变化造成的经济损失占 GDP 的比例，在美国为 9%，而在中国为 12%；在 NDC-NA-NT

情景下，21 世纪末，美国的经济损失则会超过 11%，中国超过 14%。也就是说，如果美国退出《巴黎协定》，到 21 世纪末，将会对美国、中国和相关国家造成额外 2%左右的经济损失。

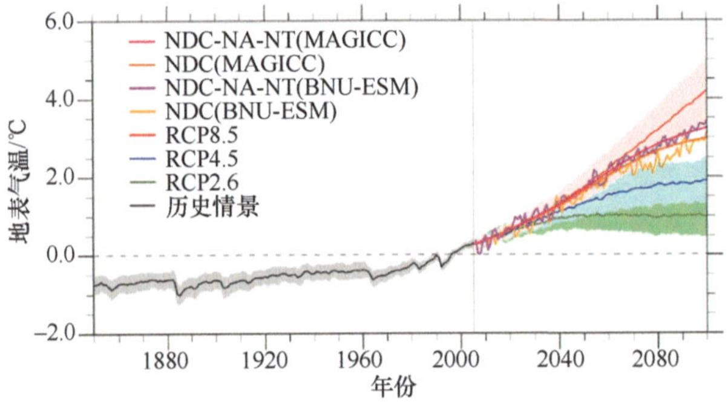

图 8.14　NDC 和 NDC-NA-NT 情景及 CMIP5 模式模拟和预估的全球地表气温变化（Yang et al.，2018）

不同颜色的阴影通常表示模型预测的不确定性范围或置信区间。这些阴影围绕预测的中心线（实线）展开，显示了在不同情景下全球地表气温变化的可能范围。阴影的宽度越宽，表示预测的不确定性越大

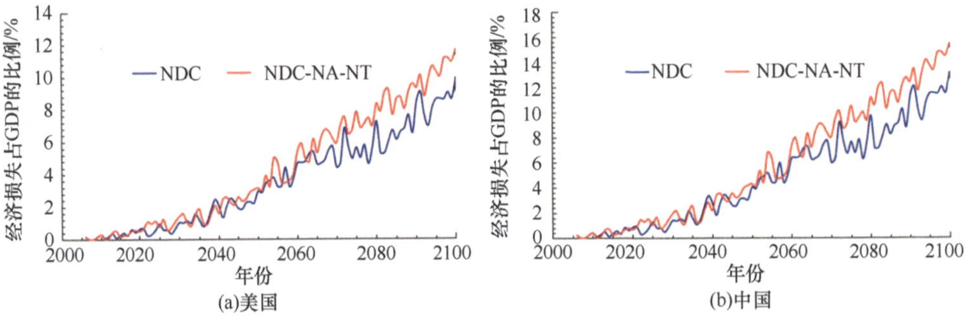

图 8.15　NDC 和 NDC-NA-NT 情景下由气候变化导致的经济损失占 GDP 比例的未来变化（Yang et al.，2018）

8.3.3　中国区域投资对碳排放和气候变化的影响

从发展趋势来看，我国对“一带一路”共建国家的投资不断增加。当前重点投资国家主要集中在东盟、中亚和中东地区，投资增长速度最快的国家主要集中在南美洲、非洲、中东和东欧地区等。投资行业因区域的不同而有所差异，

主要包括制造业、建筑业、水力发电等领域。为了评估我国投资对“一带一路”共建国家碳排放和全球气候变化的影响，Li 等（2021）在 RICE 模型的基础上，构建了“一带一路”多区域“投资–排放”综合评估模型，并实现了“投资–排放”模型与地球系统模式的双向耦合，其中实现双向耦合运行的基本流程分为以下五步。

第一步：碳排放量估算。“投资–排放”模型基于资本、劳动力、技术、碳强度、中国投资等经济变量，估算“一带一路”共建国家的经济产出和碳排放量。

第二步：碳排放网格化、通量化。基于 RCP4.5 情景下的全球 CO_2 排放通量，将“一带一路”共建国家的总 CO_2 排放量降尺度到网格尺度，并将单位由 kg/a 换算为 kg/（m^2·s），非“一带一路”共建国家的 CO_2 排放量则维持在 RCP4.5 情景下的水平。

第三步：碳排放的气候效应。将 CO_2 排放通量输入地球系统模式，用以模拟全球气候变化。

第四步：气候变化损失评估。估算全球表面平均升温幅度（相对工业革命之前），基于 RICE 模型损失函数估算气候变化对“一带一路”共建国家造成的经济损失。

第五步：校正当年经济产出。利用气候变化损失校正当年经济产出，这将影响第二年的投资量，进而影响第二年的碳排放量。

然后，以无投资、固定投资、加强投资和加强投资–能源等情景为例，分析了我国投资对“一带一路”共建国家碳排放和全球气候变化的影响。我国投资能够促进“一带一路”共建国家 CO_2 排放强度降低，且投资量越大，下降幅度越大，并且投资发电行业可进一步降低。在无中国投资情景下，2100 年“一带一路”共建国家 CO_2 强度相对 2018 年下降约 0.4768 kg/美元，其中俄罗斯下降幅度最大，约 0.8210 kg/美元，印度次之，约 0.6908 kg/美元，东南亚地区、发达国家分区的降幅相对较小，分别约 0.2740 kg/美元和 0.2504 kg/美元。在有中国固定投资情景下，2100 年“一带一路”共建国家的 CO_2 排放强度相较 2018 年，在无中国投资情景的基础上进一步下降约 2.89%，其中东南亚地区降幅增加最大，约为 13.2%，发达国家、中东—中亚地区次之，分别约为 7.31%和 5.09%。在中国加强投资的情景下，2100 年“一带一路”共建国家的 CO_2 强度在无中国投资情景的基础上可进一步下降约 5.7%，其中东南亚地区降幅的增加最大，约为 26.79%，发达国家分区和中东—中亚次之，分别约为 13.22%和 10.74%，中东欧地区最小。在中国加强投资–能源的情景下，2100 年“一带一路”共建国家 CO_2 强度的下降幅度与加强投资情景接近，其中东南亚地区降幅增加最大，约为 20.69%，发达国家分区和中东—中亚地区次之，分别约为 13.22%和 10.90%，但中东欧地区的降幅相对于无投资情景减小约 0.66%。

相应地，我国投资可导致“一带一路”共建国家 CO_2 排放总量的增幅减小，且投资量越大，缩小幅度越大；投资发电行业可进一步促使 CO_2 排放量的增幅减小。在无中国投资情景下，2018~2100 年“一带一路”共建国家 CO_2 排放量累计排放达到 916.29 Gt，各区域差异较为明显，其中印度、中东—中亚、东南亚、非洲—拉丁美洲地区的排放量增加，分别累积增加约 418.75 Gt CO_2、303.98 Gt CO_2、294.53 Gt CO_2 和 32.56 Gt CO_2；而俄罗斯、中东欧和发达国家分别累积减少 82.87 Gt CO_2、45.92 Gt CO_2 和 4.73 Gt CO_2。在有中国固定投资情景下，2018~2100 年“一带一路”共建国家 CO_2 累积增排量相对于无投资情景整体减少约 4.82%。其中，发达国家、东南亚和非洲—拉丁美洲减幅最大，分别约为 8.49%、3.61%和 3.28%，印度减幅最小，约为 0.11%。在中国加强投资情景下，2018~2100 年“一带一路”共建国家累积 CO_2 增排量减少约 8.67%，其中发达国家、东南亚和非洲—拉丁美洲地区减幅最大，分别约为 13.83%、6.68%和 6.02%，印度减幅最小，约为 0.23%。在中国加强投资–能源情景下，2018~2100 年“一带一路”共建国家累积 CO_2 增排量减幅与加强投资情景接近，约为 9.59%，其中非洲—拉丁美洲、发达国家和中东—中亚地区相对无投资情景的减少幅度最大，分别约为 15.53%、13.83%和 4.81%，而中东欧地区则相对增加约 5.99%（图 8.16）。

因此，我国投资“一带一路”对全球国家自主碳减排的贡献最高可达 15.16%。在无气候政策干预的基准情景下，2011~2100 年全球 CO_2 累积排放量为 4300~6920 Gt，实现 2.0 ℃温控目标剩余的碳排放空间为 750~1400 Gt CO_2，据此判断，实现 2.0 ℃温控目标，全球累积 CO_2 排放量相对基准情景需降低 2900~6170 Gt。在固定投资、加强投资、加强投资–能源三种情景下，2018~2100 年“一带一路”共建国家累积 CO_2 排放量相对无投资情景分别减少了 44.16 Gt、79.46 Gt 和 87.92 Gt，为全球碳减排贡献了 0.72%~1.52%、1.29%~2.74%和 1.42%~3.00%。

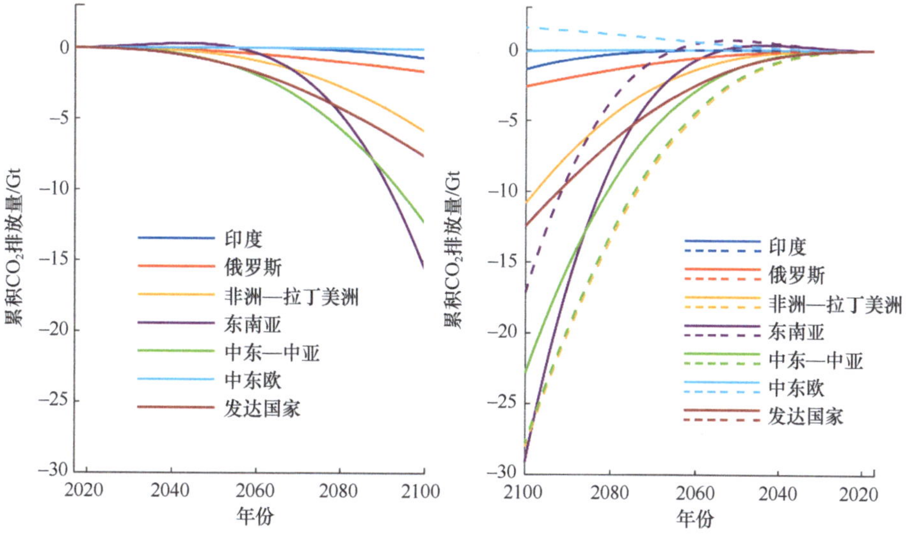

图 8.16 固定投资情景（左）、加强投资情景（右，实线）和加强投资–能源情景（右，虚线）下“一带一路”共建国家 CO_2 排放量相对无投资情景的变化（Li et al.，2021）

在当前各国的减排承诺(即国家自主贡献减排)完全实现的情景下，2011~2100 年全球累积 CO_2 碳排放量为 1980~2730 Gt，据此判断，实现 2.0 ℃温控目标，全球累积 CO_2 排放量还需进一步降低 580~1980 Gt。在固定投资、加强投资、加强投资–能源这三种情景下，2018~2100 年“一带一路”共建国家累积 CO_2 减排量分别为全球碳减排贡献了 2.23%~7.61%、4.01%~13.70%、4.44%~15.16%。

对于全球气候变化的影响而言，在固定投资、加强投资、加强投资–能源三种情景下，我国投资均可导致 2018~2050 年全球平均温度下降(0.003~0.029 ℃)，其中加强投资情景下降温最大，加强投资–能源情景下降温最小。从多年平均来看，相较于无中国投资情景，有中国固定投资、加强投资以及加强投资–能源情景下，全球年平均温度整体下降，其中，加强投资情景下温度降幅最大，约降低 0.029 ℃（$P<0.05$）；其次为有固定投资的情景，约降低 0.017 ℃（$P<0.10$）；

加强投资–能源情景最小，约降低 0.003 ℃（图 8.17）。从未来变化趋势来看，四种情景下全球平均温度的变化趋势不尽相同。其中，在加强投资情景下呈显著下降趋势，下降速率约为 0.02 ℃/10a（P<0.10）。从年代变化上看，相较于无中国投资情景，在有固定投资、加强投资情景下，年代际变化并不明显，而在加强投资–能源情景下，则呈现先增加后下降的变化特征。其中，2035 年之前全球平均温度略有升高，升高速率约为 0.03 ℃/10a，2035 年之后则略有下降趋势，下降速率为 0.04 ℃/10a。

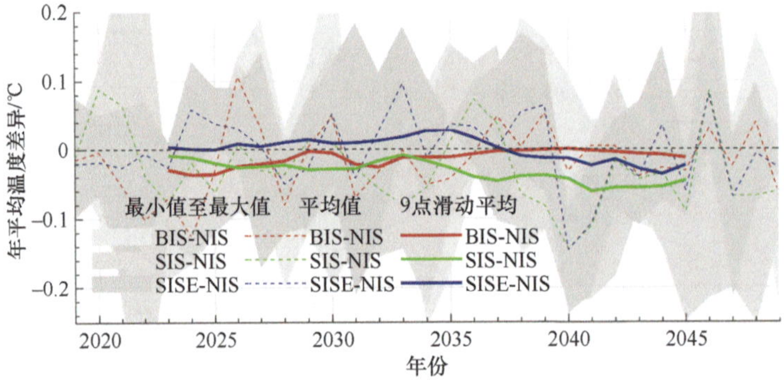

图 8.17　固定投资情景（BIS）、加强投资情景（SIS）以及加强投资–能源情景（SISE）下全球年平均温度相对无投资情景（NIS）的变化

阴影区表示 3 个重复试验的最小值至最大值

同时，在中国投资“一带一路”共建国家的情景下，全球年降水量也会发生变化（图 8.18）。从多年平均来看，相较于无中国投资的情景，在固定投资、加强投资、加强投资–能源三种情景下，全球年降水量均显著增加，其中有固定投资情景下增幅最大，约增加 4.82mm（P<0.01），加强投资情景次之，约增加 4.45mm（P<0.01），加强投资–能源情景最小，约增加 4.41mm（P<0.01）。从变化速率来看，三种投资情景下的全球平均年降水量均呈增加的趋势。其中，加强投资–能源情景下增幅最快，约为 1.13mm/10a（P<0.01），加强投资情景次之，约为 0.9mm/10a，有固定投资情景最小，仅为 0.4mm/10a。

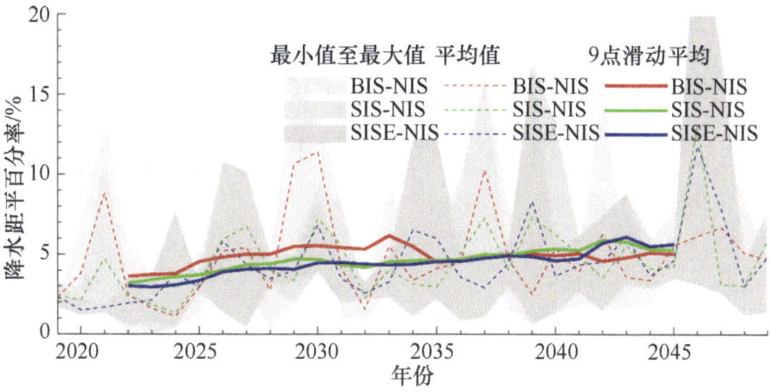

图 8.18　固定投资情景（BIS）、加强投资情景（SIS）以及加强投资–能源情景（SISE）下全球年降水量相对无投资情景（NIS）的距平百分率变化

阴影区表示 3 个重复试验的最小值至最大值

此外，在无中国投资情景下，2018~2050 年全球气候变化对中国及“一带一路”共建国家造成的 GDP 损失累积可高达 14.46 万亿美元，其中中国 GDP 损失量最大，累积损失可达 4.11 万亿美元；印度次之，约为 2.45 万亿美元；俄罗斯、中东欧和发达国家地区相对较少，分别约损失 0.31 万亿美元、0.31 万亿美元和 0.97 万亿美元。但相较于无中国投资情景，在加强投资和加强投资–能源情景下，2018~2050 年中国及“一带一路”共建国家 GDP 累积损失均相对减少，特别是在加强投资情景下（图 8.19）。

8.3.4　绿色发展路径的作用

技术进步可通过绿色能源、低碳、脱碳、碳回收等技术手段降低碳排放强度，实现减排目标。Wei 等（2021）以此为基础，构建了以技术进步为特征的绿色发展路径，并利用耦合的地球系统模式与综合评估模型 EMRICES，研究了该路径对减缓全球极端气候事件及其经济损失的贡献。首先，通过综合评估模型 EMRICES 设计了包含以下几种路径的技术进步路径：参照路径即照常排放路径（BAU）、2018 年起技术快速进步路径（FTP）以及技术停滞路径（NTP）。后两种路径代表了技术进步的两种极端情况，涵盖了技术进步的高低阈值（图 8.20）。接着，利用耦合了碳循环过程的地球系统模式，模拟了不同路径下 2019~2100

年的气候变化和极端事件。基于这三种路径，构建了新的损失函数，包括基于极端事件的损失函数、基于全球平均温度的 RICE 模型损失函数以及基于区域年平均温度的 RICE 模型损失函数，并预估了技术进步情景下极端气候变化及其引发的经济损失（图 8.21）。

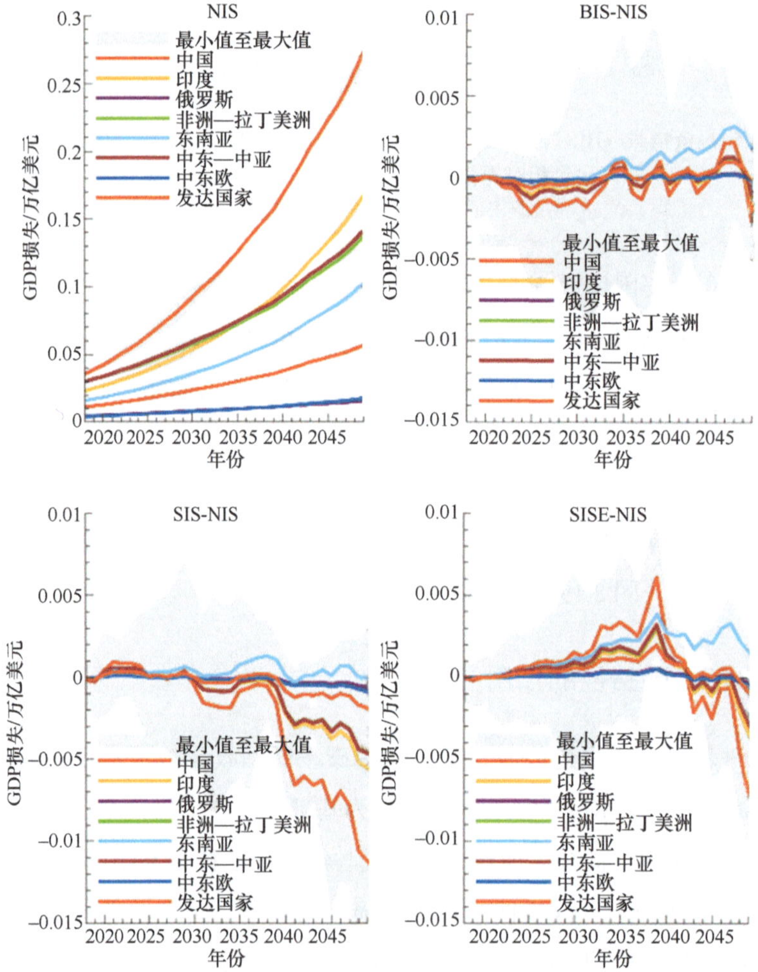

图 8.19　气候变化对中国及“一带一路”共建国家造成的 GDP 损失（无投资与不同能源投资情景比较）

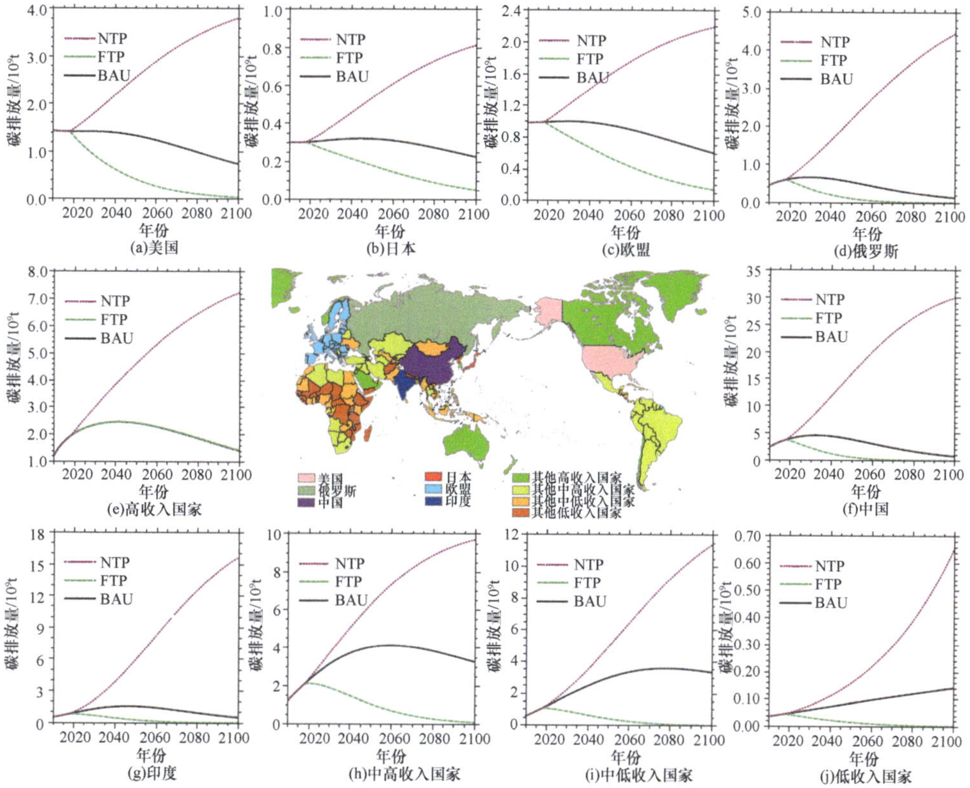

图 8.20　10 个国家/区域不同排放路径下 2019~2100 年的碳排放量（Wei et al.，2021）

BAU：照常排放路径，FTP：技术快速进步路径，NTP：技术停滞路径

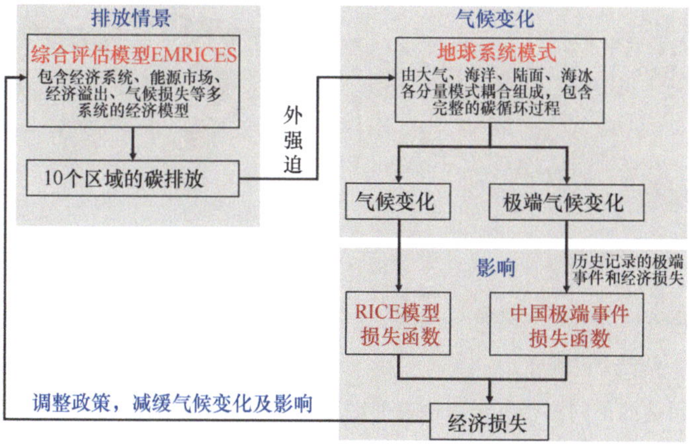

图 8.21　气候变化影响评估的试验设计框架图

预估结果表明，FTP（NTP）路径使 21 世纪末 CO_2 浓度达到 379.6 ppm（2054.9 ppm），相较于 BAU 路径减少了 46%（增加了 195%）；全球陆地气温相对于现代（1986~2005 年）升高 1.3 ℃（6 ℃），降水增加 2%（10.8%）。因此，不以控制生产为代价的快速技术进步能够将全球升温幅度在 21 世纪末控制在 2 ℃以内（图 8.22）。同时，在 FTP 路径下，21 世纪末极端高温强度较现代升高 1.5 ℃，相对于 BAU 路径下的 3.3 ℃和 NTP 路径下的 7 ℃有大幅降低；极端暖事件频率增加了 17.9%，相对于 BAU 路径下的 26.2%和 NTP 路径下的 38.7%也显著减小（图 8.23）。快速技术进步将减少全球陆地极端降水量，尤其是全球季风区极端降水量减少 14.5%~55.6%。在 BAU 和 NTP 路径下，2070 年之后全球干旱呈现大幅增加的趋势，而快速技术进步将遏制干旱的加剧，使干旱风险减少 90%以上（图 8.24）。

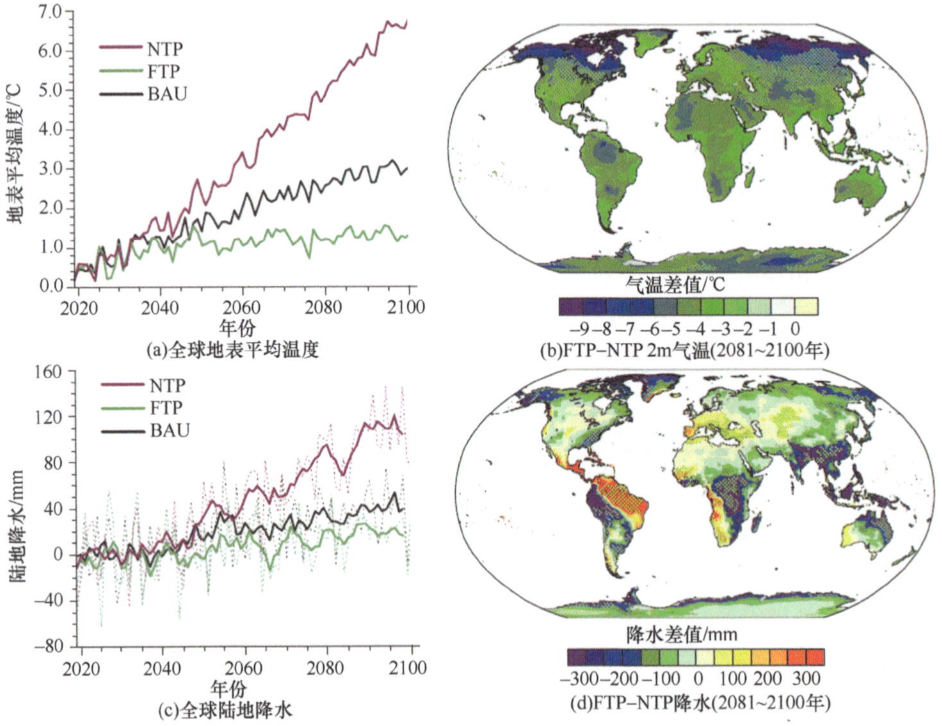

图 8.22 模拟预估的不同路径下全球地表平均温度和陆地降水序列（相对于 1986~2005 年的异常值），以及 21 世纪末（2081~2100 年）FTP 和 NTP 路径下全球地表平均温度和陆地降水的差值分布（Wei et al.，2021）

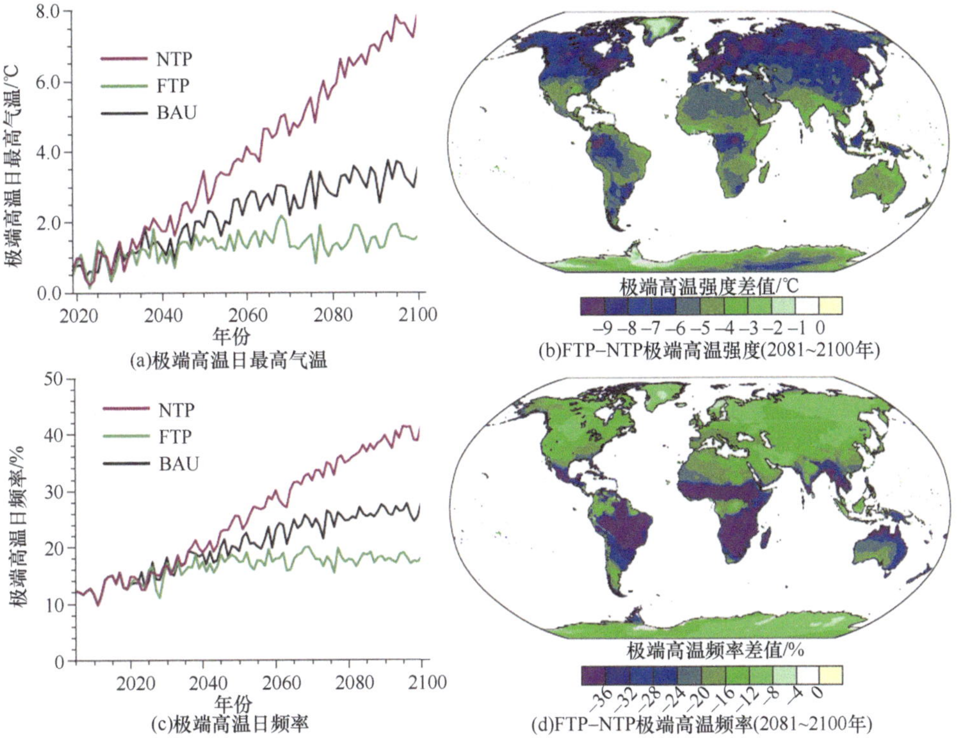

图 8.23　模拟预估的不同路径下全球陆地极端高温日最高气温和极端高温日频率（相对于 1986~2005 年的异常值），以及 21 世纪末（2081~2100 年）FTP 和 NTP 路径下全球陆地极端高温日最高气温和极端高温日频率的差值分布（Wei et al.，2021）

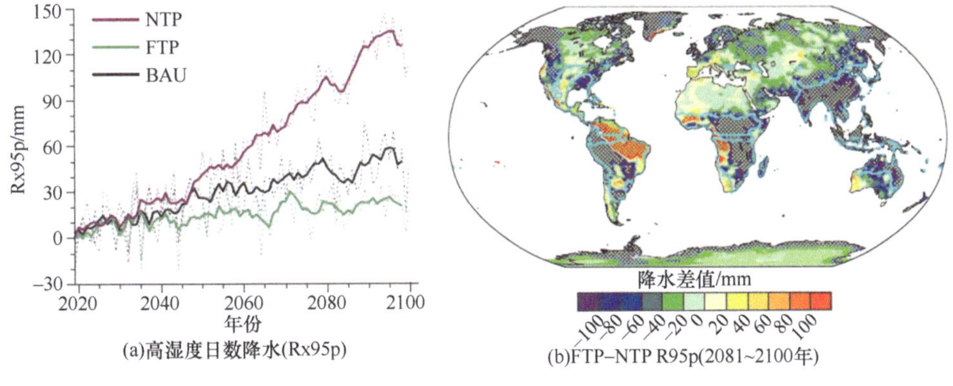

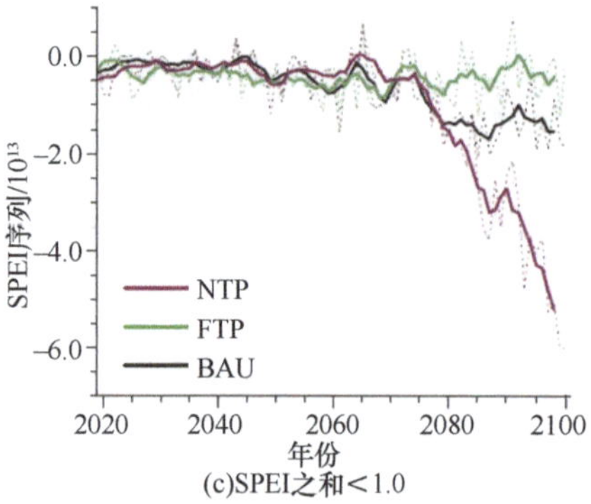

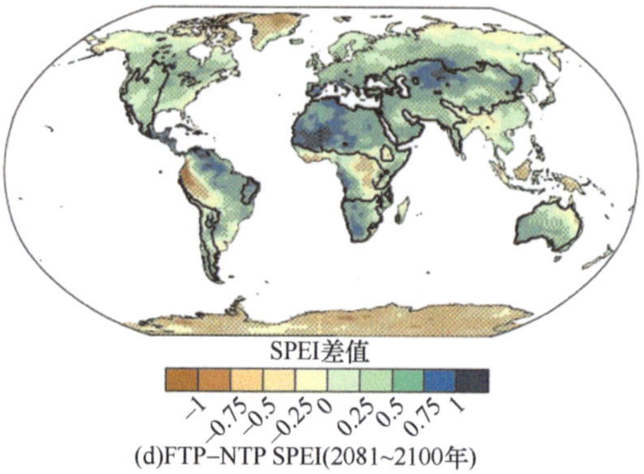

图 8.24　模拟预估的不同路径下全球陆地极端强降水（Rx95p）和干旱指数（SPEI）序列（相对于 1986~ 2005 年的异常值），以及 21 世纪末（2081~2100 年）FTP 和 NTP 路径下全球陆地极端强降水和干旱指数的差值分布（Wei et al.，2021）

参 考 文 献

董文杰, 袁文平, 滕飞, 等. 2016. 地球系统模式与综合评估模型的双向耦合及应用. 地球科学进展, 31(12): 1215-1219.

王斌, 周天军, 俞永强. 2008. 地球系统模式发展展望. 气象学报, 66(6): 857-869.

杨世莉. 2015. 人-地系统模式 BNU-HESM1.0 的初步构建和应用. 北京:北京师范大学.

杨世莉, 董文杰, 丑洁明, 等. 2019. 对地球系统模式与综合评估模型双向耦合问题的探讨. 气候变化研究进展, 15(4): 335-342.

张海玲, 刘昌新, 王铮. 2018. 气候变化综合评估模型的损失函数研究进展. 气候变化研究进展, 14(1): 40-49.

张雪芹, 葛全胜. 1999.气候变化综合评估模型. 地理科学进展, 18(1): 60-67.

赵宗慈, 罗勇, 黄建斌. 2013. 对地球系统模式评估方法的回顾. 气候变化研究进展, 9(1): 1-8.

Edmonds J A, Calvin K V, Clarke L E, et al. 2012. Integrated assessment modeling//Climate Change Modeling Methodology. New York: Springer: 169-209.

IPCC. 2013. Climate Change 2013: The Physical Science Basis. Contribution of Working Group Ⅰ to the Fifth Assessment Report of the Intergovernmental Panel on Climate Change. Cambridge: Cambridge University Press.

IPCC. 2014. Climate Change 2014: Mitigation of Climate Change. Contribution of Working Group III to the Fifth Assessment Report of the Intergovernmental Panel on Climate Change. Cambridge: Cambridge University Press.

Li X X, Liu C X, Wang F, et al. 2021. The effect of Chinese investment on reducing CO_2 emission for the Belt and Road countries. Journal of Cleaner Production, 288: 1-14.

Wei T, Liu C X, Dong W J, et al. 2021. Reduction in extreme climate events and potential impacts by the use of technological advances. International Journal of Climatology, 41(4): 2495-2508.

van Vuuren D P, Lowe J, Stehfest E, et al. 2011. How well do integrated assessment models simulate climate change? Climatic Change, 104(2): 255-285.

Yang S L, Dong W J, Chou J M, et al. 2016. Global warming projections using the human-earth system model BNU-HESM1.0. Science Bulletin, 61(23): 1833-1838.

Yang S L, Dong W J, Chou J M, et al. 2015. A brief introduction to BNU-HESM1.0 and its earth surface temperature simulations. Advances in Atmospheric Sciences, 32(12): 1683-1688.

Yang S, Liu C, Dong W, et al. 2018. Quantifying the climate impact of the US policy choices using an economic and earth system model. Sustainability, 10(6): 1884.

第9章 气候变化预估方法和结论中的主要不确定性

未来气候预估存在不确定性，主要来源包括：未来气候情景的不确定性、模式框架和物理参数引起的不确定性、气候系统内部变率造成的不确定性，以及这些不确定性来源之间的相互作用。此外，未来可能发生的火山爆发和太阳活动变化也会带来不稳定性。评估气候预估不确定性的方法有多种，包括多模式集合（如CMIP6）（Eyring et al.，2016）、单模式初始条件集合（Deser et al.，2020）、从观测气候状态初始化的集合（年代际预测），对模式性能和独立性的评估、观测涌现约束，以及对平衡气候敏感性和瞬态气候响应的不确定性评估。然而，内部变率在大多数时间范围内造成的不确定性是不可避免的，特别是在区域和年代际时间尺度上。

IPCC第六次评估报告对不确定性进行了深入讨论，与以前的报告相比，它能够更全面地评估减缓气候变化所带来的益处。报告还评估了对二氧化碳去除（CDR）和太阳辐射修正（SRM）的气候响应，并探讨了如何在内部变率的背景下检测其效果。目前科学家已经在减缓、CDR和SRM的检测与归因、减排措施反应的“出现时间”，以及如何将年代际事件与反映减排的强迫变化联系起来等方面取得了重要进展（McKenna et al.，2021）。

9.1　预估方法的主要不确定性

9.1.1　基于情景与路径的地球系统模式预估

地球系统模式是理解过去气候与环境演变机理、预估未来潜在全球变化情景的重要工具，它通过数值模拟研究地球各圈层的相互作用及其演变规律（王斌等，2008）。为推动地球系统模式的发展，世界气候研究计划（WCRP）于 1995 年发起并组织了耦合模拟工作组（WGCM），同时启动了国际耦合模式比较计划（CMIP）。在过去的近 25 年间，CMIP 推进了第二次到第六次的比较计划，旨在评估和支持耦合气候系统模式的发展，这是模式验证和缺陷诊断的基础。此外，CMIP 还促进了耦合模式的协同研究与实验，以获取更可信的气候系统对自然因子和人类活动的响应预测。CMIP 主要研究气候模式模拟能力评估以及未来气候变化的情景预估，这些成果是历次 IPCC 科学评估报告的重要组成部分，例如 CMIP5 的结果被应用于 IPCC AR5 中。CMIP 还极大地促进了气候模拟、诊断、归因研究等领域的国际合作。CMIP6 涵盖了 23 个子计划，如气溶胶和化学模式比较计划（AerChemMIP）、土地利用模式比较计划（LUMIP）、辐射强迫模式比较计划（RFMIP）、情景模式比较计划（ScenarioMIP）等，吸引了超过 100 个模式组的参与（Eyring et al.，2016）。其中，ScenarioMIP 是 CMIP6 的主要子计划之一。它涉及不同领域的综合研究，旨在更好地理解不同情景对气候系统物理过程的影响以及气候变化对社会的影响。因此，CMIP6 中的情景与 CMIP5 中的 RCPs 情景存在差异，其结合了不同的 SSPs 和 RCPs 情景，反映了未来社会经济发展的多种可能性（周天军等，2019）。CMIP6 的结果为 IPCC AR6 提供了重要支撑。

情景分析是描述未来发展变化可能性的工具，它基于对重要驱动力及其相互关系的假设，并遵循连贯和内部一致性原则。基于不同情景的气候预估是历次

IPCC 科学评估报告的核心内容，其结果能够展示不同政策选择所带来的气候变化风险以及社会经济影响，成为政府决策的重要科学依据。从 IPCC 气候变化情景的演变来看，从最初简单的 CO_2 加倍及递增试验的 SA90 情景（IPCC，1990），到分为 6 种排放情景（IPCC，1992），再到考虑 4 类不同社会经济情景的 SRES 情景（IPCC，2001，2007）和描述辐射强迫的 RCPs 情景（IPCC，2013），最终发展到 CMIP6 中更加强调未来辐射强迫的 RCPs 和 SSPs 情景一致性的 RCP-SSP 组合情景。随着温室气体排放量的估算方法的不断进步，相应的社会经济假设也从简单描述走向定量化，并考虑人为减排政策等因素的影响。同时，研究者对过去和未来温室气体排放状况的不确定性，以及未来技术进步和新型能源的开发与使用对温室气体排放量的影响进行了更深入的分析和假设，政府管理和气候政策对排放量的影响也逐步纳入评估范围。

SSPs 情景是根据当前国家与区域的实际情况及发展规划制定的。SSPs 包含定量元素（人口、GDP 等指标）和定性元素（如全球发展的描述），主要涵盖 7 个方面：人口和人力资源、经济发展、生活方式、人类发展、环境与自然资源、政策和机构、技术发展。在 2012 年 IPCC AR5 专题会议上，明确了 5 个基础型的 SSPs（SSP1~SSP5），分别为：可持续发展路径（SSP1）、中间路径（SSP2）、区域竞争路径（SSP3）、不均衡路径（SSP4）以及传统化石燃料为主的发展路径（SSP5）（O’Neill et al.，2014）。ScenarioMIP 排放路径的设计分为两步：第一步确定未来全球平均的辐射强迫水平；第二步选择每种辐射强迫水平所对应的社会经济情景。CMIP6 沿用了 CMIP5 中的 4 类典型情景，即 RCP2.6、RCP4.5、RCP6.0、RCP8.5。此外，还新增了 3 种新的排放路径（如 RCP1.9、RCP3.4、RCP7.0），以填补 CMIP5 典型路径之间的空白，并满足对某些特定科学和政策战略问题（如全球 2℃或 1.5℃增温的影响）研究的需求。ScenarioMIP 根据相对优先级分为一级（Tier-1）和二级（Tier-2）试验，共 8 组未来情景。本书重点介绍包含 SSP1-1.9、SSP1-2.6、SSP2-4.5、SSP3-7.0、SSP4-3.4、SSP4-6.0、SSP5-8.5 在内的 7 个组合情景（图 9.1）。

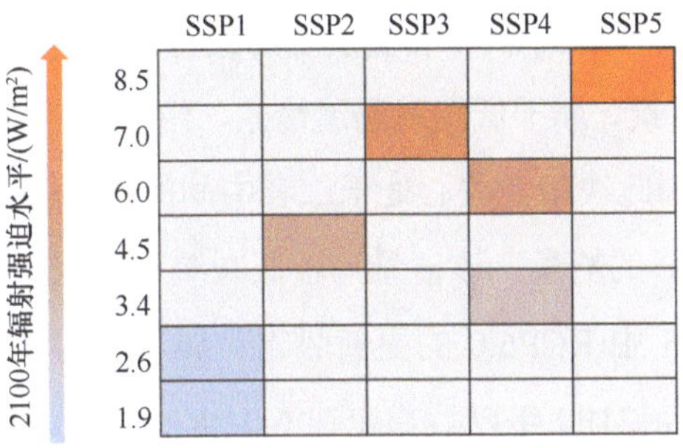

图 9.1　SSP-RCP 主要组合情景（Qin et al.，2023）

SSP1-1.9：目前最低的辐射强迫情景，旨在提供更多有关全球升温 1.5℃的信息，ScenarioMIP 设计了一个在 2100 年前强迫低于 RCP2.6 的情景，并通过综合评估模型 IAM（Integrated Assessment Models，综合评估模型）小组生成一个基于 SSP1 的共享社会经济路径，其辐射强迫在 2100 年达到约 1.9W/m^2。因此，认为在 2100 年可能（概率大于 66%）将全球升温控制在 1.5℃以内。

SSP1-2.6：CMIP5 中 RCP2.6 的更新版本，和 SSP1-1.9 同属于低辐射强迫情景，2100 年辐射强迫稳定在约 2.6 W/m^2。在该情景下，多模式集合平均的升温可能在 2100 年显著低于 2℃，支持 2℃温升目标的研究。该情景考虑了显著的土地利用的变化（特别是全球森林面积的显著增加），通过 IAM 和 IAV（Impacts, Adaptation and Vulnerability，影响、适应和脆弱性）代表了低脆弱性、低减缓压力和低辐射强迫的综合影响。

SSP2-4.5：CMIP5 中 RCP4.5 的更新版本，属于中等辐射强迫情景，2100 年辐射强迫稳定在约 4.5 W/m^2。该情景常被应用于 CMIP6 的参考实验，如联合区域气候降尺度实验（CORDEX）中的区域降尺度和年代际气候预测计划（DCPP）（Giorgi et al.，2015）。此外，由于 SSP2 的土地利用和气溶胶路径并不极端，仅代表了一个中等社会脆弱性和中等辐射强迫的组合。

SSP3-7.0：新辐射强迫情景，属于中高等辐射强迫情景，在 2100 年辐射强迫稳定在约 7.0 W/m^2，填补了 CMIP5 中高等辐射强迫情景的空白。SSP3 路径代表了情景中大量的土地利用变化（尤其是全球森林覆盖率下降）和高的气候强迫因子（特别是二氧化硫）。SSP3-7.0 代表了高社会脆弱性与相对较高的人为辐射强迫的组合。

SSP4-3.4：新增情景，属于低辐射强迫情景，由于 4.5W/m^2 和 2.6 W/m^2 的减排成本存在很大差异，因此决策者关心处于二者中间的辐射强迫情景，即 2100 年辐射强迫稳定在 3.4 W/m^2 的情景。该情景为较低减缓与较低辐射强迫情景的组合。

SSP4-6.0：CMIP5 中 RCP6.0 的更新版本，属于中等辐射强迫情景，2100 年辐射强迫为 5.4 W/m^2，2100 年以后稳定在 6.0 W/m^2。该情景与 SSP4-3.4 的对比可用于研究不同全球平均辐射强迫路径的气候影响，并探索土地利用和气溶胶对区域气候的影响。

SSP5-8.5：CMIP5 中 RCP8.5 的更新版本，属于高辐射强迫情景，旨在解决其他 MIPs 的科学问题。选择 SSP5 的原因在于，SSP5 是唯一可以实现到 2100 年排放高达 8.5 W/m^2 的路径。

通过这些 RCP-SSP 组合情景，可以更有效地评估气候变化与社会经济影响，分析不同气候政策的成本，并评估同一种气候情景下不同发展模式所带来的不同影响。这些综合情景有助于发现适应和减缓气候变化过程中社会经济发展的不确定性，为分析不同气候政策和社会经济发展模式的成本和风险提供了重要依据。

9.1.2 气候模拟中的不确定性来源

在评估和分析物理气候系统的模拟时，需要考虑几个不同的不确定性来源。概括而言，这些来源包括：辐射强迫因素的不确定性（包括过去观察到的和未来预测的）、气候对特定辐射强迫因素反应的不确定性、气候系统的内部和自然变化（可能在一定程度上可以预测），以及这些不确定性来源之间的相互作用。

1. 不确定性的来源

1）辐射强迫的不确定性

未来辐射强迫的不确定性主要由未知的社会选择导致的人为排放所引起，这被称为“情景不确定性”。RCP 和 SSP 情景作为气候预测的基础，涵盖了未来可能的路径范围，帮助估计情景不确定性的大小。然而，现实世界也可能与这些示例路径存在差异。此外，过去的排放和辐射强迫因素对古气候时期的模拟特别重要，如上新世、最后冰川期或上一个千年，这些因素也与 1850 年以来工业时期的 CMIP 历史模拟有关。特别是相比于温室气体，人为和自然气溶胶造成的辐射作用在历史上受到的限制更小。在卫星观测技术出现之前，大型火山爆发的规模、1850 年前后部分火山爆发的位置，以及太阳活动变化的幅度均存在不确定性。已有研究考虑了历史辐射强迫不确定性的作用。目前，已经开展了更具体的模拟以深入探讨这一问题，特别是人为气溶胶辐射强迫不确定性的影响。

2）气候响应的不确定性

气候如何响应特定的排放或辐射强迫组合在任何特定情景下都存在不确定性。利用一系列气候模式可以估算关键物理过程的不确定性范围，并定义“模式响应不确定性”。然而，这个范围不一定能够代表气候对特定辐射强迫或排放情景反应的全部“气候反应不确定性”。例如，CMIP 试验中使用的气候模式存在结构上的不确定性，在常规的多模式比较工作中尚未充分探讨，且这些模式之间并不完全独立。此外，一些模式无法解决小尺度特征，长时间尺度过程或临界点也未得到充分体现。例如，CMIP6 模式对平衡气候敏感性（ECS）的评估范围比综合多种证据的评估更广。

3）自然和内部气候变化

即使没有任何人为的辐射强迫，未来气候预测仍然存在不确定性，这主要是由于不可预测的自然因素，如太阳活动和火山爆发的变化。通常在未来气候的预测中不考虑这些因素的不确定性。然而，大型火山爆发和显著的太阳活动变化对气候的潜在影响仍在研究中。在更长的时间尺度上，轨道效应和板块构造也对气候产生影响。

此外，即使在没有人为或自然辐射强迫变化的情况下，气候仍会在几天到几十年甚至更长的时间尺度上波动。这些“内部”变化，如厄尔尼诺–南方涛动（ENSO）、太平洋年代际变率（PDV）或大西洋多年代际变率（AMV）等模态的变化，在未来几年及以上的时间尺度上是难以预测的，它们是理解某个年代际气候可能发生变化的不确定性来源，特别是在区域方面。

4）气候变化与辐射强迫之间的相互作用

气候变化与辐射强迫之间存在相互作用。例如，气候变化可能会影响内部或自然气候变化的相位或振幅。火山喷发的时间可能会影响 AMV 或 ENSO，而人为气溶胶则可能会影响太平洋地区的年代际变化模式。此外，由人类活动导致的冰川和冰盖的融化可能会增加火山活动。

2. 不确定性的量化

不同的不确定性来源具有不同的特点。例如，内部变率是一种固有的不确定性，可以通过概率计算更精确地量化，但通常难以降低不确定性。然而，年代际预测的发展为减小未来几年气候预测的不确定性提供了前景。其他不确定性来源，如模式响应的不确定性，原则上是可以降低的。因此，已考虑采用贝叶斯方法来量化不确定性。情景不确定性被视为一系列社会选择的结果，与其他不确定性有所不同。

在气候模式预测预估中，可以近似量化各种不确定性来源的相对幅度。通过使用不同的气候模式来估计模式对特定排放途径的响应不确定性，同时采用多种方法评估情景的不确定性。内部变率的非强迫分量可以通过同一气候模式的单个集合成员来估计。图 9.2 通过“不确定性级联”展示了不同不确定性成分的相对大小，举例说明了全球平均温度、南美洲北部气温以及东亚夏季降水量变化的情况。对于全球平均温度而言，内部变率的影响较小，总的不确定性主要由排放情景和模型响应的不确定性主导。即使在中期（2041~2060 年），不同排放情景的单个模拟之间也存在相当大的重叠。例如，SSP5-8.5 情景中最慢变暖的模拟相比于 SSP1-1.9 情景中最快变暖的模拟产生了更少的中期变暖。从长远来看，排放情景的不确定性占主导地位。

在较小的空间尺度上，内部变率和模式的不确定性使得整体不确定性增加。例如，图 9.2 所示的温度变化中，相同情景和模式组合的两个模拟预估 2081~2100 年的平均温度，仅由内部变率造成的差异可达 1℃。对于区域降水变化而言，排放情景的不确定性相对于模式响应的不确定性较小。在图 9.2 的例子中，不同的 SSPs 有显著的重叠，但 SSP1-1.9 情景在近期显示出最大的降水变化，尽管其全球平均温度变暖幅度最小。这主要是由于该情景与其他情景中区域气溶胶排放预估的差异所致。当这些预估被应用于评估风险时，不确定性的级联将进一步扩大。

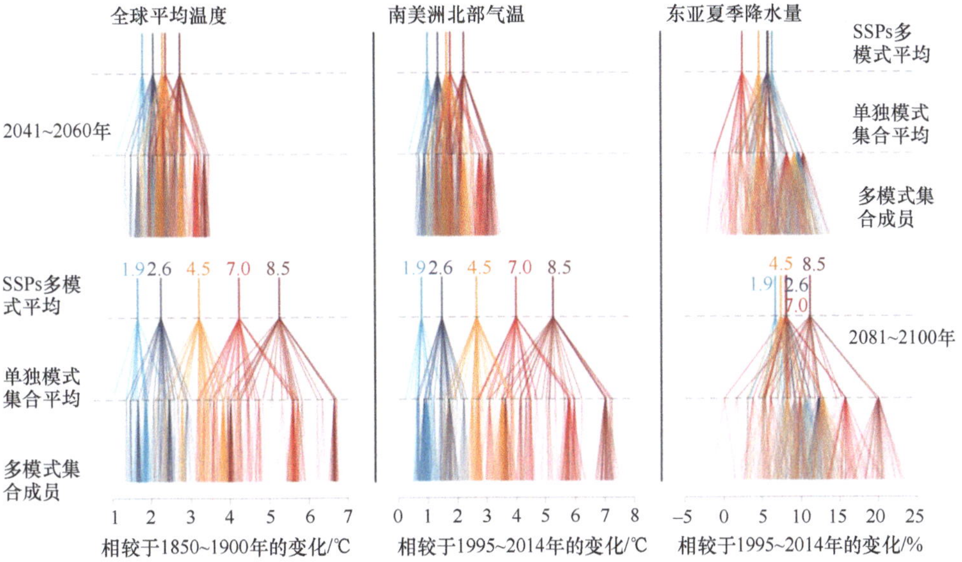

图 9.2　CMIP6 预测中的“不确定性级联”变化情况（IPCC，2021）

SSPs-辐射强迫的组合显示在每个级联的顶部，即每个情景下的多模式平均值。向下分支显示每个模型的集合平均值，并进一步分支到各个集合成员

9.2　预估结论中的主要不确定性

预估结论中的主要不确定性体现在以下几个方面。

9.2.1　全球温度变化

IPCC AR6 引入了新的和修订的数据集，并重新评估了用于衡量全球变暖的指标。2015~2020 年的每一年都有可能是有记录以来最热的年份，而 2021 年极有可能是有记录以来最热的七个年份之一。IPCC AR6 的结论是，全球温度上升的速度超过了以往的 IPCC 评估报告给出的结果。具体而言，全球平均地表温度（GMST）相较于工业革命前 1850~1900 年增加了 1.09℃，可能是过去约 12.5 万年的最高值，该结论具有高信度水平。IPCC AR6 估计，1986~2005 年的温度上升幅度比 IPCC AR5 高 0.08℃。这一变化主要归因于新的 IPCC 周期中“数据集创新”，这些创新更准确地考虑了历史上海洋温度测量方式的变化，并提供了更全面的全球覆盖。因此，相较于 IPCC AR5，IPCC AR6 的变暖幅度增加了 0.08℃，以往与 1.5℃全球变暖相关的未来影响现在与 1.58℃变暖相关。IPCC AR6 报告还以极高的信度指出，大气中的 CO_2 浓度至少是过去 200 万年来最高。自工业革命以来，自然因素（如太阳或火山活动的变化）导致的有效辐射强迫（ERF）变化与人为驱动因素相比可以忽略不计。

9.2.2 未来升温幅度

根据 IPCC 第六次评估报告（AR6）的预估结果，到 21 世纪末，地球温度将相较于工业革命前水平升高 1.4~4.4℃，具体取决于排放量是迅速减少到净零还是持续上升。几乎可以肯定，通过快速且大幅度减少全球温室气体排放，全球地表温度上升及其他气候异常变化是可以控制的。与 IPCC AR5 相比，AR6 在考虑升温幅度的方式上有一些重要变化，相似的排放情景所预测的变暖程度略高，但不确定性的范围更小。IPCC AR6 指出，在考虑所有排放情景时，全球地表温度将继续上升，至少持续到 21 世纪中期。除非在未来几十年内大幅减少 CO_2 和其他温室气体排放，否则在 21 世纪全球升温将超过 1.5℃甚至 2℃。在最低的 SSP1-1.9 排放情景下，预计到 2081~2100 年气温将上升 1.0~1.8℃，SSP2-4.5 情景下预计升温 2.1~3.5℃，SSP5-8.5 情景下预计升温 3.3~5.7℃。

IPCC AR6 显示，评估未来变暖的多条证据呈现出“一致性结果”，这意味着预测结果具有高信度水平。报告指出，CMIP6 模式在模拟“大部分气候变化指标”方面的表现优于 CMIP5 模式，并具有高信度。这得益于“对物理、化学和生物过程的新的表述，以及更高的分辨率”，特别是对云的模拟方面有所改进。然而，也有部分 CMIP6 模式预估了 21 世纪更显著的变暖，但这被认为是极不可能的。因此，IPCC AR6 采用“观测约束”的方法来筛选 CMIP6 模式中的一部分子集，以进行更准确的变暖预估。IPCC AR6 对特定排放路径的变暖预估比 IPCC AR5 略高。

例如，在低排放的 RCP2.6 情景中，IPCC AR5 预估 2081~2100 年的变暖幅度为 1.6℃，而 IPCC AR6 中的 SSP1-2.6 预估为 1.8℃。较高的变暖预估是由一系列因素造成的，包括 IPCC AR6 中对历史变暖的较高估计和对气候敏感性的更新估计。在 SSPs 中，温室气体的排放路径也与 IPCC AR5 中使用的 RCP 不完全相同。虽然 IPCC AR6 表明类似的路径可能会导致略高的变暖，但与 IPCC AR5 相比，它也大幅提高了其变暖预估的确定性水平。IPCC AR5 将其预估置于可能的不确定性范围内，而 IPCC AR6 将其提升到一个极可能的范围。这意味着，虽然 IPCC AR5 认为变暖比其预估值高或低的可能性为 33%，但 IPCC AR6 将这种可能性降至 10%。剩下的不确定性主要由气候对额外温室气体排放的敏感程度的不确定性所主导，IPCC AR6 报告表明这一信度非常高。这是未来全球温度升高的三个主要不确定性来源之一，第二个来源是未来排放的路径（如 SSPs 情景所代表的），第三个来源是碳循环反馈。

IPCC AR6 适当关注了一些人对于达到 SSP5-8.5 和 RCP8.5 情景中极高排放水平的可能性的质疑。然而，报告指出，SSP5-8.5 情景的预测“仍然具有价值”，因为这一情景所包含的温室气体浓度“不能被排除”。这主要是由于碳循环反馈的不确定性，即使在较低的排放路径下，也可能导致 CO_2 的浓度达到 SSP5-8.5 情景的水平（Law et al.，2017）。

碳循环反馈包括从融化的多年冻土中释放甲烷，或者由于更高的 CO_2 水平和更显著的变暖而导致森林生态系统的转变。IPCC AR6 表明，尽管气候变暖导致多年冻土融化及其碳排放的时间和规模存在不确定性，但科学界对其发生的可能性有很高的信心。总的来说，尽管对碳循环反馈的估计存在“巨大的不确定性”，但这并不影响 IPCC AR6 对 21 世纪变暖的总体预估，其信度依然很高。这些碳循环反馈机制代表已确定的额外风险因素，随着进一步的变暖，这些因素将扩大，增加了将全球温度升高限制在特定水平的挑战。

9.2.3　全球变暖何时可能达到 1.5°C

2018 年，为响应《巴黎协定》的要求，IPCC 发布了《全球升温 1.5℃特别报告》

（SR1.5）。这份报告研究了当前达到 1.5℃升温极限的距离、为避免超过此极限所需采取的措施，以及如果这些措施失败可能出现的情况。IPCC AR6 第一工作组重新审视了这些问题的第一部分，主要关注全球变暖何时可能达到比工业革命前水平高 1.5℃。SR1.5 对全球变暖首次超过 1.5℃的估计与 IPCC AR6 的最佳估计相近。根据 IPCC AR6，在中等或高排放的情况下，21 世纪内超过 1.5℃几乎是必然的。在极高排放情景 SSP5-8.5 下，2021~2040 年的升温很有可能超过 1.5℃，在中等或高排放情景下也很有可能。即使在低排放情景 SSP1-2.6 下，近期变暖仍有较高可能性超过 1.5℃。而在极低排放情景 SSP1-1.9 中，情况更为复杂，全球温室气体从 21 世纪 20 年代起开始下降，CO_2 在 21 世纪 50 年代达到净零。在这种情况下，近期升温可能达到 1.5℃，但有望在 21 世纪中后期回落到 1.5℃以下，并极可能保持在 2℃以下。IPCC AR6 的所有情景中，除了 SSP5-8.5，1.5℃阈值的估计大多会在 21 世纪 30 年代早期被超过。具体来说，在最低排放情景 SSP1-1.9 下，1.5℃的升温限制预计在 2025~2044 年被超过，跨越时间节点约为 2035 年。对于 SSP1-2.6 情景，这一范围和跨越时间节点分别是 2023~2042 年和 2032 年，而在中等和高等排放情景下分别是 2021~2040 年和 2030 年。对于极高排放情景 SSP5-8.5，1.5℃的阈值预计在 2027 年左右被突破。最后，IPCC AR6 第一工作组指出，由于自然变化，相对于 1850~1900 年，全球地表温度变化超过某一特定水平（如 1.5℃或 2℃）的个别年份的出现，并不意味着全球变暖水平已经永久性地达到这一水平。

9.2.4 降水

IPCC AR6 综合考虑了对降水变化的观测资料、古气候证据、数据的重新分析和模式模拟。报告明确指出，气候变化已经对水循环产生了显著影响，并促进了极端降水事件的发生。随着全球变暖，报告中得出的高信度结论包括：21 世纪全球陆地的年平均降水将增加；“极湿”和“极干”事件加剧；强降水事件增强及其引发的洪水风险上升；由于陆地变暖加速了蒸发，干旱的严重程度将加剧；由于陆地变暖比海洋上更显著，改变了大气环流模式并降低了相对湿度，导致一些地区出现干旱；热带环流减弱，部分抵消了变暖引起的季风地区降水的增强。

在区域层面，IPCC AR6 指出，在北半球高纬度地区，由于温室气体的辐射强迫作用，降水量已经出现了“可探测到的”增加（高信度）。地中海、南非和北美洲西部等地区的夏季干旱变得更加干旱严重（中等信度到高信度），热带气候的湿季和干季之间的对比也在增加（中等信度）。自 IPCC AR5 发布以来，对热带辐合带（ITCZ）的宽度和强度如何响应气候变暖的理解有所提高。气候变暖将会缩小和加强 ITCZ（高信度），导致其核心区域的降水量增加，而北部和南部的降水量则减少（中等信度）。IPCC AR6 还强调，“如果不大规模减少温室气体的排放，预计全球变暖将在全球和区域范围内引起水循环的实质性变化”（高信度）。

9.2.5　海冰和积雪变化

气候变化正在导致地球大部分地区的冰雪融化。IPCC AR6 明确表明，与 1979~1988 年相比，2010~2019 年 8~10 月的北极海冰面积缩小了约 1/4，导致约 200 万 km^2 的海冰损失（高信度）。此外，不断上升的温度促使深厚的多年期冰向更薄的年轻冰转移。根据 IPCC AR6，1985 年 3 月，多年期海冰约占北极海冰覆盖面积的 1/3，而到 2019 年 3 月，多年期海冰仅占 1.2%。21 世纪初期，多年期海冰的损失尤为迅速。对于南极海冰，IPCC AR6 指出，1979~2020 年，卫星观测到的海冰面积在夏季和冬季都没有明显的变化趋势，对过去和未来的南极海冰模拟结果的信度较低。

关于陆上冰层，IPCC AR6 重点关注格陵兰岛和南极冰盖。报告指出，格陵兰冰盖在 2000~2009 年每年损失 1750 亿吨质量，但在 2010~2019 年，质量损失增加到每年 2340 亿吨。在所有的 SSPs 情景中，格陵兰冰盖肯定会在整个世纪内持续减少。预计 21 世纪末，相对于 1995~2014 年的水平，在 SSP1-2.6 情景下，格陵兰冰盖可能会造成海平面上升 0.01~0.10m，在 SSP5-8.5 情景下，可能上升 0.09~0.18m。对于南极冰盖，IPCC AR6 指出，有限的证据表明，在高排放情景下，低可能性、高影响的结果（由冰原不稳定过程导致，存在巨大的不确定性，在某些情况下涉及临界点）是可能会显著增加南极冰盖的冰损失，而且这一过程将持续数个世纪。

在冰川方面，IPCC AR6 指出，有限的证据和低信度结果表明，在 1.5~2℃的持续变暖水平下，50%~60%的冰川质量将得以保留，主要集中在极地地区。在 2~3℃的持续变暖水平下，南极洲以外 50%~60%的冰川可能会消失，而在 3~5℃的持续变暖水平下，可能会有 60%~75%的冰川消失。

在冻土方面，IPCC AR6 指出，2007~2016 年，全球多年冻土区的温度可能上升了 0.17~0.41℃。自 19 世纪中期以来，在亚洲和欧洲的高海拔地区，活动层有所增加，表明更深层的土壤在夏季发生解冻。这种活动层厚度的增加被认为是泛北极现象（中等信度）。随着气候变暖，多年冻土的范围和体积将缩小（高信度）。IPCC AR6 估计，全球地表温度每上升 1℃，地面上 3m 范围内多年冻土的体积将下降 25%（Brunke et al.，2016）。

对于积雪覆盖，IPCC AR6 主要关注北半球地区。报告指出，自 1978 年以来，北半球积雪覆盖面积大幅减少，尤其是在春季（高信度）。1981~2010 年，北半球积雪覆盖面积在整个雪季每升温 1℃就减少 1.9 万 km^2。随着气候变暖的持续，雪盖进一步减少的可能性极高。此外，报告还提到，全球表面大气温度每升高 1℃，北半球的春雪覆盖率就会减少大约 8%。

9.2.6 全球海洋变化

IPCC AR6 指出，自 IPCC AR5 发布以来，新数据包括对旧温度记录的数字化处理，使“数据稀少的地区和时间”的覆盖率有了显著改善。关键数据集的更新使海表温度（SST）的估计更加准确。报告指出，自工业革命以来，全球海洋已经吸收了大部分由人类活动引起的变暖——约占额外热量的 90%。目前的热含量增加率比上个冰河时代结束以来的任何时期都要大。海洋上部 700m 处的变暖率最为显著，这主要归因于海水从表层到深层的缓慢循环。尽管变暖信号的置信水平随着深度的增加而略有下降，但 700~2000m 层的变暖被认为极有可能发生，而更深层次的变暖则被认为是有可能的。报告指出，从 1850~1900 年到 2011~2020 年，全球平均 SST 上升了 0.88℃，其中超过 2/3 的升温发生在 1980 年以后。根据不同的 SSPs 情景，SST 将持续上升：从 1995~2014 年到 2081~2100 年，SSP1-2.6 情景下预计平均上升 0.86℃，SSP5-8.5 情景下预计平均上升 2.89℃。几乎可以肯定的是，自 1950 年以来，海洋的高盐度地区变得更咸，而相对低盐度的海洋地区则变得更淡。在所有变暖的情况下，至少有 83%的海洋表面在 21 世纪极有可能发生变暖。

IPCC AR6 还评估了去除 CO_2 对海洋酸化的影响。报告表明，尽管减少大气中 CO_2 的浓度会迅速缓解表层海洋的酸化，但由于海洋混合的速度缓慢，碳将在深海中继续积累很长时间。因此，即使采取积极的 CO_2 清除措施，酸化的影响在深海至少在几代人的时间尺度上是不可逆的。同样，由于气候变化，海洋中极端天气事件的频次和强度正在增加。其中最为显著的是海洋热浪，自 20 世纪 80 年代以来，其频率大约翻了一番，持续时间和强度也在增加。

9.2.7 海平面

IPCC AR6 指出，自 1901 年以来，全球平均海平面（GMSL）已经上升了约 0.20m，并且正在加速上升。20 世纪，GMSL 上升的速度比过去 3000 年中的任何一个世纪都要快，而且这一速度自 20 世纪 60 年代以来一直在增加。与 1995~2014 年的基准时期相比，在 SSP1-1.9 情景下，到 2100 年 GMSL 预计上升 0.38m，可能范围是 0.28~0.55m；在 SSP5-8.5 情景下，到 2100 年预计上升 0.77m，可能范围是 0.63~1.01m。这些预估比 IPCC AR5 中的结论略高，但与 SROCC 中的预估大致一致。可以肯定的是，GMSL 将继续上升到 2100 年。未来海平面上升的幅度和速度存在诸多不确定性因素，但南极冰盖和格陵兰冰盖在气候变暖过程中的变化可能是造成这种不确定性的主要原因之一。特别值得注意的是，新的研究指出南极冰盖对海平面上升的贡献可能比以前预期的更为显著，因此，未来海平面上升的预估上限呈上升趋势。

9.2.8 人类活动的影响

从 IPCC 的第二次评估报告到第五次评估报告，关于人类活动对近期气候变化影响的证据逐渐增加。IPCC AR6 明确表明，人类活动引起全球变暖是无可争议的事实，这一点已得到一致认可。

9.2.9 气候“突变”和“临界点”

IPCC AR6 指出，自 IPCC AR5 发布以来，对气候突变和不可逆的理解有了显著进展，对临界元素的预估变得更有信心。报告中提到，尽管对于全球气候指标来说，突变的证据相对有限，但深海的变暖、酸化以及海平面上升将在全球表面温度最初稳定后的数千年内持续变化，并且在人类时间尺度上是不可逆转的（高信度）。在 3~5℃的持续变暖水平下，预计数千年内格陵兰冰盖将几乎完全消失，南极大陆西部冰盖的完全消失将不可逆转地发生（中等信度）；南极洲东部威尔克斯（Wilkes）冰川盆地的大部分或全部将消失（低信度）。

9.2.10 空气污染对全球变暖的影响

IPCC AR6 表明，人为气溶胶造成的地表冷却总体上减少了全球降水，并改变了大尺度大气环流（高信度），主要是由硫酸盐气溶胶的冷却效应驱动。此外，黑碳和其他吸光颗粒的沉积导致雪颜色变暗，进而加快了雪的融化（高信度）（Mulcahy et al.，2018）。在除 SSP3-7.0 之外的所有情景中，IPCC AR6 预估到 2100 年，全球短寿命气候强迫因子（SLCFs）的总排放量将会下降，其中二氧化硫的减少幅度最大。

9.2.11 IPCC AR6 中对气候敏感性评估的变化

相比于 IPCC AR5，IPCC AR6 在多条证据中达成了广泛的一致，这是一个关键的进步。与以前的报告不同，IPCC AR6 更新了平衡气候敏感性（ECS）和瞬态气候响应（TCR）的估算，从而提供了对气候敏感性范围更全面的评估。云层在全球变暖背景下的变化，以及这些变化是否会放大或部分抵消由温室气体浓度增加和其他人类活动造成的变暖，始终是气候科学所面临的最大挑战之一。从 AR5 到 AR6 周期中，这一领域取得了重大的进展。现在科学界对云层变化的机制更加清晰，并指出其变化将会放大而不是抵消未来的全球变暖。

9.2.12　其他预估的不确定性

IPCC AR6 更新了对 1.5℃和 2℃全球变暖背景下的剩余碳收支的估计。报告指出，这些新估计值与《全球升温 1.5℃特别报告》（SR1.5）中的估计相似，但由于方法上的改进，与 IPCC AR5 相比，此次估计的剩余碳收支的数值更大。为了将全球升温限制在 1.5℃以内，全球 CO_2 净排放量需要在 2030 年之前从 2010 年的水平下降约 45%，并在 2050 年左右达到“净零”排放。如果缺乏 CO_2 的净零排放，以及非 CO_2 净作用力的减少（或足够的 CO_2 净负排放来抵消非 CO_2 净作用力带来的任何进一步变暖），气候系统将会继续变暖。可以肯定的是，近期的减少排放可以有效降低变暖速度，净零排放对稳定甚至降低地表温度确实有效。

IPCC AR6 中的新证据进一步巩固了《全球升温 1.5℃特别报告》的结论，即使相对较小的全球变暖增量（＋0.5℃）也会导致全球范围内以及大区域的极端天气发生异常改变（高信度），尤其是极端温度（高信度）、强降水（高信度），包括与热带气旋相关的降水（中等信度），以及一些地区的干旱加剧（高信度）（Yang et al.，2019）。整个陆地的极端降水量几乎都会增加，全球变暖水平越高，增幅越大，但极少数地区除外。

随着全球变暖的持续加剧，预计每个地区将更加频繁地同时经历由多个气候影响驱动因素导致的多重变化。与 1.5℃的全球变暖相比，在 2℃的全球变暖水平下，多个气候影响驱动因素的变化将更加普遍，而在更高的变暖水平下，这些变化将会更加显著。

IPCC AR6 指出，即使全球平均温度仅上升 2℃，与死亡有关的温度事件很可能在整个非洲变得更加频繁。非洲大部分地区将经历暴雨增加并引发洪水（高信度）。北非和非洲南部部分地区将面临更高的火灾风险，预计非洲大陆的大部分地区将出现农业干旱和生态干旱加剧（中等信度到高信度）。在全球范围内，季风降水预计在中长期内增加，特别是在南亚和东南亚、东亚和西非等地区，除了萨赫勒地区（高信度）。

在亚洲地区，极端降水、平均降水和河流洪水将在大多数地区增加（中等信度）。随着气候变暖，我国各地的河流洪水将增加，南亚季风也会加强。此外，极端降水和多年冻土融化将导致包括中国台湾北部在内的部分地区山体滑坡增多。青藏高原将经历融雪模式的变化，可能会使春季洪水提前。在亚洲大部分地区，特别是在南部，极端事件阈值将更频繁地被突破。

澳大利亚南部和东部的降水量预计减少，而澳大利亚中部和东北部的降水量则会增加，从而导致洪水频繁发生。同时，报告还指出，澳大利亚大陆将面临更频繁的极端高温事件，预计在21世纪，可能影响澳大利亚农业和健康的温度阈值，如35℃或40℃，将在所有RCPs情景下更频繁地被突破。

此外，无论未来气候是否变暖，亚马孙地区在21世纪将成为世界上“火灾天气指数”最高的地区之一，并面临农业干旱和生态干旱风险的加剧（高信度）。

参考文献

王斌, 周天军, 俞永强. 2008. 地球系统模式发展展望. 气象学报, 66(6):857-869.

周天军, 邹立维, 陈晓龙. 2019. 第六次国际耦合模式比较计划(CMIP6)评述. 气候变化研究进展, 15(5): 446-456.

Brunke M A, Broxton P, Pelletier J, et al. 2016. Implementing and evaluating variable soil thickness in the community land model, version 4.5 (CLM4.5). Journal of Climate, 29(9): 3441-3461.

Deser C, Lehner F, Rodgers K B, et al. 2020. Insights from earth system model initial-condition large ensembles and future prospects. Nature Climate Change, 10: 277-286.

Eyring V, Bony S, Meehl G A, et al. 2016. Overview of the coupled model intercomparison project phase 6 (CMIP6) experimental design and organization. Geoscientific Model Development, 9(5): 1937-1958.

Giorgi F, Gutowski W J. 2015. Regional dynamical downscaling and the CORDEX initiative. Annual Review of Environment and Resources, 40: 467-490.

IPCC. 1990. Climate Change 1990: The IPCC Scientific Assessment. Cambridge: Cambridge University Press.

IPCC. 1992. The Supplementary Report to the IPCC Scientific Assessment. Cambridge: Cambridge University Press.

IPCC. 2001. Climate Change 2001: The Scientific Basis. Cambridge: Cambridge University Press.

IPCC. 2007. Climate Change 2007: The Physical Science Basis. Cambridge: Cambridge University Press.

IPCC. 2013. Climate Change 2013: The Physical Science Basis. Cambridge: Cambridge University Press.

IPCC. 2021. Climate Change 2021: The Physical Science Basis. Cambridge: Cambridge University Press.

Law R M, Ziehn T, Matear R J, et al. 2017. The carbon cycle in the Australian community climate and earth system simulator (ACCESS-ESM1)–Part 1: Model description and pre-industrial simulation. Geoscientific Model Development, 10(7): 2567-2590.

McKenna C M, Maycock A C, Forster P M, et al. 2021. Stringent mitigation substantially reduces risk of unprecedented near-term warming rates. Nature Climate Change, 11(2): 126-131.

Mulcahy J P, Jones C, Sellar A, et al. 2018. Improved aerosol processes and effective radiative forcing in HadGEM3 and UKESM1. Journal of Advances in Modeling Earth Systems, 10(11): 2786-2805.

O'Neill B C, Kriegler E, Riahi K, et al. 2014. A new scenario framework for climate change research: The concept of shared socioeconomic pathways. Climatic Change, 122(3): 387-400.

Yang L Y, Wang S Y, Tang J P, et al. 2019. Evaluation of the effects of a multiphysics ensemble on the simulation of an extremely hot summer in 2003 over the CORDEX-EA-Ⅱ region. International Journal of Climatology, 39(8): 3413-3430.

第 10 章

地球系统：临界点与安全公正的边界

20 世纪 80 年代，科学界提出了地球系统（Earth System）的概念。所谓地球系统，指的是由物理、化学、生物和社会分量、过程和相互作用构成的统一体。这些分量、过程和相互作用决定了行星地球（包括生物和人类）的状态和动力学。研究地球系统的科学，即为地球系统科学。地球系统科学的重点是观测、认识和预测由陆地、大气、水、冰、生物圈、社会、技术和经济的一系列相互作用过程导致的全球环境的变化。几十年来，地球系统科学高速发展，并引入了一系列新的概念和理论。在这些新概念和新理论中，临界点和地球系统边界（Earth System Boundaries，ESB）尤为引人关注。本章将重点围绕这两点进行介绍。

10.1　地球系统科学

地球系统科学是一门快速兴起的、具有全球性且跨学科的新兴科学，旨在了解地球作为一个复杂、自适应性系统的结构和功能（Steffen et al.，2020）。地球系统科学倡导跨学科融合研究（Transdisciplinary Research），其核心在于突破传统学科壁垒，将以往孤立研究地球系统各圈层的学科范式进行系统性整合，融合不同学科的基本思想和方法来解决高难度的复杂问题，进而建立对地球系统的统一理解（Steffen et al.，2020）。自 20 世纪 80 年代以来，一系列组织和科学计划如国际地圈–生物圈计划（International Geosphere-Biosphere Programme，IGBP）、国际生物多样性科学研究计划（DIVERSITAS）、全球环境变化国际人文因素计划（International Human Dimension Programme on Global Environmental Change）、地球系统科学联盟（Earth System Science Partnership，ESSP）以及“未来地球”计划（Future Earth）等相继成立（图 10.1），推动了地球系统科学的快速

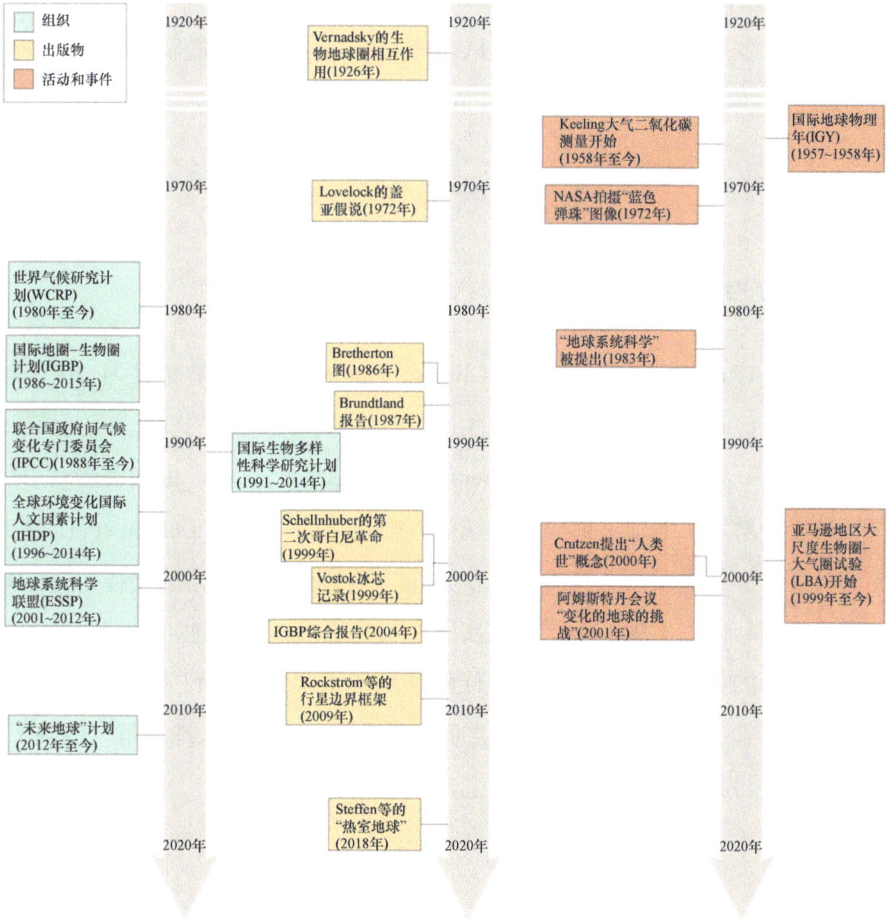

图 10.1　自 20 世纪中叶以来地球系统科学发展的时间表（Steffen et al.，2020）

发展（Steffen et al.，2020）。几十年来，科学界在观测与实验、地球系统模拟、评估与综合等多方面取得了长足的进步，并引入了一系列新的概念和理论（Steffen et al.，2020）。例如，Crutzen（2002）提出“人类世”概念，揭示了人类活动对地球系统的影响。Lenton 等学者（2008）提出的临界点和临界要素十余年来被广泛关注，该理论揭示地球系统具有非线性、突变特征，尤其关注地球系统中可能存在的不可逆的阈值突变行为。十余年来，科学界在亚马逊雨林、大西洋经向翻转环流（Atlantic Meridional Overturning Circulation，AMOC）等研究方面取得了诸多突出进展（Lenton et al.，2008；Boers et al.，2022）。此外，“地球系统边界”的概念也受到较多关注（Rockström et al.，2023），后面将针对最新提出的“安全和公正的地球系统边界”（Safe and Just Earth System Boundaries）进行介绍。

10.2 气候临界点

10.2.1 临界点的概念

在 IPCC AR6 中，气候临界点（Climate Tipping Point）被定义为一个关键阈值，一旦超过该阈值，气候系统将发生巨大且通常是不可逆的变化。这种转变会导致系统进入一种新的稳定状态（Boers et al.，2022）。目前，由人类活动引起的全球气候变暖增加了地球上部分子系统达到临界点的可能性（Lenton et al.，2008）。全球气候变化加剧以及相关技术的进步为这一结论提供了有力的支撑。古气候数据、观测数据和模型模拟的数据均证实气候变化有可能导致地球系统或其子系统发生不可逆转的重大转变。因此，气候临界点的研究日益受到关注，这些研究让我们能够从基础理论、子系统类型、早期预警等多个角度深入地理解气候临界点。本节首先介绍与临界点相关的基本概念。

1. 双稳态

图 10.2 中展示了系统的双稳态结构，图中的小球代表系统，不同的颜色表示系统处于不同状态。其中，蓝色小球位于势函数的最低点 A，即稳定固定点（Stable

Fixed Point），此时系统处于（准）稳定状态。图中红色小球的位置是吸引域的边界，表示系统正处于临界状态，此时微小的扰动能够使系统从 A 状态转变为 B 状态或者相反（Boers et al.，2022）。

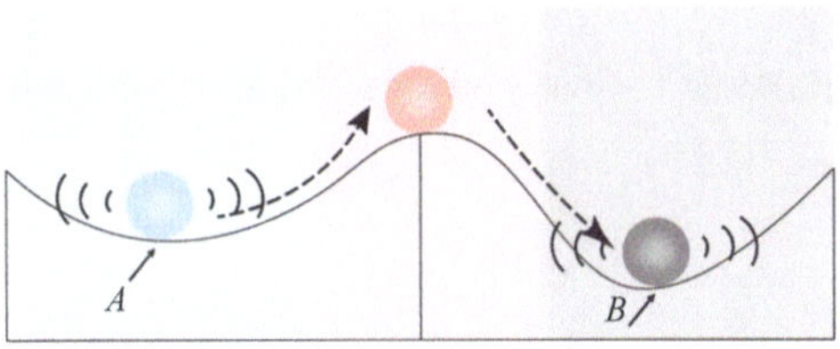

图 10.2　势函数和多稳态（王涵等，2023）

2. 临界类型

临界点可根据其触发机制分为四类（Feudel，2023），分别是分岔引起的临界转变、噪声引起的临界转变、冲击引起的临界转变和控制参数变化的速率引起的临界转变。

如图 10.3（a）所示，当系统的控制参数缓慢发生变化时，原有的系统将离开固定点并在吸引子附近振荡。随着控制参数的改变，当吸引域的深度不足以维持系统的原状态时，系统将转变成另一种稳定状态，此即为分岔引起的临界转变。

如图 10.3（b）所示，受到扰动（噪声）作用的系统会在吸引子附近发生振荡，但由于系统自身的恢复力，系统能够在扰动发生后迅速回到稳定点的附近。然而，现实世界的扰动通常在方向和发生时间上都是无规律的，因此系统不会等到完全达到稳定状态再发生下一次扰动。某些扰动可能会迫使系统超越原有吸引域的边界，从而导致系统转变为另一种稳定状态（Feudel，2023），此即噪声引起的临界转变。

如图 10.3（c）所示，当系统受到一个突然且强烈的扰动时，系统可能会从一种稳定状态跳变到另一种稳定状态（Feudel，2023）。这种跳变不是由系统本身的性质或参数决定的，而是由外部的强扰动引起的，此即冲击引起的临界转变。

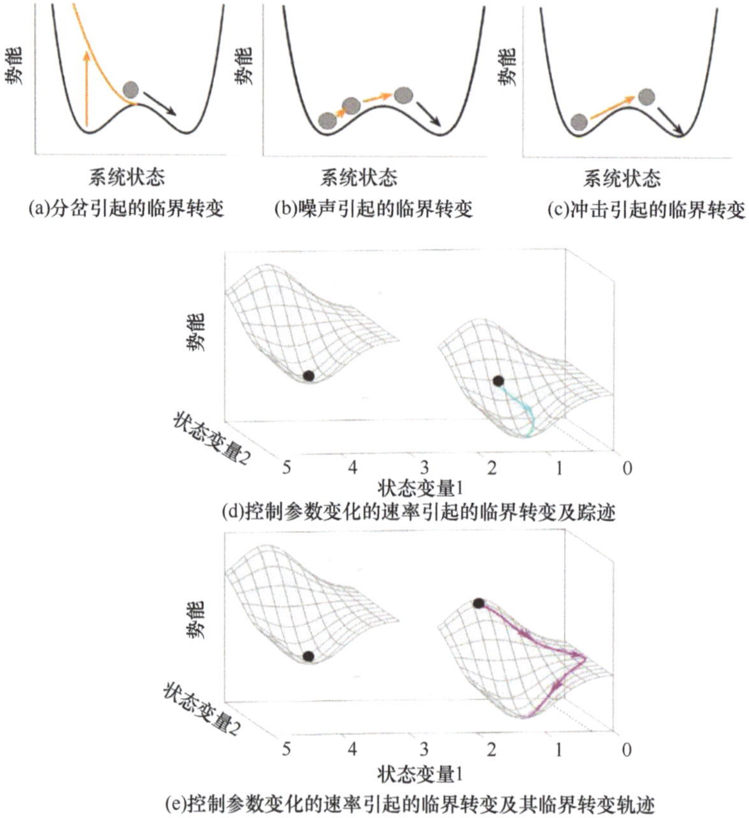

图 10.3 四种临界类型的示意图（Feudel，2023）

如图 10.3（d）、图 10.3（e）所示，当系统的一个控制参数以超过某个临界速率的方式发生变化时，该系统可能会从一种稳定状态跳跃到另一种状态。这种转变并非由系统的分岔点或噪声引起，而是由输入或参数的变化速率与系统的时间尺度相互作用而引起的（Feudel，2023），此即控制参数变化的速率引起的临界转变。

在现实情况中，不同的临界转变机制可能共同作用，使系统发生更复杂的临界转变（Boers et al.，2022）。这是因为气候系统是一个非线性的、开放的、耦合的且具有随机性的系统，它的状态不仅受到多个因素的影响，而且这些因素之间也存在着相互作用和反馈。因此，当系统接近分岔点时，更容易受到噪声的影响，从而触发临界转变。同样，当系统受到噪声的扰动时，也更容易达到分岔点，从而导致转变。

10.2.2　临界要素

临界要素是指地球系统中，可能因微小扰动而超过临界点，并在状态之间发生非线性转变的组成部分。根据观测数据、古气候数据和模式模拟，科学界已经列出了在全球气候变化下可能发生临界转变的子区域（Armstrong McKay et al.，2022）。下面将从冰冻圈、海洋–大气、生物圈等几个方面介绍临界要素。

1. 冰冻圈

1）北极海冰：北极冬季海冰

由于冰–反照率反馈的作用，全球变暖将导致海冰快速消融。这一过程将引起全球海平面的上升，并通过极地放大效应进一步推动全球温度升高 0.6 ℃（Wang et al.，2023）。此外，北极海冰的融化还会对附近的生态系统产生复杂的影响，通过影响渔业、生态系统服务功能以及局部气候变化，给人类社会和经济的稳定发展带来挑战（Wang et al.，2023）。观测和模拟结果表明，北极夏季海冰的减少速度最快。根据 CMIP6 模式的模拟结果，北极夏季海冰预计在 21 世纪末将完全消失，届时地球将迎来一个北极无冰的夏天（Wang et al.，2023）。对于冬季海冰，Armstrong McKay 等（2022）提供了一个临界转变的温度阈值，约为 6.3 ℃，并将这一过程的时间尺度估计为 20 年，即从超越这一温度阈值起北极冬季海冰将在 20 年左右完全消融。但是模式对于冬季海冰的模拟结果相对乐观，认为即使是在较高温室气体排放的条件下，全年无冰的状态也很难出现。然而，也有学者认为，在夏季无冰后，北极可能会通过吸收并储存热量，在短期内迅速过渡至冬季无冰状态。

2）北极海冰：巴伦支海海冰

巴伦支海位于斯堪的纳维亚半岛与斯瓦尔巴群岛之间。其海冰状况会影响北半球平流层极涡，从而改变中纬度地区的天气和气候（Barton，2019）。作为北冰洋的重要组成部分，巴伦支海是北极变暖速度最快、冬季海冰减少最多的区域之一。自 1979 年以来，巴伦支海的海冰面积减少了约 50%（Barton，2019）。这意味着，即使北极其他区域的海冰没有完全消失，巴伦支海也可能出现无冰的状态，进而影响欧洲的天气变化以及 AMOC 的速度。因此，巴伦支海海冰情况被认为是一个重要的局部临界要素。Armstrong McKay 等（2022）根据 CMIP5 模式的模拟结果进行估算，当巴伦支海海冰达到 1.6℃这一临界温度时导致更多的大西洋暖流进入巴伦支海，进一步加速海冰的融化，预计这一正反馈过程的时间尺度为 25 年。

3）格陵兰冰盖

格陵兰冰盖是世界上第二大冰盖，通常融化的冰盖会通过降雪等形式部分保留在陆地上。然而，受全球变暖影响，流入海洋的水量不断增加，使格陵兰冰盖的融化区域逐年扩大，融化速度持续攀升，大量冰水汇入海洋，进一步引发全球海平面上升。此外，冰盖融化还会降低其反照率，吸收更多太阳辐射，形成正反馈，加剧冰盖消融。目前，格陵兰冰盖的融化速率远高于工业革命前的水平。如果全球气温继续升高，格陵兰冰盖将面临更为严重的损失，预计会使全球海平面上升 6~9m（Wang et al.，2023）。当全球气温升高 3℃时，格陵兰冰盖将进入不可逆的崩溃状态（Armstrong McKay et al.，2022）。Boers（2022）从气候临界点的角度分析了格陵兰岛西南部的冰盖已经达到了一个临界阈值，可能会在未来快速融化。

4）西南极冰盖

西南极冰盖作为南极洲冰盖的组成部分，其冰架大多深入海洋，部分地区的冰层厚度甚至超过 4km，因此对海洋温度的变化非常敏感。在过去的 40 年里，南极洲冰盖的融化速度和范围都明显增加，西南极冰盖尤为突出。随着全球变暖加剧，冰盖与陆地相连的接地线处温度也将进一步升高，从而触发冰–接地线反馈，加速冰盖的融化和冰川的运动，进而加剧冰盖质量的损失和海平面上升（Wang et al.，2023）。据估计，如果西南极冰盖完全融化，将在数千年内使全球海平面上升 3~5m（Wang et al.，2023）。最新的观测结果同样表明，阿蒙森海海湾的冰盖可能已跨越某个临界点，进而触发了冰、海洋与基岩之间的正反馈机制（Armstrong McKay et al.，2022）。

5）东南极冰下盆地

南极洲东部存在着一些被冰盖覆盖的规模巨大的低地，称为冰下盆地，它们的基岩都位于海平面以下，包括 Wilkes 盆地、Aurora 盆地和 Recovery 盆地（Armstrong McKay et al.，2022）。受全球温度变暖的影响，这些盆地中的冰层正面临融化的风险，一旦冰盖失去稳定性，融化的速度将急剧加快，进而导致全球海平面的上升。Armstrong McKay 等（2022）估计，当全球气温升高 3 ℃时，东南极冰下盆地的冰川将达到不可逆的消融阈值，并在 2000 年内完全消失。

6）东南极冰盖

东南极冰盖是地球上规模最大且最厚的冰盖，覆盖了南极洲的大部分地区，其最大厚度超过 4800m。如果东南极冰盖完全消失，全球海平面将上升约 5m，但这可能要等到全球变暖 10 ℃时才会发生。然而，南极冰盖的状态受 CO_2 浓度的控制，如果长期维持在 1000 ppm 以上的 CO_2 浓度和 8~10 ℃的升温水平，可能会导致东南极冰盖的完全解体，进而触发一系列正反馈过程（Armstrong Mckay et al.，2022）。当全球气温升高 1.5℃时，这些过程可能会被激活，从而在 2000 年内导致东南极冰盖出现大量质量损失以及海平面的显著上升。假设全球气温升高 7.5℃时，东南极冰盖可能会开始不可逆的崩溃过程，并在 10000 多年内完全消失（Armstrong McKay et al.，2022）。

7）多年冻土

多年冻土是指在两年或更长时间内保持在 0 ℃以下的土壤或岩石层，主要分布在北半球的西伯利亚、阿拉斯加、加拿大北部等地区，以及南极洲和部分高海拔地区。多年冻土的总面积约为 2300 万 km^2。由于多年冻土温度较低，微生物活动较为缓慢，其中封存了大量的有机碳，是地球上最大的陆地碳库之一，估计含有 1460~1700Gt C（Wang et al.，2023）。当多年冻土发生融化时，其中的有机碳会被微生物分解，释放出大量的二氧化碳和甲烷到大气中，从而加剧全球气候变暖。此外，解冻后的土壤还可能释放出古老的病原体，威胁人类的健康和生存。

在全球变暖的气候条件下，降水量和野火频率的增加也会加速多年冻土的融化（Wang et al.，2023）。

多年冻土的融化过程可能会持续数十年到数百年不等方式和速度各异。其中，一种较快的解冻方式被称为多年冻土解冻（PFAT），指冻土在几天到几年的时间内快速解冻。在这一过程中，地表的水分增加引发下层多年冻土的解冻，更多的水分聚积导致土壤的滑坡和下沉，形成了热喀斯特现象（Wang et al.，2023）。Armstrong McKay 等（2022）对 PFAT 的最佳估计临界值约为 1.5℃（相对于工业化前水平），其响应时间尺度约 200 年。该过程表现为渐进式冻土融化，随后可能向大气释放额外约 50%的碳排放，从而进一步加剧全球变暖。

8）山地冰川

山地冰川是指分布在除格陵兰岛和南极洲以外的各种山地地区的冰川，是全球最重要的陆地冰库之一。全球气候变暖导致山地冰川的大量融化和退缩，冰量不断减少。作为许多地区淡水的主要来源，其持续消失将对人类社会的用水安全和生态环境造成严重影响（Armstrong McKay et al.，2022）。如果全球气温升高 2 ℃，将触发山地冰川不可逆转的消失过程，该过程的时间尺度为 200 年（Armstrong McKay et al.，2022）。

2. 海洋–大气

1）北大西洋副极地涡旋/拉布拉多—伊尔明厄海对流

一些气候模式表明，在全球变暖的情景下，北大西洋副极地涡旋的深层对流可能会崩溃，这主要是由于正反馈机制的作用（Armstrong McKay et al.，2022），导致北极涡旋的整个环流发生重大变化。据估计，这种崩溃是不可逆的，即使温度降低也无法恢复原状，因此研究人员将其定义为气候临界点。这种变化将会引起剧烈的降温，对西欧和美国东海岸的经济、农业、水资源和能源管理等造成严重影响。

2）AMOC

AMOC 是全球温盐环流的一部分，也是气候系统的重要组成部分。它将温暖且咸的表层海水从南向北输送，同时将寒冷且淡的深层海水从北向南输送，从而在不同纬度之间重新分配热量，影响水汽、温度和降水等气候要素。当 AMOC 的环流速度减慢时，将改变大西洋的海温分布，形成北冷南热的格局，影响 ITCZ 的位置，导致降水带南移，造成亚马孙雨林的干旱和非洲撒哈拉地区的降水增加，北半球的高纬度地区温度降低和降水减少，从而触发多个气候临界点（Wang et al.，2023）。

双箱模型的研究证实了 AMOC 具有双稳态的特征。完善的大西洋流速数据提供了基于流量观测的有力证据，表明 AMOC 正处于减弱态势。基于 CMIP5 模式的模式结果显示，短期内 AMOC 崩溃的可能性较低。然而，CMIP6 模式数据中多个模式预测 AMOC 在 21 世纪内将崩溃。Armstrong McKay 等（2022）估计全球气温升高 4 ℃，将触发 AMOC 不可逆的关闭过程，该过程的时间尺度为 50 年。一些基于观测数据的分析表明，AMOC 的流速变化可能已接近临界状态（Boers et al.，2022）。

3. 生物圈

1）亚马逊雨林

亚马逊雨林是世界上最大的热带雨林系统，也是世界上最大的陆地碳库之一，为全球约 10%的物种提供了栖息地，拥有世界上最丰富的物种多样性。亚马逊雨林对当地的水循环有着重要的影响。亚马逊区域 24%～35%的降水来自森林蒸散发形成的内部循环。然而，亚马逊雨林正遭受着气候变化和人类活动带来的严重威胁，有可能引发水循环模式和生态系统状态的转变，即从热带雨林向稀树草原的过渡。这种转变将对全球气候、生物多样性和人类福祉产生深远的影响（Wang et al.，2023）。

亚马逊雨林转变的临界温度仍然存在不确定性。一些研究估计，在不考虑砍伐影响的情况下，临界温度为 3.5 ℃（Armstrong McKay et al.，2022）。不同的排放情景下，亚马逊雨林在 21 世纪内发生转变的可能性也有所不同。如果全球平均温度升高 1.5 ℃，则亚马逊雨林转变的可能性较低，但仍存在一定风险，有 10%的概率在 2100 年之前丧失超过 30%的面积。如果温度升高 2 ℃，转变的可能性显著增加，有 40%的概率在 2100 年之前丧失超过 30%的面积。如果全球平均温度升高 3 ℃或更高，那么亚马逊雨林转变的可能性将会继续升高，在这种情况下 2050 年前植物可能出现大规模死亡，概率高达 80%（Wang et al.，2023）。但是也有一些学者指出以上估计过于保守，认为当雨林被破坏达到 20%左右时，就会触发临界点。研究表明，雨林可能已接近临界点（Wang et al.，2023）。

2）北方森林

北方森林（Boreal Forest）是指处于北半球中高纬度地区（50°N 以北）的针叶林，主要分布在俄罗斯西伯利亚和加拿大北部，靠近北极圈。北方森林的面积占全球森林面积的 1/3，储存了全球陆地碳储量的 30%，是全球最大的陆地碳库之一（Wang et al.，2023）。

全球变暖对北方森林的影响主要表现为森林南部植物群落的变化和森林北部的扩张（Armstrong McKay et al.，2022）。在森林南部，由于气温升高，植物群落的组成和结构发生了演替，针叶林逐渐被阔叶林或草本植被所替代。同时，由于气候变暖，野火和虫害的发生频率和强度也随之增加，对北方森林的健康和生产力造成了严重的威胁。有研究认为，全球变暖可能最终导致南部森林出现大规模死亡和退化。这一过程中，森林覆盖改变地表反照率，降低地表能量反射，同时植物根系的活动加速多年冻土解冻，形成正反馈，促进了森林北移。这一现象被称为“北极绿化”，已经在近 30 年的卫星和观测数据中得到了证实。北极绿化过程预计将对土壤和气候产生复杂的影响（Wang et al.，2023）。由于过程的复杂性和不确定性，北方森林对气候的影响和临界阈值都难以准确估计。Armstrong McKay 等（2022）认为，北方森林向北扩张的临界温度为 4 ℃，时间尺度为 100 年。他们还给出了南部森林死亡的相似阈值，预计当全球升温达到 4 ℃时，北方森林南部树木将在 100 年内枯死。

3）萨赫勒植被与西非季风

萨赫勒地区是非洲北部的半干旱地带，位于撒哈拉沙漠和苏丹草原之间，是一个重要的生态地理过渡区。该地区的植被受到降水变化的显著影响。古气候记录显示，该地区在历史上经历过多次降水变化。随着 CO_2 持续排放和全球温度上升，萨赫勒地区的降水将大幅度增加，这一变化与西非季风增强密切相关。全球温度上升导致海洋和陆地的温度差增大，当水汽在陆地上空的上升气流中凝结时，释放的潜热进一步加剧了海陆温度差，从而在一个自强化的过程中增强大气环流，强化西非季风，从而增加了萨赫勒地区的降水量。

降水量增加和植被覆盖的增加也存在相互促进的作用（Wang et al.，2023）。高温、强降水和高 CO_2 的条件将有利于萨赫勒地区植物的生长。预计的绿化程度与模拟的全新世中期情况相似（Armstrong McKay et al.，2022），这种变化可能伴随着萨赫勒地区植被类型的转变，促使该地区绿化程度提高。

然而，并非所有模拟结果都支持这一情况，一方面当前的气候变暖幅度可能不足以显著影响季风强度，另一方面在变暖过程中，气溶胶的增加可能会降低太阳辐射，从而抑制降水的增加（Wang et al.，2023），因此萨赫勒植被与西非季风突变的置信度较低。Armstrong McKay 等（2022）将植被变化作为判定标准时，认为这一临界要素的阈值是 2.8 ℃，并预计时间尺度为 50 年。

4）低纬度珊瑚礁

珊瑚礁主要是由石珊瑚目的造礁石珊瑚和涡鞭毛藻共生构成的复杂生态系统，是全球海洋生态系统中生产力和物种多样性最高的区域之一。全球约有 5 亿人直接或间接依赖珊瑚礁提供的多种生态服务，包括食物、收入、旅游以及海岸防护等（Wang et al.，2023）。海洋增暖对珊瑚礁构成严重威胁，因为海温升高会导致珊瑚与共生藻类分离，使珊瑚失去藻类光合作用产生的养分，从而影响其生长和繁殖，甚至导致死亡，这种现象被称为珊瑚白化，在热带和亚热带地区尤为普遍（Armstrong McKay et al.，2022）。除了海洋增温外，海洋酸化、过度捕捞以及污染等因素也会加剧珊瑚礁的退化，从而对海洋的养分循环、食物链和碳汇功能造成负面影响。研究发现，当海水温度超过平均值 1℃时，就有可能引发珊瑚白化。一旦出现珊瑚白化，珊瑚礁共生藻的生态位就有可能被蓝藻（Cyanobacteria）和海藻（Alga）等生物所占据，使得珊瑚礁的恢复变得困难（Wang et al.，2023）。

珊瑚应对变暖的机制尚不明确，主要取决于物种和生态系统的适应能力。珊瑚可以通过共生藻的更换或演化来提高其热耐受能力，以应对海水温度的升高。

历史上，珊瑚礁曾经历过多次厄尔尼诺等重大气候事件，部分珊瑚礁能够在白化后恢复，但这种恢复往往伴随着生态系统功能的丧失，对依赖珊瑚礁的人类社会产生了巨大的影响（Wang et al.，2023）。因此，需要深入了解气候变化条件下珊瑚礁的状态。如果全球温度较工业革命前升高 1.5 ℃，全球珊瑚礁将减少 70%以上；如果升高 2℃，珊瑚礁将几乎全部消失（Armstrong McKay et al.，2022）。

4. 临界要素的级联效应

地球上的气候子系统通过大气和海洋环流相互连接，存在能量和物质的交换。不同临界要素之间也存在着相互关联，当一个气候子系统经历临界转变后，可能引发其他子系统同样发生临界转变，这种现象被称为级联效应，亦称为多米诺效应（Domino Effect）（Wunderling et al.，2024）。

例如，格陵兰冰盖解体可能导致 AMOC 流速减缓。同样，AMOC 崩溃引起的降水减少可能导致亚马孙雨林的退化，进而释放土壤中的 CO_2，从而出现更大范围的崩溃事件（Wang et al.，2023）。古气候数据为级联效应提供了证据，如在伯灵–阿勒罗德暖期（Bølling-Allerød Warming）和丹斯高–厄施格周期（Dansgaard-Oeschger Cycles）[①]等变暖事件中发现了与 AMOC 的级联关系。然而，对当前气候系统，特别是其中临界要素的级联效应的研究仍处于初步阶段。模拟级联效应需要深入了解相关临界要素的反馈机制和时空特征，因此其在气候模拟中是一项复杂的任务（Wunderling et al.，2024）。由于级联效应的研究难度较大，发生后风险较高，为未来社会经济和政策制定带来了不确定性。因此，需要加强对气候系统级联效应的观测、理解和预测。

10.3 地球系统边界

随着人类活动对地球系统的影响日益显著，我们已经进入人类世（Zalasiewicz et

① 伯灵-阿勒罗德暖期（Bølling-Allerød Warming）是末次冰期末期的一个气候阶段（公元前 14700 年至公元前 12700 年）；丹斯高-厄施格周期（Dansgaard-Oeschger Cycles）则发生在末次冰期的寒冷阶段（1.2 万~11.7 万年前）。

al.，2017）。鉴于包容性的人类发展与稳定且具有韧性的地球系统之间存在着密切的相互依存关系，开展安全和公正的地球系统边界评估显得尤为重要。这种评估能够在一个综合框架内同时考量地球系统的韧性和人类福祉。基于此，本节将针对最近科学界提出的“安全和公正的地球系统边界”进行介绍（Rockström et al.，2023）。

10.3.1　安全和公正的地球系统边界

为了维持地球系统的韧性和稳定性，并最大限度地减少地球系统变化给人类带来的重大危害，人们提出了地球系统边界（ESB）的概念。然而，一个安全的地球系统边界（Safe ESB）并不能保证该边界同时也是公正的（Justice），它只是公正的地球系统边界（Just ESB）的必要条件，而不是充分条件（Rockström et al.，2023）。因此，科学界近期在全球和次全球尺度针对气候、生物圈、淡水、营养素和气溶胶污染等领域提出了一套安全和公正的地球系统边界（Rockström et al.，2023）。这些领域涵盖了地球系统的主要组成部分及其相互关联的过程（Rockström et al.，2023）。在确定安全和公正的地球系统边界的过程中，科学家们采用了如下步骤（Rockström et al.，2023）。

首先，在全球及次全球尺度上确定安全的地球系统边界。为此，使用了对局地和区域临界要素的临界点风险评估、地球系统功能下降的证据、历史变率分析和专家判断等。值得说明的是，设置安全的地球系统边界时，并不完全依赖临界点，地球系统边界不应被简单理解为临界点（Rockström et al.，2023）。

然后，使用三个标准来评估遵守安全的地球系统边界是否可以保护人们免受重大伤害。这三个标准分别是：①物种间的公正与地球系统的稳定性；②过去和现在以及现在和未来世代之间的代际公正；③国家、社区和个人之间的代内公正（Rockström et al.，2023）。其中，标准①旨在保护人类、其他物种和生态系统，拒绝人类例外主义。在许多领域中，通过在安全的地球系统边界内维持地球系统的稳定，可以实现物种间公正。标准②重点关注不同代际之间的关系和义务。标准③则关注当前个人之间、国家之间、不同国家的人民之间以及社区成员或公民之间的关系，达到该标准意味着最大限度地减少一个国家对另一个国家、一个社区对另一社区、一个人对另一个人造成的重大伤害（Rockström et al.，2023）。

最后，将上述公正性标准与历史分析、国际卫生标准、地球系统模拟以及专家判断相结合，量化出能够最大限度减少人类因地球系统变化而遭受重大伤害的安全和公正的地球系统边界（Rockström et al.，2023）。

10.3.2 多领域安全和公正的地球系统边界介绍

本节将简要介绍科学界在气候、生物圈、淡水、营养素和气溶胶污染等领域所确定的八大安全和公正的地球系统边界（Rockström et al.，2023）。这八个边界如图 10.4 所示，对于“气候”和“气溶胶”而言，公正的地球系统边界相对比安全的地球系统边界更加严格，而当前的地球系统状态已经超过了多个全球及次全球尺度的地球系统边界（Rockström et al.，2023）。下面将对图 10.4 中八个安全和公正的地球系统边界进行逐一介绍。

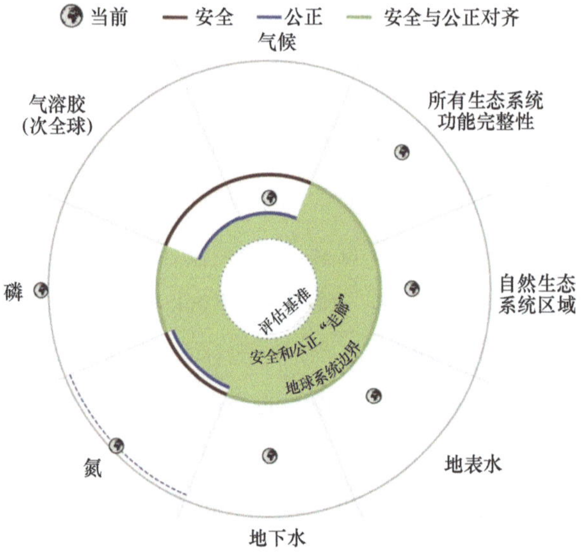

图 10.4 建议的八大安全和公正的地球系统边界

值得注意的是，对于氮，图中用蓝色虚线绘制了地下水中硝酸盐污染造成危害的边界量化，同时指出公正的地球系统边界还必须考虑富营养化，从而导致更严格的安全且公正的地球系统边界。所有人获得水、食物、能源和基础设施的最低限度（绿色虚线）可构成安全和公正“走廊”（图 10.4 中绿色填充区域）的基础（Rockström et al.，2023）

1. 气候

对于气候的地球系统边界，科学界将相对工业革命前的变暖幅度作为量化标准（Rockström et al.，2023）。基于如下因素：最小化触发气候临界点的可能性，维持生物圈和冰冻圈的功能，以及考虑全新世和间冰期的气候变率，人们确定了安全的地球系统边界。将升温稳定在安全地球系统边界 1.5 ℃或以下，可以避免对人类和其他物种造成最严重的气候影响（Rockström et al.，2023）。然而，正如前文所述，一个安全的地球系统边界并不能保证该边界同时也是公正的。考虑到全球变暖 1 ℃可能导致数以千万计的人暴露在极端湿球温度下，全球变暖 1.5 ℃，超过 2 亿人（大多数是已经处于弱势、贫困和边缘化状态的人群）可能会暴露于前所未有的年均高温环境中（Lenton et al.，2023），超过 5 亿人可能会面临长期海平面上升的影响，这些问题可能导致上述标准②和标准③无法得到满足（Rockström et al.，2023）。因此，若以避免数以千万计的人遭受重大伤害为目标，那么公正的地球系统边界应设定升温稳定在 1 ℃及以下（Rockström et al.，2023）。

2. 生物圈

对于生物圈，科学界针对基本完整的自然生态系统区域，包括城市和农业生态系统在内的所有生态系统的功能完整性各自确定了安全的地球系统边界（Rockström et al.，2023）。根据气候、水资源和物种保护模型的结果，人们提出安全的地球系统边界是：全球陆地表面中应有 50%~60%被基本完整的自然区域覆盖。为了确保基本完整的自然生态系统的公正分布，公正边界可能需要设定在 50%~60%安全范围的上限（Rockström et al.，2023）。生态系统的功能完整性指的是城市、农业或其他人类改造的生态系统提供生态功能的能力，以及它们在景观尺度上对人类的贡献（Rockström et al.，2023）。在人类改造的土地上，每平方公里至少需要 20%~25%多样化的半自然栖息地，包括本地物种，以支持多种地方性“自然对人类的贡献”（Nature’s to People，NCP）的提供（Rockström et al.，

2023）。这一数值在不同的景观类型、气候、地形条件下可能存在差异，在一些容易受到自然灾害影响的景观中，如陡坡或高度易蚀的土壤，该数值可能高达50%（Rockström et al.，2023）。值得注意的是，功能完整性的安全边界可以减少未来遭受重大伤害的风险（代际公正）（Rockström et al.，2023）。综合考虑公正性，功能完整性的公正地球系统边界选取与安全地球系统边界相同的边界（图 10.4）（Rockström et al.，2023）。

3. 淡水

对于淡水，科学界基于次全球边界提出了两个安全地球系统边界：①地表水的流量变化地球系统边界；②地下水的抽取地球系统边界。对于地表水的流量变化，科学界建议全球所有河流都满足假定的次全球尺度安全地球系统边界，即每月地表水流量与当前自然流量状况相比不超过 20%的变化（增加或减少）。而全球尺度地表水的地球系统边界要求 100%的陆地区域都满足次全球尺度的边界，即世界上所有河流的流量变化都限制在 20%。满足这一边界意味着全球每年可有 7630km^3 的流量变化，当前全球的河流流量变化是小于这一数值的，但是我们已经处于全球安全地球系统边界之外，因为目前仅 66%的陆地面积满足次全球尺度安全地球系统边界。对于地下水，科学界建议所有含水层的年地下水抽取的安全地球系统边界是年平均补给量，如果抽取量小于补给量，则地下水被认为是安全的。全球尺度的地下水地球系统边界则要求全球所有含水层均满足次全球尺度的地球系统边界。据估计，我们目前处于全球地球系统边界之外，因为有 47%的流域地下水水位目前正在下降。对于公正性，科学界建议将上述安全的地球系统边界与公正的地球系统边界保持一致（图 10.4），同时指出遵守这些边界将极大地限制当前的使用，并且还需要相应政策以确保分配公正（Rockström et al.，2023）。

4. 营养素

对于营养素，科学界为农业氮（Nitrogen，N）和磷（Phosphorus，P）的过剩设定了安全的地球系统边界，以最大限度地减少地表水和陆地生态系统的富营养化。科学界建议对于全球尺度的农业氮过剩，安全的地球系统边界为每年 61 Tg N（可能范围为 35~84 Tg）；而对于农田土壤磷过剩，安全的地球系统边界为每年 4.5~9.0 Tg P。由于营养循环破坏对人类的危害主要是由环境退化引起的，对于次全球尺度的氮、次全球和全球尺度的磷，科学界建议公正的地球系统边界与安全的地球系统边界保持一致；考虑到地下水硝酸盐的重大危害，对于全球尺度氮的边界略微收紧至每年 57 Tg N（可能范围为 34~74 Tg N）（Rockström et al.，2023）。

5. 气溶胶污染

对于气溶胶污染，在次全球尺度，科学界建议安全的地球系统边界为 0.25~0.50 AOD（气溶胶光学厚度，Aerosol Optical Depth）（Steffen et al.，2015；Rockström et al.，2023），而考虑了公正因素后，地球系统边界被收紧至 0.17 AOD。在全球尺度，科学家利用 AOD 在北半球/南半球间的差异定义了安全的地球系统边界。如果年平均半球间 AOD 差异由于空气污染或与地球工程相关的气溶胶不对称而超过 0.15，则这些变化可能会产生破坏性（Rockström et al.，2023）。

总的来说，在 8 个全球尺度的安全和公正的地球系统边界中，目前已经有 7 个被跨越。对于次全球尺度的安全和公正的地球系统边界，目前至少有 2 个在全球超过一半的陆地区域被跨越。这些问题使得当今乃至未来的人类生计面临风险。为了确保人类的福祉，需进行涵盖所有地球系统边界的公正的全球转型，这些转型必须跨能源、粮食、城市和其他部门系统性地进行，应对经济、技术、政治以及其他导致地球系统变化的驱动因素，并通过减少和重新分配资源使用，确保贫困群体的资源获取（Rockström et al.，2023）。

10.4　气候变化对人类、经济和社会的影响

10.4.1　人类世

“人类世”最早由斯托默在 20 世纪 80 年代初提出，但当时是在淡水湖沼学研究的背景下提出的。直到 2000 年以后，Crutzen（2002）才独立地重新提出“人类世”

这一概念，并推动其在自然科学、社会科学和人文科学等领域迅速传播。2002 年提出的人类世有两层含义：在地质背景下，Crutzen 将人类世定义为继全新世之后的一个新的地质时代。在地球系统背景下，人类世被视为一个急剧变化的阶段，显著偏离了持续约 11700 年的、相对稳定的全新世状态（Steffen et al.，2020）。

人类世的主要证据是来自国际地圈–生物圈计划（IGBP），该计划突出强调了社会经济和地球系统指标的特性，并证实自 20 世纪中叶以来，人类活动的爆发式增长直接驱动了地球系统的变化（图 10.5）。为响应 Crutzen（2002）提出的将人类世正式纳入地质时间尺度的建议，第四纪地层学小组委员会于 2009 年成立了人类世工作组。经过十年的研究、讨论和激烈辩论，2019 年人类世工作组提议将人类世作为一个正式的年代地层单位，并确定其起始时间大致为 20 世纪中期。（Waters et al.，2016）。在社会科学和人文科学领域，人类世被视为一个全新的综合性框架，用于解析复杂的人类社会动态及其与自然系统的相互作用。然而，人类世的概念也引发了关于不同国家与个体之间责任分配不平等的广泛讨论。它不仅凸显了人类活动在地质尺度上的深远影响，同时也揭示了全球社会在实现可持续发展目标过程中所面临的严峻挑战（Bai et al.，2016）。

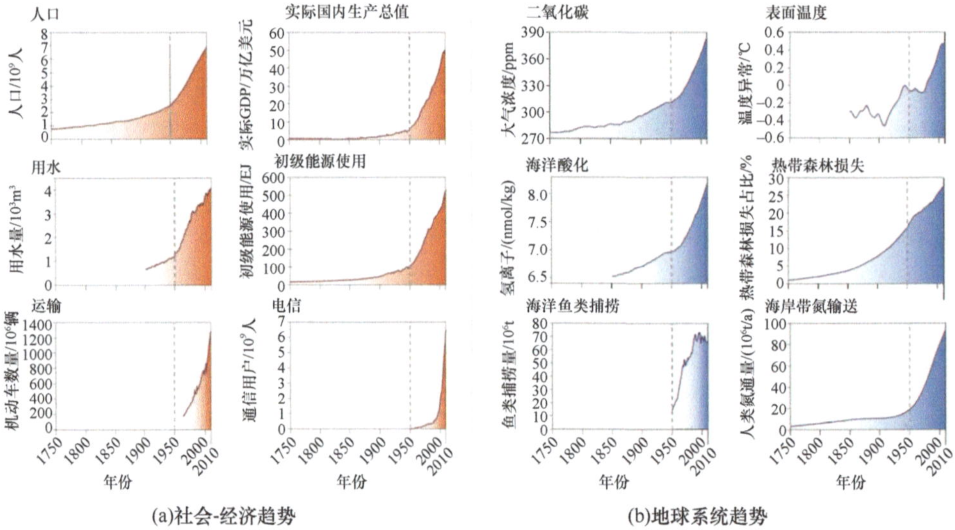

图 10.5 人类世的轨迹（Steffen et al.，2015）

10.4.2　气候变化与社会经济

气候变化是 21 世纪最大的生态和社会挑战之一。社会学家为理解当代气候变化的驱动因素作出了重要贡献，其研究涵盖多个层面：包括社会结构和政治经济对国家温室气体排放的影响、企业部门与政策体系中权力与政治的相互作用，以及塑造公民和消费者个体行为的关键因素。

1. 宏观社会学方法

宏观社会学方法在探讨气候变化驱动因素时，着重分析影响整个社区、州或国家的宏观社会过程。其中，针对温室气体排放驱动因素的定量宏观比较分析已成为该领域的重要研究方向。社会学中发展的人口、富裕和技术的回归随机影响（Stochastic Impacts by Regression on Population，Affluence and Technology，STIRPAT）的研究方法如今已被应用于各个学科。STIRPAT 通过乘法回归模型对环境压力进行建模：

$$I = aP^b A^c \cdots e \qquad (10.1)$$

式中，I 为环境压力的量度，如温室气体排放；P 通常为种群数量；A 为人均富裕程度的量度；e 为随机误差项；b 和 c 为系数。剩下的项是将驱动项与人为环境压力联系起来的弹性项（Dietz，2017）。

在宏观社会学中，可以将来自地缘政治单位（如民族国家、美国各州或中国各省）的数据用于 STIRPAT 模型中，分析环境影响的驱动因素。该方法的核心理念在于，环境压力驱动因素的影响需通过实证评估而非简单假设来确定，同时强调在基本模型的基础上进行扩展，并进一步探索其他潜在驱动因素的作用。这种方法在探索环境压力的政治经济学问题，以及分析不平等、依赖关系和其他理论驱动因素的影响方面，具有特别重要的应用价值（Jorgenson et al.，2019）。

社会学家也开始关注并研究缓解气候变化的新兴方法——地球工程，并对其进行深入研究。地球工程领域中最具争议性的方法是太阳辐射管理，该方法通过向高层大气注入微粒，将部分太阳辐射反射回太空，从而减少到达地球表面的太阳能量（The U.S. National Research Council.，2015）。从技术层面来看，太阳辐射管理似乎具备一定的可行性，其实施门槛较低，甚至中等规模的企业也具备操作的可能性。然而，在每一次关于地球工程，尤其是太阳辐射管理的讨论中，都会引发对公平与正义、公众可接受性、社会制度风险以及国际治理等问题的广泛担忧（Jinnah and Nicholson，2019）。

2. 中尺度社会学方法

中尺度社会学旨在连接宏观与微观层面的分析，因此需要将地方、区域、国家以及国际管理机构和其他组织之间的相互作用纳入研究框架，揭示其复杂关联及其对气候变化的影响机制。中尺度社会学强调结构与能动性之间的关系及其动态演化过程，研究范围涵盖政治、市场等多个领域。

中尺度社会学方法强调不同尺度之间的相互作用，例如在国家层面，利益集团会积极参与政策网络的构建，并且这种活动常常跨越多个政治中心，形成跨尺度的动态互动（Fisher and Leifeld，2019）。一些中尺度社会学方法也涉及全球尺度，例如，当国家政府、非政府组织（NGO）和企业利益共同作用以影响国际谈判时。气候变化中的中尺度社会学驱动因素研究面临独特的挑战，因为它需要整合社会学的多个分支领域，如经济学、组织学、政治学和环境社会学等，同时还需与其他学科相互联系，包括商业学、国际关系学、法学、政治学和公共管理等。

两种研究最为广泛的中尺度社会学是：①分析企业行为及其对气候和社会的影响；②研究气候变化政治政策对社会各个领域的影响。企业行为在气候变化中具有至关重要的作用，因为企业不仅深刻影响气候变化政策的制定，还通过其运营活动直接改变温室气体排放和土地利用模式，从而对气候变化产生重要影响。当然，一些利益冲突在中尺度区域政治中发挥着重要作用，试图影响气候和能源政策。这些政策反过来又会在微观和宏观尺度上对气候变化的驱动因素产生深远影响。通过中尺度社会学的分析框架，可以更好地解释某些气候结果中的不公正现象及其背后的社会机制。

3. 微尺度社会学方法

社会学中的微尺度方法侧重于研究个体行为、决策过程及其动态变化，关注的是较小规模的社会互动和个人层面的影响。消费者通过日常选择直接（例如驾驶时燃烧汽油）或间接（例如饮食选择）通过供应链对温室气体排放及其他生态系统过程产生影响。公民可以通过表达意见和参与政治活动来影响政策制定过程。在公民群体中，部分个体可能成为社会活动家，部分则可能成为参与政策制定的专业人士。此外，部分个体作为环保组织的成员，这些组织的行动对气候变化政策的制定具有重要影响。虽然我们的个体行为受到他人影响，但决策也取决于我们对社会的理解，这种理解则是由社会角色、制度和网络塑造（Bruch and Feinberg，2017）。同时，我们的行为还受到自身背景的影响，包括家庭、社区、政治经济和生物物理环境。即使在相同的背景下，种族、民族、性别认同、社会阶层和其他社会标志仍会对人们的判断产生影响。尽管我们努力对这种复杂性进行统一解释，但当前的社会学文献主要分为两种流派：一种侧重于消费者行为，另一种则关注作为消费者和政治行动先驱的信仰与态度。

研究微尺度社会学时面临着三个挑战：①主要关注那些直接影响温室气体排放，或通过供应链产生重大影响的决策和行动（Stern and Dietz，2020）。②影响决策的重要因素会因不同环境而有所不同。③虽然区分以不同角色和身份做出的决定是有用的，但角色和身份是流动的。最终，一个综合微尺度社会学的理论不仅会研究我们在不同角色和身份中如何做出决策，还会探讨我们如何跨越角色和身份做出决策。

4. 气候公平

不同国家的人们可能对气候变化持有不同的态度。但那些对温室气体排放贡献最小的国家往往在国际政策制定中的影响力也最小，却承受着气候变化带来的最严重的影响。这些现实带来了关于气候公平应如何实现的深刻问题，为气候变化社会学增加了一个新的维度。

“气候公平”这一概念在学术界和气候组织中得到了广泛关注和应用。气候公平关注的是气候变化的原因与后果，以及减缓和适应气候变化过程中所产生的影响分配不均问题。这些不公平往往源于直接的权力行使以及深植于制度和文化中的结构性权力（Mendez，2020）。例如，2005 年的“卡特里娜”飓风和 1995 年芝加哥致命的极端高温等重大环境灾难表明，贫困、种族歧视、种族隔离、教育体系不完善、住房条件差以及社区准备不足等既存的社会不公正现象，会因极端天气事件而进一步加剧。考虑到风暴的严重性和其他气候压力可能会随着时间的推移而增加，学者们认为气候不公平问题可能会进一步恶化。此外，关于对气候变化驱动因素的认知，国际上认为经济不平等会加剧环境破坏行为。这种不平等不仅增加了环境压力，还削弱了社会实现可持续发展的能力。

虽然学者们探索了种族和阶级的交叉性问题，但身份和社会地位的其他关键维度却未得到充分关注。总体而言，学术界对土著社区的认识仍显不足，缺乏对其缓解气候变化努力和需求的系统评估，以及对性别多样化人群、残疾人、需要特殊照顾的人（如老年人、孕妇和儿童等）和无证移民等特殊人群的研究也相对匮乏。

5. 气候变化与土著

全球土著社区因其与自然环境的紧密联系和独特的社会经济地位，特别容易受到气候变化所带来的影响。尽管一些社区正在实施适应和缓解战略，但驱逐土著人民离开其原住地的现象仍然存在。例如，非法伐木者向土著社区施加压力，迫使其出售森林资源，土著社区不仅面临着气候变化带来的挑战，还遭受粮食不安全问题的困扰。尽管在特定情境下，迁移和改变传统生活方式可能不可避免，但应对气候变化的战略应以与土著社区共同治理为核心，充分尊重其传统知识、文化权利和自主决策能力。

6. 气候变化与残疾人

气候变化和可持续发展目标（如联合国千年发展目标）往往忽视或仅以最低

限度关注残疾人群体的需求。虽然学者们逐渐开始研究残疾人面对气候变化的适应能力（Görgens and Ziervogel，2018），但何时以及如何将残疾人群体纳入国际气候变化话语体系和社会学研究范畴仍然是一个亟待解决的重要议题。现实情况是，残疾人群体同样深受气候变化引发的极端事件影响。尽管与气候变化相关的灾害规划通常强调包容性，但由于社会观念和经济制约，残疾人获得基本服务的机会往往有限。

7. 气候变化背景下人与动物的关系

在动物研究和气候变化的交叉领域，社会学研究主要聚焦于人类活动对动物及其栖息环境的破坏性影响。然而，部分社会学家进一步拓展了这一领域的研究范围：①生物学家（如观鸟者）在记录气候变化影响中的角色；②人类与动物关系在气候灾害中的作用，以及身份因素、不平等和观念如何影响肉类消费及其相关的温室气体排放；③气候变化问题的框架如何影响公众对促进植物性饮食政策的支持。此外，以动物（如北极熊）作为气候变化的象征，无论在积极层面还是消极层面，均可能影响公众的保护观念和政策制定。

10.4.3　蓝碳

1. 蓝碳的概念

陆地绿色植物通过光合作用固定二氧化碳的过程，被称为绿碳。与之相对，利用海洋活动及海洋生物吸收大气中的二氧化碳，并将其固定、储存在海洋的过程，被称为蓝碳（IPCC，2021）。蓝碳是地球上最大的活跃碳库，被估算为陆地碳库的 20 倍、大气碳库的 50 倍，且海洋储碳周期可达数千年。发展蓝碳有利于保护海洋生态环境，还能有效应对气候变化（Canadell et al.，2021）。红树林、海草床和滨海盐沼共同构成了“三大滨海蓝碳（Coastal Blue Carbon）生态系统”，按全球平均值估算，我国“三大滨海蓝碳生态系统”的年碳汇量最高可达 308 万 t 左右。尽管这三类生态系统的覆盖面积比不到海床的 0.5%，但在储碳固碳方面发挥重要作用。深海蓝碳是指深海生态系统中通过自然过程吸收和储存二氧化碳的能力，是蓝碳概念的一部分，包含大陆架水域、深海水域及其下方海底区域，约占海洋蓝碳总量的 90%。

2. 蓝碳在气候变化中的作用

蓝碳最早出现于 2009 年，最初用于强调沿海植被生态系统对全球碳封存的重要作用。随后，这一概念逐渐扩展，不仅仅局限于沿海生态系统，用于描述在整个海洋范围的碳捕获。当前，蓝碳在减缓和适应气候变化方面的作用已获得国际社会的广泛认可（Macreadie et al.，2019）。

由红树林、海草床和滨海盐沼组成的沿海植被生态系统，因其土壤和沉积物中显著的碳累积能力，具有极高的储碳率效率。这类生态系统可有助于减缓气候变化并增强生态系统的自适应能力。尽管与陆地植物相比，沿海植被生态系统覆盖的面积较小，且地上生物量较低，但其在长期碳封存，尤其是沉积物碳汇中的作用不可忽视。

然而，当沿海蓝碳生态系统退化或丧失时，它们会将碳重新释放回大气中。人们对蓝碳的主要担忧之一在于，这些重要的海洋生态系统的损失率远远高于地球上任何其他生态系统，甚至超过热带雨林的损失率。研究表明，蓝碳生态系统正以每年 2%~7%的速度减少（Macreadie et al.，2019）。这不仅意味着碳封存能力的丧失，还导致了对气候调节、海岸保护和生物多样性至关重要的栖息地的消失。当碳封存的能力减弱或丧失时，其储存的碳将重新释放到大气中，进一步加剧气候变化。尽管量化碳封存减少的具体数值很难计算，但研究人员估计，如果蓝碳生态系统持续退化，到 22 世纪 30%~40%的潮汐沼泽和海草床以及近乎 100%的红树林可能会消失。造成红树林、海草床和滨海盐沼减少的原因包括土地利用变化、气候干旱化、流域水坝建设、水产养殖和农业扩张、土地开发以及气候变化导致的海平面上升。这些人类活动不仅显著削弱了碳封存能力，还导致沉积物中储存的碳重新释放。随着人为影响和气候变化的加剧，蓝碳碳汇的进一步降低，二氧化碳排放量可能持续增加。但目前关于二氧化碳释放速率的数据并不准确，需要进一步研究（Macreadie et al.，2019）。

3. 蓝碳存储贡献

1）沼泽

沼泽是以草本植物为主的潮间带生态系统，广泛分布于北极到亚热带的全球海岸线上。在热带地区，红树林逐渐成为主要的沿海植被，取代了沼泽生态系统。沼泽的生态系统地下生物量比例较大，可以形成 8m 深的沉积物。沼泽为植物、鸟类和幼鱼提供了重要的栖息地，同时具有保护沿海地区免受风暴潮和洪水侵袭的功能，并可能有效减少沿海水域的营养负荷。与红树林和海草床类似，沼泽也是重要的碳汇生态系统。由于其高有机物沉积素率和以厌氧分解为主导的代谢过程，沼泽通过其地下生物量实现了高效的碳封存。全球盐沼覆盖的分布面积约为 22000~400000km^2，估计碳埋藏率为 210 g C/（m^2·a）。尽管盐沼在全球范围内的分布面积不及森林，但它们的碳封存率比热带雨林快 50 多倍。碳封存率高达（87.2±9.6）Tg C/a，显著高于热带雨林的（53±9.6）Tg C/a（Chmura et al., 2003）。

自 19 世纪以来，受社会发展和认知不足的影响，全球约 25%的盐沼受到了破坏，导致潜在碳汇面积减少，同时释放了曾被埋藏的碳。沼泽生态系统的持续退化将引发一系列负面影响，包括沉积物中碳储量下降，植物生物量降低，从而削弱光合作用减弱，降低植物对大气二氧化碳的吸收效率，并减少有机碳从植物叶片向沉积物的转移。此外，植物生物量的减少可能加速沿海侵蚀过程，使原本封存于沉积层的碳加速释放到大气中。

2）红树林

红树林是全球重要的碳汇，其碳储量主要集中在土壤和生物量中。全球红树林的土壤有机碳储量约为 6.4 Pg C，其中印度尼西亚、巴西、马来西亚和巴布亚新几内亚的碳储量占全球总量的 50%以上。全球范围内，红树林自生的有机碳是河口和海洋红树林表层一米土壤有机碳的主要来源。海洋红树林储存了 67%的红树林土壤有机碳，总量达 3025±345 Tg C，而河口红树林沉积物中储存了 1502±154 Tg C。据估计，2020 年，全球红树林面积估计约为 14.7 万平方公里，其中占全球红树林面积的 30%~40%。与海草类似，红树林具有较高的碳封存潜力。其碳固定量占全球热带森林的 3%，并占全球沿海海洋碳存储量的 14%（Hamilton and Friess，2018）。

3）海草

尽管海草只占海底面积的 0.1%，但其碳储量却占海洋碳存储总量的 10%~18%。近年来，大规模海草养殖作为一种碳封存形式受到了广泛关注。近岸海草林是蓝碳的重要来源，其生产的海藻碎屑在洋流作用下可输送至外海甚至深海区域，从而实现长期碳封存。碳主要表面沉积于海洋沉积物中，而海洋沉积物处于缺氧状态，因此其有机碳可在十年至千年的时间尺度内长期保存。海草床沉积环境的高积累率，低氧条件、较低的沉积物电导率和较慢的微生物分解率共同促进了这些沿海沉积物中的碳封存和碳累积。因此，海洋碳汇可以在长期尺度上能够有效储存碳。海草的碳存储率因物种、沉积物特征和生境深度而有所差异，但平均碳存储率约为 138 g C/（$m^2 \cdot a$）（Fourqurean et al.，2012）。

4）深海

海洋深处的二氧化碳、碳酸、碳酸氢根及其盐类的含量通常处于极度不饱和状态。当海水深度超过 3km 时，二氧化碳的密度比周围海水的密度高，从而发生液化并下沉到海底。数学模型研究表明，即使存在较大的地质力学扰动，储存在 3km 以下的深海沉积物中的二氧化碳仍可实现永久的地质封存。这种深海储存技术为大量人为二氧化碳的封存提供了潜在的汇。目前正在探索的其他深水碳储存技术，包括海藻养殖、海洋施肥、人工上升流和玄武岩储存等（House et al.，2006）。

早在 2017 年，“深海蓝碳”这个术语就已被提出，并且海洋前沿研究所（Ocean Frontier Institute）将其作为参与第 27 届联合国气候变化大会的核心议题。就净新增碳储存而言，深海蓝碳实现净零目标的潜力估计比沿海蓝碳高 10~20 倍。但这一领域的数据仍然缺乏，同时在金融机制、生态影响及环境安全等方面仍存在诸多挑战，有待进一步研究和解决。

参考文献

王涵，赵文武，尹彩春．2023．生态系统稳态转换检测研究进展与展望．生态学报，43(6): 2159-2170.

Armstrong McKay D I, Staal A, Abrams J F, et al. 2022. Exceeding 1.5℃ global warming could trigger multiple climate tipping points. Science, 377(6611): eabn7950.

Bai X M, van der Leeuw S, O'Brien K, et al. 2016. Plausible and desirable futures in the anthropocene: A new research agenda. Global Environmental Change, 39: 351-362.

Barton B I. 2019. Climate Change in the Barents Sea: Ice-Ocean Interactions, Water Mass Formation and Variability. Brest: Université de Bretagne Occidentale-Brest.

Boers N, Ghil M, Stocker T F. 2022. Theoretical and paleoclimatic evidence for abrupt transitions in the earth system. Environmental Research Letters, 17: 093006.

Bruch E, Feinberg F. 2017. Decision-making processes in social contexts. Annual Review of Sociology, 43: 207-227.

Canadell J G, Monteiro P M S, Costa M H, et al. 2021. Chapter 5: Global carbon and other biogeochemical cycles and feedbacks//Climate Change 2021: The Physical Science Basis. Contribution of Working Group Ⅰ to the Sixth Assessment Report of the Intergovernmental Panel on Climate Change. Cambridge: Cambridge University Press: 673-816.

Chmura G L, Anisfeld S C, Cahoon D R, et al. 2003. Global carbon sequestration in tidal, saline wetland soils. Global Biogeochemical Cycles, 17(4): 1111.

Crutzen P J. 2002. Geology of mankind-the Anthropocene. Nature, 415: 23.

Dietz T. 2017. Drivers of human stress on the environment in the twenty-first century. Annual Review of Environment and Resources, 42: 189-213.

Feudel U. 2023. Rate-induced tipping in ecosystems and climate: The role of unstable states, basin boundaries and transient dynamics. Nonlinear Processes in Geophysics, 30(4): 481-502.

Fisher D R, Leifeld P. 2019. The polycentricity of climate policy blockage. Climatic Change, 155(4): 469-487.

Fourqurean J W, Duarte C M, Kennedy H, et al. 2012. Seagrass ecosystems as a globally significant carbon stock. Nature Geoscience, 5(7): 505-509.

Görgens T, Ziervogel G. 2018. From “no one left behind” to putting the last First: Centring the voices of disabled people in resilience work//The Palgrave Handbook of Disability and Citizenship in the Global South. Cham: Springer International Publishing: 85-102.

Hamilton S E, Friess D A. 2018. Global carbon stocks and potential emissions due to mangrove deforestation from 2000 to 2012. Nature Climate Change, 8: 240-244.

House K Z, Schrag D P, Harvey C F, et al. 2006. Permanent carbon dioxide storage in deep-sea sediments. Proceedings of the National Academy of Sciences of the United States of America, 103(33): 12291-12295.

IPCC. 2021. Annex Ⅶ: Glossary//Climate Change 2021: The Physical Science Basis. Contribution of Working Group Ⅰ to the Sixth Assessment Report of the Intergovernmental Panel on Climate Change. Cambridge: Cambridge University Press: 2215-2256.

Jinnah S, Nicholson S. 2019. Introduction to the symposium on ‘geoengineering: Governing solar radiation management’. Environmental Politics, 28(3): 385-396.

Jorgenson A K, Fiske S, Hubacek K, et al. 2019. Social science perspectives on drivers of and responses to global climate change. Wiley Interdisciplinary Reviews Climate Change, 10(1): e554.

Lenton T M, Held H, Kriegler E, et al. 2008. Tipping elements in the earth’s climate system. Proceedings of the National Academy of Sciences of the United States of America, 105(6): 1786-1793.

Lenton T M, Xu C, Abrams J F, et al. 2023. Quantifying the human cost of global warming. Nature Sustainability, 6: 1237-1247.

Macreadie P I, Anton A, Raven J A, et al. 2019. The future of blue carbon science. Nature Communications, 10: 3998.

Mendez M. 2020. Climate Change from the Streets: How Conflict and Collaboration Strengthen the Environmental Justice Movement. New Haven: Yale University Press.

Rockström J, Gupta J, Qin D H, et al. 2023. Safe and just earth system boundaries. Nature, 619(7968): 102-111.

Steffen W, Broadgate W, Deutsch L, et al. 2015. The trajectory of the anthropocene: The great acceleration. The Anthropocene Review, 2(1): 81-98.

Steffen W, Richardson K, Rockström J, et al. 2020. The emergence and evolution of earth system science. Nature Reviews Earth and Environment, 1(1): 54-63.

Stern P C, Dietz T. 2020. A broader social science research agenda on sustainability: Nongovernmental influences on climate footprints. Energy Research and Social Science, 60: 101401.

The U.S. National Research Council. 2015. Climate Intervention: Reflecting Sunlight to Cool Earth. Washington D.C.: National Academies Press.

Wang S, Foster A, Lenz E A, et al. 2023. Mechanisms and impacts of earth system tipping elements. Reviews of Geophysics, 61(1): e2021RG000757.

Waters C N, Zalasiewicz J, Summerhayes C, et al. 2016. The anthropocene is functionally and stratigraphically distinct from the Holocene. Science, 351(6269): aad2622.

Wunderling N, von der Heydt A, Aksenov Y, et al. 2024. Climate tipping point interactions and cascades: A review. Earth System Dynamics,15(1): 41-74.

Zalasiewicz J, Waters C N, Summerhayes C P, et al. 2017. The working group on the anthropocene: Summary of evidence and interim recommendations. Anthropocene, 19: 55-60.

附录

名 词 解 释

全球地表气温（global surface air temperature，GSAT）：陆地、海洋和海冰上近地表空气温度的全球平均值。在气候模型中，GSAT 的变化常被用作衡量全球温度变化的指标。

典型浓度路径（representative concentration pathways，RCPs）：RCPs 是一系列综合的浓度和排放情景，用作 21 世纪人类活动影响下气候变化预测模型的输入参数，以描述未来人口、社会经济、科学技术、能源消耗和土地利用等方面发生变化时，温室气体、反应性气体、气溶胶的排放量，以及大气成分的浓度。RCPs 包括一个高排放情景（辐射强迫为 8.5 W/m^2，RCP8.5），两个中等排放情景（辐射强迫为 6.0 W/m^2，RCP6.0；辐射强迫为 4.5 W/m^2，RCP4.5）和一个低排放情景（辐射强迫为 2.6 W/m^2，RCP2.6）。在这些情景中，RCP8.5 导致的温度上升最大，其次是 RCP6.0、RCP4.5，RCP2.6 对全球变暖的影响最小。在四种不同的情景模式中，一个重要的差异是对未来土地利用规划的不同。

共享社会经济路径（shared socioeconomic pathways，SSPs）：IPCC AR6 使用 CMIP6 中新的气候模式，其中开发的一套由不同社会经济模式驱动的新排放情景——共享经济路径（SSPs），代替了 CMIP5 中四个 RCPs，是 CMIP6 模式的一个重要提升。CMIP6 不仅将 RCP2.6、RCP4.5、RCP6.0 和 RCP8.5 升级为 SSP1-2.6、SSP2-4.5、SSP4-6.0 和 SSP5-8.5，同时新的排放模式还包括 SSP1-1.9、SSP4-3.4、SSP5-3.4OS 以及 SSP3-7.0。在 CMIP5 中只有 RCP8.5 可以代表“无政策干预”的基本情景，它在某种程度上是一种最坏的预期，使预测过于绝对，无法对“无政策干预”的趋势进行细化。为此，CMIP6 模式中增添了 SSP3-7.0，用于表示能源系统模型产生的中等程度的基线结果，与 SSP5-8.5（最坏情形）、SSP4-6.0（较为乐观的情形）一起来模拟无气候政策干预下的全球变暖趋势。

海冰面积（sea ice area，SIA）：指被海冰覆盖的面积。与海冰范围相反，它是海冰覆盖的线性测量，不依赖网格分辨率。

全球平均海平面变化（global mean sea level change）：海洋增加或减少的体积除以海洋表面积。它是通过温度变化引起的海洋密度变化（全球平均热力海平面变化）和由冰冻圈或陆地水储存的变化引起的海洋质量变化（静压海平面变化）的总和。

大西洋径向翻转环流（Atlantic meridional overturning circulation，AMOC）：是全球海洋环流系统中最重要的热量和物质输送机制之一，负责在大西洋范围内进行大规模的热输送，特别是向北的暖水输送和向南的深水回流，对全球气候具有深远影响。海水在中上层通过西部和东部路径（其中涡流输送尤为重要）进入南大西洋，然后穿过赤道向北输送，在北亚热带和亚极地环流中循环。最北可以到达北欧海（包括格陵兰海、挪威海和冰岛海）和拉布拉多海的下沉区域，在那里影响北大西洋深层水的形成。热带和亚热带（包括地中海）高净蒸发导致表面具有较高的盐度，北冰洋区域即使在冬季也保持无冰状态，这使得地表水迅速冷却，这两个过程共同导致表层海水密度增加（致密化），进而促进深层水的形成。这种高密度的地表水成为下沉区域深水形成的来源。除了输送质量外，AMOC 还输送大约一半的热量，这些热量通过海洋向北通过北亚热带（沿着温度梯度）输送。相比之下，在南半球，AMOC 将热量沿着升温梯度从寒冷的绕极气流输送到温暖的热带地区。

海洋表层 pH：是测量海水酸碱度的一种标志。海水由于弱酸性阴离子的水解作用而呈弱碱性。海水 pH 变化不大，一般在 8.0～8.5，表层海水通常稳定在 8.1±0.2 左右，中、深层海水一般在 7.5～7.8 变动。

温室效应：大气逆辐射使地面因发射辐射而损耗的能量得到一定的补偿，因而对地面有一种保暖作用，这种作用称为大气的保暖作用或温室效应。

环状模（annular modes）：指存在于中高纬度大气环流中，沿纬圈对称、具有半球尺度和准正压结构的、深厚的、高纬度与中纬度地区之间海平面气压反相变化的大气遥相关现象。环状模是大气遥相关领域一个新兴的气候学概念，它表征的是热带以外地区中纬度和高纬度间大气质量的“跷跷板”现象，为热带以外地区最主要的大气变率，影响包括我国在内的中高纬地区甚至部分热带地区的近地层气候。它对整个北半球气候有显著的影响，从根本上改变了气候学家对北极气候模型的理解，也被称为“北极厄尔尼诺”。

极端温度：一段时间内某一地区达到的最低温度或最高温度，前者是极端最低温度，后者是极端最高温度。有时也指同一时期温度空间分布（一般指水平分布）中的最高值和最低值。

干旱：在较长的时间内无雨或少雨而造成的空气干燥、土壤缺水的现象，称为干旱。干旱一般可分为大气干旱和土壤干旱。

饱和水汽压差（vapor pressure deficit，VPD）：是指在一定温度下，饱和水汽压与空气中的实际水汽压之间的差值。

气旋：是由锋面上或不同密度空气分界面上发生波动形成的，占有三维空间、中心气压比四周低的水平空气涡旋。气流由四周向中心旋转运动，旋转方向在北半球为逆时针，南半球为顺时针。根据气旋产生的地理位置，可分为温带气旋和热带气旋两种类型。温带气旋主要出现在东亚、北美、地中海等地区；热带气旋是形成于热带海洋上的一种具有暖心结构的气旋性涡旋。

气候情景：气候情景是气候模拟的基础，是对未来世界不同发展状况的科学假设。

年代际气候预测（decadal climate prediction project，DCPP）：年代际气候预测计划（DCPP）是对年代际气候预测、可预测性和可变性的协调多模式调查。

DCPP 利用从第五次国际耦合模式比较计划和其他地方获得的模拟与预测年代际变率和强迫气候变化的经验，基于最近在模型开发、气候数据再分析、初始化和集合生成方法以及数据处理和分析方面的改进，提出一个扩展的综合年代际预测研究计划，以此作为对 CMIP6 的贡献，并响应 WCRP 近期提出的重大气候预测挑战。

可预测性：在不同时间和空间尺度上预测天气和气候事件的能力。可预测性是一个物理和/或数学系统的特点，它描述了“其被预测的能力”。可预测性可以通过模型进行估算，但取决于它们所依据的模型，并且不一定完全代表物理气候系统的行为。可预测性研究可以说明在什么地方、什么情况下以及在什么置信度上预测从季节到几十年时间尺度上的各种气候参数。

大气环流模型：是一种用于模拟陆地或海洋气候的数学模型。它以纳维–斯托克斯方程为基础，包括热力学项，以反映能量来源，如辐射和潜热。这些方程是模拟地球大气或海洋的复杂过程的基础。

气候敏感性：衡量特定因素导致其气候系统发生变化后地球表面将冷却或变暖的程度。从技术上讲，它是响应辐射强迫的全球平均表面温度的平均变化，驱动地球能量输入和输出之间的差异。气候敏感性可以通过气候模型模拟和观测数据来估计。云层、环流和气候敏感性也是控制气候系统的重要因素。

瞬态气候响应（transient climate response，TCR）：指当大气中的二氧化碳浓度比工业革命前的水平增加一倍时，预计全球平均温度的变化。TCR 是两种主要的气候敏感性之一。

平衡气候敏感性（equilibrium climate sensitivity，ECS）：指的是二氧化碳浓度随着时间的推移增加一倍的影响。气候敏感性的不确定性来源包括用于估计 TCR 和 ECS 的原则和方法，以及反馈过程。

季风：由于大陆和海洋在一年之中的增暖和冷却程度不同，在大陆和海洋之间大范围的、风向随季节有规律改变的风，称为季风（Monsoon）。形成季风最根本的原因，是地球表面性质不同、热力反应的差异。这是一种由海陆分布、大气环流、大陆地形等多种因素共同作用所形成的现象，表现为一年为周期的大范围内，冬季和夏季盛行风向相反，具体分为夏季风和冬季风。

大气环流：具有世界规模的、大范围的大气运行现象。它既包括平均状态，也包括瞬时现象，其水平尺度在数千公里以上，垂直尺度在 10km 以上，时间尺度在数天以上，也是大气大范围运动的状态。

厄尔尼诺–南方涛动（ENSO）：赤道太平洋海面水温的变化与全球大气环流，尤其是热带大气环流紧密相关。其中最直接的联系就是东南太平洋与西太平洋—印度洋之间海平面气压的反相关关系，即南方涛动现象（SO）。在拉尼娜期间，东南太平洋气压明显升高，而印度尼西亚和澳大利亚的气压降低。厄尔尼诺期间的情况正好相反。鉴于厄尔尼诺与南方涛动之间的密切关系，气象上把两者合称为 ENSO。

太平洋年代际振荡：热带中东太平洋与北太平洋海面温度在十年际时间尺度上变化的“跷跷板”现象。

大西洋多年代际变率：海温的年代际变化为北大西洋年代际振荡。它是发生在北大西洋区域具有海盆尺度的、多十年变率的海表温度异常变化，是一种自然变率，具有 65~80 年的周期，振幅为 0.4℃。

干旱指数：为年蒸发能力和年降水量的比值，公式为：$r=E_0/P$，是反映气候干旱程度的指标。

黑碳：是含碳物质（主要是石油、煤、木炭、树木、柴草、塑料垃圾、动物粪便等）不完全燃烧发生热解的产物。

《巴黎协定》：是由全世界 178 个缔约方共同签署的气候变化协定，是对 2020 年后全球应对气候变化的行动做出的统一安排。《巴黎协定》的长期目标是将全球平均气温较工业革命前的上升幅度控制在 2℃以内，并努力将温度上升幅度限制在 1.5℃以内。

极地放大效应：21 世纪北极地表气温增暖幅度将超过全球平均水平，到 2081~2100 年，北极年平均变暖 3~12℃，这种现象被称为极地/北极放大效应，是气候模型模拟对温室气体强迫反应的一个普遍特征。

季节性变暖模态（seasonal warming patterns，SWP）：是指全球气候变暖会

出现明显的季节性特征模态，主要表现为大部分模式模拟南北纬 55°附近的陆地冬季变暖比夏季变暖更加强烈；而大部分热带和中纬度陆地地区夏季的变暖要强过冬季，导致季节变化的周期增大。

布鲁尔–多布森环流（Brewer-Dobson circulation）：是指热带对流层空气上升到平流层，然后在下降时向极地移动的全球大气环流模式。这种循环模式解释了观测到的臭氧和水蒸气的分布特征，并且近几十年来由于气候变化，该环流一直在加速。

热应激（heat stress）：是指人类长时间处于高温环境下，无法有效调节体温，从而出现的一系列生理或生物学反应，对身体造成各种危害的一种现象。随着全球变暖导致的各地温度升高，该现象发生概率大幅增加。

水文敏感性（hydrological sensitivity）：是指地表温度每变化 1℃时，水文系统的响应程度。水文敏感性的影响机制主要有缓慢长期的温度驱动机制，这种机制通常与海洋表面温度的变化密切相关；还有快速调整机制，指地表温度变化后，水文系统在较短时间内做出的响应。导致水文敏感性存在显著区域差异的主要原因。

短寿命气候强迫因子（short-lived climate forcers，SLCFs）：SLCPs 是指在大气中存留时间较短，但对气候系统有显著影响的物质主要包括温室气体甲烷和氢氟碳化合物，以及人为黑碳等污染物。由于 SLCPs 在短期内的影响特别大，因此现在采取行动减少其排放可以对气候变化和公众健康产生有益影响。

二氧化碳去除（carbon dioxide removal，CDR）：是指通过人为干预从大气中去除二氧化碳（CO_2）并将其长期储存，以减少温室气体浓度，从而缓解气候变化的技术和方法。

太阳辐射修正（solar radiation modification，SRM）：是一种通过人为干预地球的短波辐射收支来减少地表温度上升的气候干预措施。与二氧化碳去除（CDR）不同，SRM 并不直接减少大气中的温室气体浓度，而是通过增加地球对太阳辐射的反射或减少到达地表的太阳辐射量，来抵消温室气体增加导致的升温效应。

零排放承诺（zero emissions commitment，ZEC）：是指在全球实现净二氧化碳（CO_2）排放为零后，预计全球平均温度会发生的进一步变化。ZEC 是理解和计算剩余碳预算的关键参数。

地表温度：指地球表面的温度。太阳的热能被辐射到达地面后，一部分被反射，一部分被地面吸收，使地面增热，对地面的温度进行测量后得到的温度就是地表温度。地表温度还会根据所处地点环境不同而有所不同。

“极地放大”机制：“极地放大”机制是一种气候变化中的现象，即净辐射平衡发生的任何变化（如温室效应增强）往往会在两极附近产生比行星平均温度更大的温度变化。这一效应通常指极地变暖幅度与热带变暖幅度的比率。在具有可以限制向太空发射长波辐射（即具有温室效应）的大气层的行星上，地表温度将比简单的行星平衡温度计算所预测得要高。如果一个星球上的大气或广阔的海洋能够向极地输送热量，两极将比当地净辐射平衡预测得更温暖，而赤道地区更冷。当全球平均温度相对于参考气温较低时，两极将经历最大的变冷幅度；或者当全球平均温度较高时，两极将经历最大的变暖幅度。

季风系统（monsoon system）：是构成和维持季风气流的大气环流系统。全球季风系统是由太阳辐射的季节循环和海–陆–气相互作用共同强迫所导致的具有显著季节变化现象的三维行星环流系统，表现为行星尺度气压系统性质及相关气压梯度的显著季节变化、盛行风向的季节性反转以及干湿季节的交替出现。

热带气旋：发生在热带或副热带洋面上，具有有组织的对流和确定气旋性环流的非锋面性涡旋的统称，包括热带低压、热带风暴、强热带风暴、台风（强台风和超强台风）。热带气旋总是伴有狂风暴雨，给受影响地区带来严重灾害。

温带风暴：一种由温带地区的台风或飓风引起的风暴潮现象，多发生于春秋季节，夏季也时有发生。其特点是增水过程平缓，增水高度低于台风风暴潮。其主要发生在中纬度沿海地区，即欧洲北海沿岸、美国东海岸以及中国北方海区沿岸。

风暴潮：风暴潮或称暴潮，是由热带气旋、温带气旋、冷锋的强风作用和气压骤变等强烈的天气系统引起的海面异常上升现象，又称“风暴增水”、“风暴海啸”、“气象海啸”或“风潮”。风暴潮会使受到影响的海区的潮位大大超过正常潮位。如果风暴潮恰好与影响海区涨潮相重叠，就会使水位暴涨，海水涌进内陆，从而造成巨大破坏。

潮汐：指地球上的海洋表面受到太阳和月球的万有引力（潮汐力）作用而产生的涨落现象。潮汐的变化与地球、太阳和月球的相对位置有关，并且还会受到地球自转效应、海洋海水深度、大湖及河口等因素的影响。

径流：降雨超过土壤入渗量时产生的地表水流。

河流：流域地面的天然排水通道，由一定流域内地表水和地下水补给，经常或间歇地沿着狭长凹地流动的水流。

洪水：①河流中水量迅速增加，水位急剧上涨的现象；②河流、湖泊、海洋等水位上涨，淹没平时不上水的地方的一种水文现象。洪水常威胁地方安全或导致淹没灾害。

海平面变化：由热膨胀、冰盖在温暖条件下的消融或在寒冷条件下的扩张而引起的相对海平面的长期变化。

冰冻圈变化：指冰冻圈内热状况和质量的时空分布变化，在表观上主要体现为形态、体积和质量的变化，如冰川面积、厚度、冰量及末端或边缘变化，冻土面积或范围、厚度变化，积雪范围和雪水当量变化，海冰范围和厚度变化，河冰、湖冰封冻和解冻日期变化，以及冻结日数、厚度的变化等。冰冻圈内部如热量（温度）、物质结构、物质迁移、化学和生物学等方面的变化，也属变化的内容。

生态系统功能：生态系统整体在其内部和外部的联系中表现出的作用和能力。随着能量和物质等的不断流动，生态系统亦产生不断变化和动态的过程。

生物量：在一定时间内，生态系统中某些特定组分在单位面积上所产生的物质的总量。

碳储量：是指生态系统中碳素的存留量，与生态系统中生物的现存量关系密切，主要包括树木、草本植物、掉落物和土壤（100cm 深）生物量中的碳。碳储量作为衡量生态系统的初级生产力规模和数量的重要指标，其衡量生态系统对全球变暖的调节能力在国际上具有较高的认可度。

全球气候模型：模拟全球和大区域气候变化过程的一种数值模型。全球气候模型考虑了许多因素，包括大气、化学、生物、海洋运动等，可用于天气预报，了解气候和预测气候变化。全球气候模型的两种主要类型是大气模型和海洋模型。它们分别解释了大气和海洋内的变化，将它们放在一起构成了一个完整的气候模型。当大气模型和海洋模型连接时，得到的更完整的模型称为“耦合”模型。

多元线性回归：指通过对两个或两个以上的自变量与一个因变量的相关分析，建立预测模型进行预测的方法。当自变量与因变量之间存在线性关系时，就可以使用多元线性回归来进行分析。

典型相关分析：研究两组变量整体之间相关关系的多元分析方法，它借助主成分分析降维的思想，分别对两组变量提取主成分，且使从两组变量提取的主成分之间的相关程度达到最大，而从同一组内部提取的各个主成分之间互不相关，利用从两组分别提取的主成分的相关性来描述两组变量整体的线性相关关系。

经验模态分析（EMD）：一种新型自适应信号时频处理方法，特别适用于非线性和非平稳信号的分析处理。该方法是依据数据自身的时间尺度特征来进行信号分解，无须预先设定任何基函数。EMD 方法在理论上可以应用于任何类型的信号分解，因而在处理非平稳及非线性数据上，具有非常明显的优势，具有很高的信噪比。与短时傅里叶变换、小波分解等方法相比，这种方法是直观的、直接的、后验的和自适应的，因为基函数是由数据本身分解而得到。由于分解是基于信号序列时间尺度的局部特性，因此具有自适应性。

降尺度：一种从更大规模的模型或数据分析中获得局部到区域尺度信息的方法，主要有两种方法：动力降尺度和统计降尺度。动力降尺度使用区域气候模式、具有可变空间分辨率的全球模式或高分辨率全球模式的输出。统计降尺度以观测为基础，并建立大尺度大气变量与当地/区域气候变量之间的统计关系。在所有情况下，驱动模型的质量仍然是降尺度信息质量的重要限制。这两种方法可以结合起来，如将统计降尺度应用于由全球气候模式动力降尺度组成的区域气候模式的输出。

天气发生器：是指根据观测气象要素统计特征获得的参数，随机模拟生成某一地点或某一区域任意序列长度，且与观测统计特征相似的气候要素数据，用于无观测地区或区域模拟地表过程的气候变量输入。

时间序列外推法：一种根据一定时间的数据序列预测未来发展趋势的统计方法，适用于处于连续过程中的事物的预测。它需要有若干年的数据资料，按时间序列排列成数据序列，其变化趋势和相互关系要明确和稳定。用于预测的历史数据资料中，有些变化表现出比较强的规律性。由于这些规律性变化将会延续到未来，这样就可以直接利用过去的变动趋势预测未来。但多数的历史数据由于受偶然性因素的影响，其变化不太规律。利用这些资料时，要消除偶然性因素的影响，把时间序列作为随机变量序列，采用算术平均、加权平均和指数平均等来减少偶然性因素，提高预测的准确性。

支持向量机（SVM）：一种二分类模型，它的基本模型是定义在特征空间上的间隔最大的线性分类器，间隔最大使它有别于感知机；SVM 还包括核技巧，这使它成为实质上的非线性分类器。SVM 的学习策略就是间隔最大化，可形式化为一个求解凸二次规划的问题，也等价于正则化的合页损失函数的最小化问题。SVM 的学习算法就是求解凸二次规划的最优化算法。

相空间重构：研究混沌结构性的方法之一，是根据有限的数据来重构吸引子以研究系统动力行为的方法。其基本思想是系统中任一分量的演化都是由与之相互作用的其他分量所决定，相关分量的信息隐含在任一分量的发展过程中，即利用系统的一个观察量可以重构出原动力系统模型。

辐射强迫：由气候变化的外部驱动因素的变化（如 CO_2 浓度的变化、火山气溶胶浓度的变化或太阳辐射量的变化）导致向下辐射减去向上辐射的净辐射通量发生变化（以 W/m^2 表示）。在计算经平流层调整的辐射强迫时，所有对流层特性都保持其未受扰动的初始状态，并在考虑平流层温度（如果受到扰动）后重新调整到辐射—动力平衡。如果不考虑平流层温度的变化，则辐射强迫被称为瞬时辐射强迫。

有效辐射强迫：施加外强迫后，允许平流层、对流层和陆地调整到新的平衡状态后，大气层顶净辐射通量的变化，保持海表温度和海冰密集度不变。

碳循环反馈：指气候反馈涉及陆地和海洋碳循环的特性，因气候变化而发生的变化。在海洋中，海洋温度和环流的变化可能影响大气–海洋二氧化碳的通量；在大陆上，气候变化可能影响植物光合作用和土壤微生物呼吸，从而影响大气和陆地生物圈之间的二氧化碳通量。

多年冻土：至少连续两年保持在 0℃或以下的地面（土壤或岩石，包括冰和有机物质）。多年冻土是通过温度而不是冰含量来定义的，因为在某些情况下，多年冻土可能是无冰的。

全球变暖：指全球平均表面温度相对于一个基准参考期的升高，这种变化是通过对一个足够长的时期（如 20 年或 30 年）进行平均来消除年际、年代际变化的干扰。基准期的常见选择是 1850~1900 年（具有足够地理覆盖面的最早的可靠观测期）。

热带间辐合区：又称为赤道低压带或赤道辐合带，是活跃于赤道的低气压带，南北半球副热带高压带间气压最低的风带，是东北信风与东南信风形成的辐合地带，呈季节性移动。